普通高等教育“十二五”系列教材

数字逻辑与数字系统

（第二版）

主　编　沙丽杰

副主编　王玲玲　沈春华　李　超　万珊珊

编　写　徐洪霞　刘兆伟

主　审　张粉玉

中国电力出版社

CHINA ELECTRIC POWER PRESS

内 容 提 要

本书为普通高等教育“十二五”系列教材。

本书共分9章，主要内容包括数字电路基础、逻辑代数基础、逻辑门电路、组合逻辑电路、触发器、时序逻辑电路、可编程逻辑器件、数字系统分析与设计、硬件描述语言VHDL等。全书系统地介绍了数字逻辑电路的基本概念、基本分析与设计方法，侧重基本概念、基本方法与实际应用的讲述，本着“厚基础、宽专业、重能力”的编写方针，注重理论教学与实践教学相结合，力图反映数字逻辑电路中的新技术、新理念，以适应数字电路技术快速发展的需要。

本书可作为高等院校计算机、自动化和电气信息类相关专业教学用书，还可作为从事电子技术工作的在职工程技术人员参考用书。

图书在版编目（CIP）数据

数字逻辑与数字系统/沙丽杰主编．—2版．—北京：中国电力出版社，2013.12（2023.1重印）

普通高等教育“十二五”规划教材

ISBN 978-7-5123-4857-8

Ⅰ.①数…　Ⅱ.①沙…　Ⅲ.①数字逻辑－高等学校－教材②数字系统－高等学校－教材　Ⅳ.①TP302.2

中国版本图书馆CIP数据核字（2013）第203458号

中国电力出版社出版、发行

（北京市东城区北京站西街19号　100005　http：//www.cepp.sgcc.com.cn）

固安县铭成印刷有限公司

各地新华书店经售

*

2011年6月第一版

2013年12月第二版　　2023年1月北京第六次印刷

787毫米×1092毫米　16开本　12印张　285千字

定价 **22.00** 元

前　言

数字逻辑与数字系统是电子信息类专业必修的基础课，主要介绍数字逻辑的基础知识及数字系统分析和设计的基本理论和方法。

随着信息技术的快速发展，电子技术面临着严峻的挑战。其设计方法从经典的手工设计到电子设计自动化（EDA），使得硬件电路的设计可以通过计算机来完成，大大缩短了产品的研发周期，提高竞争力。因此，电子信息类专业的学生掌握这门新技术是十分必要的。

本书第二版中对第一版的部分内容作了修改和优化。参加本书编写的都是多年从事该课程教学的教师，有着丰富的教学经验及科研体会。通过对原书的增删、取舍，力求新版本更适合人才培养目标的要求。

本书的参考学时为 60 学时，使用本书的院校可根据自己的教学要求灵活安排教学内容。为方便读者学习，每章还附有小结与练习题。考虑到各校配合教学使用的实验系统会不断的更新，故将原 10 章内容删除。各校可根据实际使用的实验系统编辑小册子来满足实验教学的需要。

本书后面所附的常用逻辑符号对照表，有关触发器部分列出了国外流行符号、国标符号和本书使用符号。本书使用符号这部分是作者参考国外符号和国标符号，本着简捷、合理的原则综合以上两种符号而产生的，希望能更清楚、准确地表达触发器这种元件的输入/输出关系。

本书由烟台大学老师编写，沙丽杰担任主编，王玲玲、沈春华、李超、万珊珊担任副主编，徐洪霞、刘兆伟参与了编写。

本书由烟台大学张粉玉教授担任主审。同时，在本书编写过程中，参考了相关专家、学者的文献资料。在此一并致谢。

本书如有错误及不足之处希望读者给予批评指正。

编　者

2013 年 9 月

第一版前言

近年来，随着电子技术的快速发展，出现了很多新的分析、设计方法和大量新的器件，这对数字逻辑电路课程的教学提出了新的要求。本书的编写原则是在保证理论完整的基础上，注重基础性、实用性和新颖性，重点讲述数字逻辑电路基本的分析方法和设计方法，侧重数字集成电路的逻辑功能和应用，简化对数字集成门电路内部结构的分析，简化各种可编程器件的内部结构。在编写过程中，力求做到深入浅出、思路清晰、重点突出，反映数字电路技术的新技术、新理念。

教材编写的出发点是面向应用型本科学生，着力培养学生的学习能力、实践能力、创新能力，增强学生在未来人才市场上的竞争力。强调基本知识的覆盖面，降低知识点的深度和广度，便于学生课后复习或自学。本教材包含了与课程相结合的实验及课程设计的内容，在实践环节上，采用最新技术的可编程器件，用 VHDL 硬件描述语言进行数字电路设计，使学生在掌握新技术巩固理论知识的同时，动手能力、综合能力也得到相应的提高。

本书共分 10 章，总授课大约为 60 学时。

第 1 章介绍数字电路的基础知识，数字系统所使用的数制，数制之间的转换方法，常见的可靠性编码等。

第 2 章讨论逻辑代数的基本概念、公式和定理、逻辑函数的描述方法和化简方法等。

第 3 章从使用分立元件门电路的角度出发，介绍了 TTL 和 CMOS 集成电路的内部结构、工作原理和特性参数。

第 4 章的主要内容是组合逻辑电路的分析与设计方法、MSI 组合电路模块的功能及应用，包括加法器、编码器、译码器、比较器和数据分配器等。

第 5 章介绍时序电路的基本组成部件——触发器，基本 SR 触发器电路结构、原理，同步触发器、主从触发器、边沿触发器的电路结构、原理和特性。

第 6 章介绍时序逻辑电路的分析与设计方法，寄存器、移位寄存器、计数器等常用时序电路的工作原理、电路结构及应用。

第 7 章主要讲述可编程逻辑器件 PROM、PLA、PAL、GAL、FPGA 和 CPLD 的基本结构及应用。

第 8 章介绍数字系统的分析和设计方法，给出 ASM 图描述数字系统的方法以及数字系统设计实例。

第 9 章介绍硬件描述语言 VHDL 的基本结构、基本语句和常用逻辑电路设计实例。

第 10 章介绍 MAX plus Ⅱ软件开发环境下设计逻辑电路的方法与步骤，并列出参考实验题目和课程设计题目。

参加本书各章编写的人员有沙丽杰（第 1、6、7 章）、万珊珊（第 3、4 章）、王玲玲（第 2、8 章）、沈春华（第 9、10 章）、李超（第 5 章）。

本教材由烟台大学张粉玉教授主审。张粉玉教授多年来从事本门课程教学及相关课程教学，有着丰富的教学和实践经验，对此书提出许多宝贵意见，在此致以衷心的感谢。

限于编者水平，书中难免存在不妥和错误之处，恳请广大读者批评指正。

编　者

2011 年 5 月

目 录

第 1 章　数 字 电 路 基 础

数字电子技术在现代电子设备，如计算机、通信、控制系统以及家用电器中得到广泛应用。本章简单介绍数字电路的基本概念，重点讨论数字系统中所使用的数制、不同数制之间的转换方法以及数字系统中常用的编码及其特点。

1.1　数 字 电 路 概 述

自然界中，在时间和数值上连续变化的物理量称为模拟量，例如温度、压力、速度等物理量，具有连续变化的特点，在一定范围内可以取任意实数值，如图 1.1 所示。把表示模拟量的信号称为模拟信号，处理模拟信号的电路称为模拟电路。而在时间和数值上离散变化的物理量称为数字量，它们的大小以及每次增减变化都是某个最小单位的整倍数。例如以 t（吨）为最小单位的产量，显然只能以 t 为单位增加或减少；班级的人数，只能取某一区间特定的整数值。把表示数字量的信号称为数字信号，对数字信号进行传输、处理的电路称为数字电路。

在数字电路中，一般只采用 0 和 1 两种数值所组成的数字信号，这类信号中的数值 1 或 0 可以用电平的高或低来表示，如图 1.2 所示。图 1.2 中，每个 1 和 0 的持续时间都是 Δt，称为 1 位或者 1 拍。

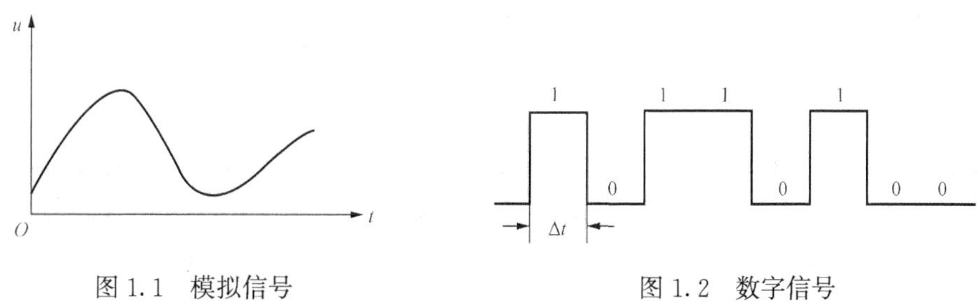

图 1.1　模拟信号　　　　图 1.2　数字信号

1.2　数　　制

数制即计数体制，它是按照一定规律表示数值大小的计数方法。日常生活中最常用的计数制是十进制，数字电路中最常用的计数制是二进制。

1.2.1　进位计数制

用数字量表示物理量的大小时，仅用一位数码往往不够，因此经常需要用多位数码按先后次序把它们排成数位，由低到高进行计数，计满后进位，这就产生了进位计数制。进位计数制是人们对数量计数规律的总结。任何一种进位计数制都包含着基数和位权两个特征。

1. 基数

基数是指数制中所采用的数字符号的个数，基数为 R 的数制称为 R 进制。R 进制使用

0～$R-1$ 共 R 个数字符号来表示数的大小。

2. 位权

位权是指进位计数制中不同数位上的数值，如十进制的个位、十位、百位或十分位、百分位等。一个数码在某进制数中处于不同数位时，它所代表的数值不同。例如十进制数 345，3 在百位上，4 在十位上，5 在个位上，所以 100、10、1 称为十进制数的位权值。

进位计数规律是“逢 R 进一”。一个 R 进制数 N 可表示为位置计数法

$$(N)_R = (K_{n-1}K_{n-2}\cdots K_1K_0K_{-1}\cdots K_{-m})_R \tag{1.1}$$

或位权展开法

$$\begin{aligned}(N)_R &= (K_{n-1}R^{n-1} + K_{n-2}R^{n-2}\cdots + K_1R^1 + K_0R^0 + K_{-1}R^{-1}\cdots + K_{-m}R^{-m})_R \\ &= \sum_{i=-m}^{n-1} K_iR^i \end{aligned} \tag{1.2}$$

式中 R——基数；

K_i——0～$R-1$ 中 R 个数中的任何一个数字符号；

m、n——正整数，n 为整数部分的位数，m 为小数部分的位数；

R^i——该位的权值，逢 R 进一。当 R 为 2、10、16 时，便得到相应的二进制、十进制、十六进制进位计数制。

1.2.2 十进制

十进制的基数为 10，使用 0、1、2、3、4、5、6、7、8、9 十个数字符号，逢十进一。一个十进制数可以表示成

$$(N)_{10} = \sum_{i=-m}^{n-1} K_i 10^i \tag{1.3}$$

【例 1.1】 将十进制数 309.51 写成位权展开式。

解 $(309.51)_{10}=3\times10^2+0\times10^1+9\times10^0+5\times10^{-1}+1\times10^{-2}$

1.2.3 二进制

在数字系统中，为了便于工程实现，广泛采用二进制。这是因为二进制表示数的每一位只取 0 或 1 两种数码，因而可以用具有两个不同稳定状态的电子元件来表示。它的运算规则简单，且 0、1 与逻辑命题中的真假相对应，为计算机中实现逻辑运算和逻辑判断提供了有利条件。

二进制的基数为 2，逢二进一。一个二进制数可以表示成

$$(N)_2 = (K_{n-1}K_{n-2}\cdots K_1K_0K_{-1}\cdots K_{-m})_2 \tag{1.4}$$

或

$$(N)_2 = \sum_{i=-m}^{n-1} K_i 2^i \tag{1.5}$$

【例 1.2】 将二进制数 1001.11 写成位权表示的形式。

解 $(1001.11)_2=1\times2^3+0\times2^2+0\times2^1+1\times2^0+1\times2^{-1}+1\times2^{-2}$

1.2.4 十六进制

二进制计数制，对数字的运算、存储和传输极为方便，但是书写很不方便。因此人们经常用十六进制数来进行书写或打印。

十六进制数的基数是 16，它有 16 个符号，除了 0～9 之外，还需补充 6 个符号。它们是

A（代表10），B（代表11），C（代表12），D（代表13），E（代表14），F（代表15）。

由于 $2^4=16$，所以1位十六进制数所能表示的数值，正好和4位二进制数对应。

根据上述特点，二进制-十六进制之间可以很方便地相互转换。二进制转换为十六进制数时是以小数点为界，分别往左、右每4位为一组，最后不足4位时用0补充（整数部分左侧补0，小数部分右侧补0），然后写出每组对应的十六进制数码，即为对应的十六进制数。

【例1.3】 将 $(10\ 101.101\ 111\ 0)_2$ 转换为十六进制数。

解 $(10\ 101.101\ 111\ 0)_2=\underline{0001}\ \underline{0101}.\ \underline{1011}\ \underline{1100}=(15.BC)_{16}$

而十六进制转换为二进制，只要将各位十六进制数变成对应的二进制表示即可。

【例1.4】 将 $(FA5.47)_{16}$ 转换为二进制数。

解 $(FA5.47)_{16}=(\underline{1111}\ \underline{1010}\ \underline{0101}.\ \underline{0100}\ \underline{0111})_2$

表1.1给出了十进制、二进制与十六进制数的对应关系。

表1.1　十进制、二进制与十六进制数对应关系表

十进制	二进制	十六进制	十进制	二进制	十六进制
0	0000	0	8	1000	8
1	0001	1	9	1001	9
2	0010	2	10	1010	A
3	0011	3	11	1011	B
4	0100	4	12	1100	C
5	0101	5	13	1101	D
6	0110	6	14	1110	E
7	0111	7	15	1111	F

1.2.5 任意进制数转换为十进制数

将一个任意进制数转换为十进制数时可采用位权展开法。即将 R 进制数按位权展开，求出各位数值之和，即可得到相应的十进制数。

【例1.5】 将 $(10\ 101.101)_2$、$(307.2)_8$、$(1A5.4)_{16}$ 转换为十进制数。

解

$$(10\ 101.101)_2=1\times2^4+1\times2^2+1\times2^0+1\times2^{-1}+1\times2^{-3}$$
$$=16+4+1+0.5+0.125=21.625$$
$$(307.2)_8=3\times8^2+7\times8^0+2\times8^{-1}$$
$$=192+7+0.25=199.25$$
$$(1A5.4)_{16}=1\times16^2+10\times16^1+5\times16^0+4\times16^{-1}$$
$$=256+160+5+0.25=421.25$$

1.2.6 十进制转换为其他进制数

十进制数转换为其他进制数时，整数部分和小数部分要分别转换。整数部分采用除基取余法，小数部分采用乘基取整法。这里只介绍十进制数转换为二进制数的方法。因为二进制的基数是2，因此整数部分采用除2取余法，小数部分采用乘2取整法。十进制转换为其他进制时，可参照此法类推。

除 2 取余法是将十进制整数 N 除以 2，取余数为 k_0，再将所得商除以 2，取得余数为 k_1，…，依次类推，反复将每次得到的商除以 2，直至商为 0，取余数 k_{n-1} 为止，即得与 N 对应的二进制数 $(k_{n-1}\cdots k_2k_1k_0)_2$。

【例 1.6】 将 41 转换为二进制数。

解

$$
\begin{array}{r|l}
2 & 41 \\ \hline
2 & 20 \quad \cdots\cdots \text{余} 1\ (k_0) \quad \uparrow \text{低位} \\ \hline
2 & 10 \quad \cdots\cdots \text{余} 0\ (k_1) \\ \hline
2 & 5 \quad \cdots\cdots \text{余} 0\ (k_2) \\ \hline
2 & 2 \quad \cdots\cdots \text{余} 1\ (k_3) \\ \hline
2 & 1 \quad \cdots\cdots \text{余} 0\ (k_4) \\ \hline
 & 0 \quad \cdots\cdots \text{余} 1\ (k_5) \quad \text{高位}
\end{array}
$$

求得 $$(41)_{10}=(101001)_2$$

乘 2 取整法是将十进制小数 M 乘以基数 2，取整数为 k_{-1}，再将其所得乘积的小数部分乘以 2，取得整数为 k_{-2}，…，依次类推，直至乘积的小数部分为 0，或达到要求的精度为止，即得与 M 对应的二进制小数 $(k_{-1}k_{-2}\cdots k_{-m})_2$。

【例 1.7】 将 0.89、0.625 转换为二进制数。

解

$$
\begin{array}{r l}
 & 0.89 \\
\times & 2 \\ \hline
 & (1).78 \quad \cdots\cdots \text{取整} 1\ (k_{-1}) \\
\times & 2 \\ \hline
 & (1).56 \quad \cdots\cdots \text{取整} 1\ (k_{-2}) \\
\times & 2 \\ \hline
 & (1).12 \quad \cdots\cdots \text{取整} 1\ (k_{-3}) \\
\times & 2 \\ \hline
 & (0).24 \quad \cdots\cdots \text{取整} 0\ (k_{-4})
\end{array}
\qquad
\begin{array}{r l}
 & 0.625 \\
\times & 2 \\ \hline
 & (1).250 \quad \cdots\cdots \text{取整} 1\ (k_{-1}) \quad \text{高位} \\
\times & 2 \\ \hline
 & (0).50 \quad \cdots\cdots \text{取整} 0\ (k_{-2}) \\
\times & 2 \\ \hline
 & (1).0 \quad \cdots\cdots \text{取整} 1\ (k_{-3}) \quad \downarrow \text{低位}
\end{array}
$$

求得 $$(0.89)_{10}=(0.1110)_2,\ (0.625)_{10}=(0.101)_2$$

1.3 数和字符的编码

数字系统中的数码有两种，一种是表示数量大小的数字符号，如十进制数 0～9，这类数码用来表示数值；还有一种表示不同事物或代号的数码，这种数码称为代码。例如电话号码、字符编码等。在数字系统或计算机中是用多位二进制码按一定规律来表示某种信息的。因为二进制码只有 0 和 1 两个数字，电路实现起来容易。

1.3.1 二进制编码

用二进制对信息编码，称为二进制编码。一般来说，若所需编码的信息有 N 项，则需要使用的二进制代码的位数 n 应满足如下关系：

$$2^{n-1}<N\leqslant 2^n$$

每一个具有 n 位的二进制码称为一个码字，给 N 项信息中的每个信息指定一个具体的码字，这一指定过程称为编码。由于指定的方法不是唯一的，故对一组信息存在多种编码方案。数字系统中常用的编码有两类：一类是二进制码，另一类是二—十进制编码。

1. 二进制码

在二进制编码中，自然二进制码是最简单的一种。它的结构形式与二进制数完全相同。自然二进制码是一种有权码，其中每一位代码都有固定的权值，各信息位的权值为 2^i（i 是码元位序，$i=0$，1，…，$n-1$）。例如4位二进制数，它各位的权值依次为：8、4、2、1。

2. 循环码

另一种二进制编码是循环二进制码，简称循环码。其特性是任何相邻的两个码字中，仅有一位不同，其它位则相同。因此循环码又叫单位距离码。循环码的编码方法不是唯一的，4位循环码就有许多种，表1.2中所示的是最基本的一种。

表1.2 4位二进制码与循环码编码表

十进制数	二进制码	循环码	十进制数	二进制码	循环码
0	0000	0000	8	1000	1100
1	0001	0001	9	1001	1101
2	0010	0011	10	1010	1111
3	0011	0010	11	1011	1110
4	0100	0110	12	1100	1010
5	0101	0111	13	1101	1011
6	0110	0101	14	1110	1001
7	0111	0100	15	1111	1000

循环码是无权码，每一位都没有固定的权。

1.3.2 二—十进制编码

在数字系统内部，大多数使用二进制数，但在某些需要显示数字的地方，如数字显示式钟表、仪器等，需要使用十进制数。为使数字系统能处理十进制数，必须把十进制的各个数码用二进制代码的形式表示出来，即用二进制代码对十进制数进行编码，简称BCD（Binary Coded Decimal）码。这种编码既具有二进制数的形式，又具有十进制数的特点。

十进制数有0～9共10个数码，表示1位十进制数，需用4位二进制代码来表示。但4位二进制数可以产生 $2^4=16$ 种组合，用4位二进制数表示1位十进制数，有6种组合是多余的。

二—十进制编码有多种不同的方案，表1.3列出了目前常用的几种BCD码。有8421BCD码、余3码、格雷码等，后两种没有固定的权，属于无权码。

表1.3 常用BCD码编码表

十进制数	8421码	余3码	格雷码	十进制数	8421码	余3码	格雷码
0	0000	0011	0000	5	0101	1000	1110
1	0001	0100	0001	6	0110	1001	1010
2	0010	0101	0011	7	0111	1010	1000
3	0011	0110	0010	8	1000	1011	1100
4	0100	0111	0110	9	1001	1100	0100

1. 8421BCD 码

8421BCD 码（简称 BCD 码）是应用十分广泛的一种编码方案。这种编码方法是：将每个十进制数用 4 位二进制数表示，按自然十进制数的规律排列，且指定前面 10 种代码依次表示 0～9 的 10 个数码。BCD 码是一种有权码，每位都有固定的权，各位的权值从高位到低位分别为 8（2^3）、4（2^2）、2（2^1）、1（2^0）。

由于 4 位二进制码表示数的范围为 0000～1111，8421BCD 码使用其中的 0000～1001 表示十进制的 0～9，因此 1010～1111 这 6 个代码在 BCD 码中不使用。

2. 余 3 码

余 3 码是在 8421BCD 码的基础上，把每个代码都加 0011（3）而形成的。它的主要优点是执行十进制相加时，能正确产生进位信号，而且还给减法运算带来了方便。

3. 格雷码

格雷（Gray）码是一种循环码，它有多种编码形式，但它们有一个共同的特点，就是任意两个相邻的代码之间仅有 1 位不同，表 1.3 列出的是最基本的一种格雷码。

在数字系统中，经常要求代码按一定的顺序变化，例如按自然规律计数。7 和 8 是相邻的两个代码，当用二进制加法计数时，从 7 变到 8，其相应的二进制码从 0111 变到 1000，二进制码 0111 的 4 位都要发生改变。但是由于电路的延时特性，两位或多位代码同时变化时不可能绝对一致，造成出现短暂的其他代码错误，而这种错误在有些情况下是不允许的。采用格雷码，就从编码上避免了出现这种错误的可能性。因为转变前后的两个代码只有 1 位不同，出错的几率极小，因此格雷码是一种可靠性代码。

1.3.3 字符编码

计算机处理的数据不仅有数字，还有符号、运算符号和其他特殊符号。这些数字、字母和专用符号统称为字符。通常，字符都用二进制码来表示，把用于表示各种字符的二进制代码称为字符编码。

常用的字符编码是 ASCII 码（American Standard Code for Information Interchange，美国标准信息交换码），每个字符用 7 位二进制码表示。它是由 128 个字符组成的字符集。其中有 32 个控制字符，其余为空格、数字、大写字母、小写字母。数字字符 0～9 的高 3 位是 011，低 4 位是 0000～1001，所以与二进制转换很容易。ASCII 码表见表 1.4。大小写字母之间只是 $a5$ 位不同，所以进行转换也很容易。例如，字符 B 的编码为 1000010，而字符 b 的编码为 1100010。

表 1.4　　7 位 ASCII 码表

低 4 位 $a_3a_2a_1a_0$	高 3 位 $a_6a_5a_4$							
	000	001	010	011	100	101	110	111
0000	NUL	DLE	SP	0	@	P	`	p
0001	SOH	DC1	!	1	A	Q	a	q
0010	STX	DC2	“	2	B	R	b	r
0011	ETX	DC3	#	3	C	S	c	s
0100	EOT	DC4	$	4	D	T	d	t

续表

低4位 $a_3a_2a_1a_0$	高3位 $a_6a_5a_4$							
	000	001	010	011	100	101	110	111
0101	ENQ	NAK	%	5	E	U	e	u
0110	ACK	SYN	&	6	F	V	f	v
0111	BEL	ETB	'	7	G	W	g	w
1000	BS	CAN	(	8	H	X	h	x
1001	HT	EM	)	9	I	Y	i	y
1010	LF	SUB	*	:	J	Z	j	z
1011	VT	ESC	+	;	K	[	k	{
1100	FF	FS	,	<	L	\	l	|
1101	CR	GS	_	=	M	]	m	}
1110	SO	RS	.	>	N	^	n	~
1111	SI	US	/	?	O	—	o	DEL

计算机中实际表示一个字符是用8位二进制代码，即1字节。通常使用时，在7位标准码的左边最高位加奇偶校验位。

小 结

数字电路是对数字信号进行传输、处理并实现各种控制功能的电路装置。数字系统中的数字信号是由两种电平信号——高电平和低电平组成的，用来表示数字系统中的1和0。

数字系统中使用二进制表示数和信息的代码，十六进制是二进制数的缩写形式。而人们习惯于使用十进制数，为了适应人机界面转换，广泛使用各种二—十进制的BCD码。

各种数制之间可以实现等值转换。将十六进制、二进制数转换为十进制数时，可以采用按位权展开相加的方法；而将十进制数转换为二进制数时，整数部分用除2取余法，小数部分用乘2取整法。

格雷码是一种循环码，其特点是任意两个相邻码之间只有1位不同。

习 题

1.1 为什么在计算机和数字系统中广泛使用二进制数？

1.2 把下列不同进制数写成按位权展开形式。

(1) $(4567.139)_{10}$ (2) $(10110.0101)_2$ (3) $(135.7AF)_{16}$

1.3 将下列十进制数转换成二进制数，要求误差小于 2^{-4}。

(1) 129　　(2) 0.25　　(3) 33.33

1.4 将下列二进制数转换成十六进制数和十进制数。

(1) 1110101　　(2) 0.1100　　(3) 10111.01

1.5 将下列十六进制数转换成二进制数和十进制数。

(1) 4AF　　(2) 10.C1　　(3) 0.1F

1.6 将下列十进制数转换成 BCD 码。

(1) 2012　　(2) 23.15　　(3) 0.945

1.7 将下列 BCD 码转换成十进制数。

(1) 011010000011　　(2) 0.00101000　　(3) 01000101.10010111

1.8 使用余 3 码和格雷码分别表示下列各数。

(1) $(567)_{10}$　　(2) $(43.09)_{10}$

1.9 分别使用 BCD 码和余 3 码做两数 23、56 相加，并将求得的结果修正。

1.10 写出下列字符的 ASCII 码。

(1) %　　(2) CPU　　(3) 138

第2章　逻 辑 代 数 基 础

本章讨论了逻辑代数的基本运算、重要定律、常用的运算规则以及逻辑函数的基本概念和表示方法，在此基础上重点介绍了逻辑函数的简化方法——代数法和卡诺图法。

2.1　逻辑代数的基本知识

在数字逻辑电路中，变量只有0和1两种可能的取值，分别代表了一个事物两种对立的逻辑状态。例如，可以用1和0分别表示开关的接通和断开、灯的亮与灭、一件事情的是与非、真或假等。这种只有两种对立逻辑状态的逻辑关系称为二值逻辑。

逻辑代数是按一定规律进行逻辑运算的代数系统，1849年由英国数学家乔治·布尔（George Boole）首先创立，所以逻辑代数又称为布尔代数。逻辑代数就是布尔代数在二值电路中的应用，是分析和设计逻辑电路的有力工具，也是进行逻辑设计的理论基础。

2.1.1　逻辑代数的基本运算

在逻辑代数中，基本逻辑运算有与、或、非三种，它们可以由相应的逻辑电路实现。

1. 与运算

如图2.1所示的电路中，两个开关A、B串联控制一个灯F。只有两个开关同时闭合时，指示灯F才会亮。故逻辑与（也称逻辑乘）定义如下：只有决定一件事情的所有条件全部具备（即条件全部为真）时，这一事件才会发生（或者说事件为真）。

设开关A、B为逻辑变量，开关闭合为逻辑1，断开为逻辑0；灯为逻辑函数F，灯亮为逻辑1，灯灭为逻辑0。将逻辑变量所有各种可能取值的组合与其一一对应的逻辑函数值之间的关系以表格形式表示出来，称为逻辑函数的真值表。逻辑与运算的真值表见表2.1。

表示逻辑与运算的逻辑表达式为

$$F = A \cdot B \tag{2.1}$$

式中　·——与运算符号，可以省略。

在数字电路中，实现逻辑与运算的单元电路称为与门，与门的图形符号如图2.2所示。

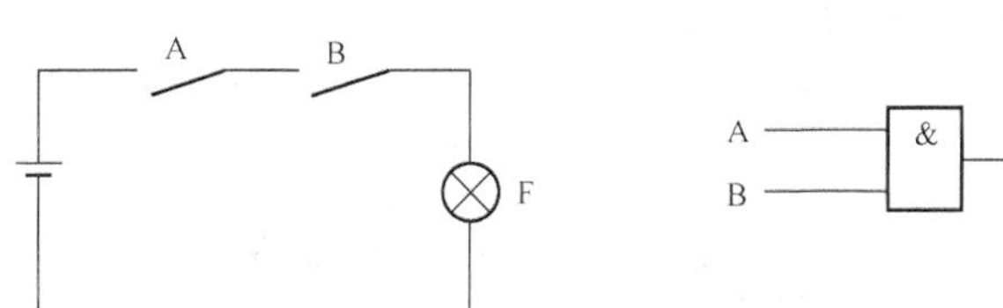

图2.1　与运算电路　　图2.2　与门图形符号

表2.1　与逻辑运算真值表

A	B	F
0	0	0
0	1	0
1	0	0
1	1	1

2. 或运算

如图2.3所示的电路中，A、B开关并联连接。只要开关A或B中有任意一个闭合，灯就会亮。故逻辑或（也称逻辑加）定义为：决定一个事件的多个条件中，有一个条件或一个以上的条件为真时，该事件就为真。

逻辑或运算的真值表见表 2.2。其逻辑函数表达式为

$$F = A + B \tag{2.2}$$

式中 +——或运算符号。

实现或运算的单元电路称为或门。或门的图形符号如图 2.4 所示。

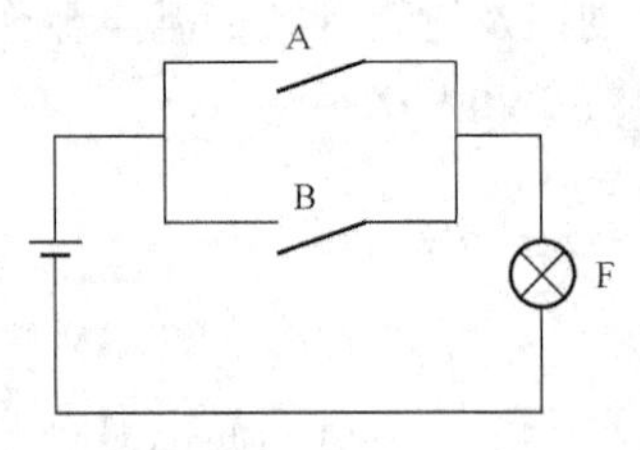

图 2.3 或运算电路

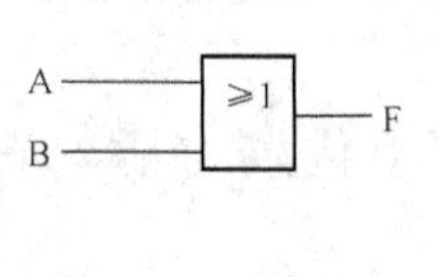

图 2.4 或门图形符号

表 2.2 或逻辑运算真值表

A	B	F
0	0	0
0	1	1
1	0	1
1	1	1

3. 非运算

图 2.5 所示的电路中，开关断开时灯亮，开关闭合时灯灭。可见“当一个条件不成立时，与其相关的一个事件却为真”。这种否定的逻辑关系称为逻辑非运算。逻辑非运算的真值表见表 2.3。其逻辑函数表达式为

$$F = \overline{A} \tag{2.3}$$

式中 ¯——非运算符号。

实现非运算的单元电路称为非门。非门的图形符号如图 2.6 所示。

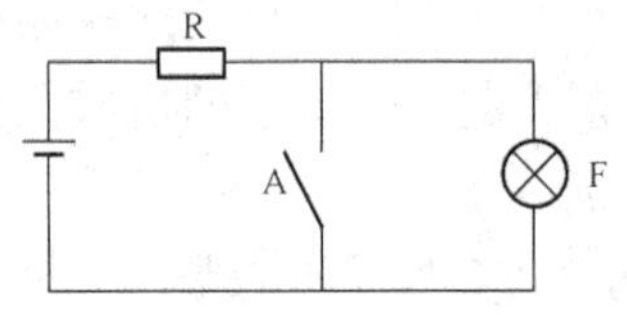

图 2.5 非运算电路

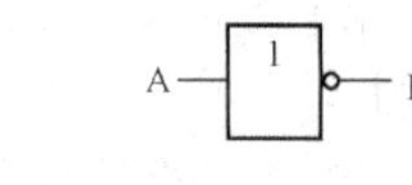

图 2.6 非门图形符号

表 2.3 非逻辑运算真值表

A	F
0	1
1	0

4. 复合逻辑运算

由与、或、非三种基本逻辑运算可以组合成多种复合逻辑运算。最常用的复合逻辑运算有与非（NAND）、或非（NOR）、与或非（NAND－OR）、异或（EXCLUSIVE OR）、同或（EXCLUSIVE NOR）等。

与非运算的逻辑表达式为 $F=\overline{AB}$，图形符号如图 2.7（a）所示，图上的小圆圈表示非运算。真值表见表 2.4。它由与运算和非运算组合而成，先与后非。

或非运算的逻辑表达式为 $F=\overline{A+B}$，图形符号如图 2.7（b）所示，其真值表见表 2.5。它由或运算和非运算组合而成，先或后非。

表 2.4 与非逻辑运算真值表

A	B	F
0	0	1
0	1	1
1	0	1
1	1	0

表 2.5 或非逻辑运算真值表

A	B	F
0	0	1
0	1	0
1	0	0
1	1	0

与或非运算的逻辑表达式为 $F=\overline{AB+CD}$，图形符号如图 2.7（c）所示。它由与、或、非三种运算组成，先与后或再非。

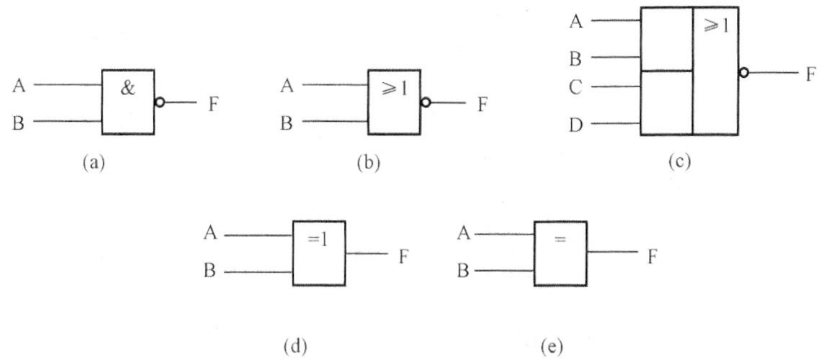

图 2.7 复合逻辑门图形符号

（a）与非门图形符号；（b）或非门图形符号；（c）与或非门图形符号；（d）异或门图形符号；（e）同或门图形符号

异或逻辑运算的规则：当 A、B 不同时，输出为 1，当 A、B 相同时输出为 0。其真值表见表 2.6。由真值表可得其逻辑函数表达式为

$$F=\overline{A}B+A\overline{B}=A\oplus B \tag{2.4}$$

式中 $\oplus$——异或运算符号，图形符号如图 2.7（d）所示。

同或逻辑运算的规则：当 A、B 相同时，输出为 1；当 A、B 不同时，输出为 0。其真值表见表 2.7。由真值表可得其逻辑函数表达式为

$$F=AB+\overline{A}\,\overline{B}=A\odot B \tag{2.5}$$

式中 $\odot$——同或运算符号，图形符号如图 2.7（e）所示。

表 2.6 异或逻辑运算真值表

A	B	F
0	0	0
0	1	1
1	0	1
1	1	0

表 2.7 同或逻辑运算真值表

A	B	F
0	0	1
0	1	0
1	0	0
1	1	1

上述各逻辑式中，A 和 B 是输入变量，F 是输出变量。字母上面无非号的称为原变量，例如 A；有非号的称为反变量，例如 $\overline{A}$。

2.1.2 逻辑代数的基本定律

表 2.8 给出了逻辑代数运算的一些基本定律。这些基本定律的公式在进行逻辑电路分析和设计时非常有用，尤其是进行逻辑函数化简时，需要熟记。

表 2.8 逻辑代数的基本定律表

名称	公式 1	公式 2
0−1 律	$A+0=A$ $A+1=1$	$A\cdot 1=A$ $A\cdot 0=0$

续表

名　称	公　式　1	公　式　2
交换律	$A+B=B+A$	$A\cdot B=B\cdot A$
结合律	$A+(B+C)=(A+B)+C$	$A\cdot(B\cdot C)=(A\cdot B)\cdot C$
分配律	$A(B+C)=AB+AC$	$A+BC=(A+B)(A+C)$
互补律	$A+\overline{A}=1$	$A\cdot\overline{A}=0$
重叠律	$A+A=A$	$A\cdot A=A$
吸收律	$A+AB=A$ $A+\overline{A}B=A+B$ $AB+\overline{A}C+BC=AB+\overline{A}C$	$A(A+B)=A$ $A(\overline{A}+B)=AB$ $(A+B)(\overline{A}+C)(B+C)=(A+B)(\overline{A}+C)$
反演律（摩根定律）	$\overline{A+B}=\overline{A}\,\overline{B}$	$\overline{AB}=\overline{A}+\overline{B}$
还原律	$\overline{\overline{A}}=A$	

这些公式的正确性可以用列真值表的方式加以证明。如等式成立，那么将任何一组变量的取值代入公式两边所得的结果应该相等。因此，等式两边所对应的真值表也必然相同。

【例 2.1】 用真值表证明摩根定律$\overline{A+B}=\overline{A}\,\overline{B}$，$\overline{AB}=\overline{A}+\overline{B}$。

证　列真值表见表 2.9。

表 2.9　　**［例 2.1］ 真 值 表**

A	B	$\overline{A}\cdot\overline{B}$	$\overline{A+B}$	$\overline{AB}$	$\overline{A}+\overline{B}$
0	0	1	1	1	1
0	1	0	0	1	1
1	0	0	0	1	1
1	1	0	0	0	0

由真值表可知，对于变量的每一组取值，等式两边的函数都具有相同的输出。即

$$\overline{A+B}=\overline{A}\,\overline{B},\quad \overline{AB}=\overline{A}+\overline{B}$$

证明完毕。

上述公式也可以用公式法加以证明，即利用已经证明过的公式。

【例 2.2】 公式法证明 $A+\overline{A}B=A+B$。

证　$A+\overline{A}B=(A+\overline{A})(A+B)=A+B$

【例 2.3】 公式法证明 $AB+\overline{A}C+BC=AB+\overline{A}C$。

证

$$\begin{aligned}AB+\overline{A}C+BC&=AB+\overline{A}C+(A+\overline{A})BC\\&=AB+\overline{A}C+ABC+\overline{A}BC\\&=AB(1+C)+\overline{A}C(1+B)\\&=AB+\overline{A}C\end{aligned}$$

2.1.3　逻辑代数的基本规则

1. 代入规则

在任何一个逻辑等式中，如果等式两边所有出现同一变量的地方都代之以一个逻辑函数，则等式仍然成立。这个规则称为代入规则。

利用代入规则可以将布尔代数的基本公式和常用公式推广为多变量的形式。

例如，摩根定律$\overline{A+B}=\overline{A}\,\overline{B}$，若用 B+C 置换公式中的 B，则有

$$\overline{A+B+C}=\overline{A}\,\overline{B}\,\overline{C}$$

2. 反演规则

对于任意一个逻辑函数，如果将其中所有的“·”换成“+”，“+”换成“·”；“0”换成“1”，“1”换成“0”；原变量换成反变量，反变量换成原变量，那么，所得的逻辑函数表达式就是该逻辑函数的反函数。这个规则称为反演规则。

利用反演规则，可以容易地求出一个函数的反函数。但是，在使用反演规则时，还需注意：两个以上变量的公用非号保持不变；运算的优先顺序——先做括号内的运算，然后进行逻辑乘，最后进行逻辑加。

【例 2.4】 已知 $F=\overline{A}\cdot\overline{B}+C\cdot D$，求$\overline{F}$。

解 应用反演规则，有

$$\overline{F}=(A+B)\cdot(\overline{C}+\overline{D})=A\overline{C}+B\overline{C}+A\overline{D}+B\overline{D}$$

【例 2.5】 已知 $F=A\cdot\overline{B}+\overline{\overline{A\cdot C}+\overline{D}}$，求$\overline{F}$。

解 应用反演规则，有

$$\overline{F}=(\overline{A}+B)\cdot(\overline{A\cdot C}+\overline{D})=(\overline{A}+B)\cdot(\overline{A}+\overline{C}+\overline{D})=\overline{A}+B\overline{C}+B\overline{D}$$

3. 对偶规则

对于任意一个逻辑函数表达式 F，如果把 F 中所有的“·”换成“+”，“+”换成“·”；“0”换成“1”，“1”换成“0”，那么得到一个新的逻辑函数表达式，称为逻辑函数 F 的对偶式，记为 F'。

对偶规则，是指当某个逻辑等式成立时，其对偶式也成立。利用对偶规则，可以使要证明的公式数目减少一半（表 2.8 中的公式 2 就是公式 1 的对偶式）。

【例 2.6】 证明：$(A+B)(\overline{A}+C)(B+C)=(A+B)(\overline{A}+C)$。

证 在［例 2.3］中已证明

$$AB+\overline{A}C+BC=AB+\overline{A}C$$

对其两边取对偶式，得

$$(A+B)(\overline{A}+C)(B+C)=(A+B)(\overline{A}+C)$$

证明完毕。

2.2 逻辑函数及其描述方法

2.2.1 逻辑函数

数字电路是一种开关电路，其输入、输出量是高、低电平，常用电子器件的截止和导通来实现，并用逻辑 1 和逻辑 0 来表示。数字电路输入量和输出量之间的关系是一种逻辑上的因果关系，可以用逻辑函数来描述。因此，数字电路又称为数字逻辑电路，简称逻辑电路。

数字电路框图如图 2.8 所示，其输出和输入之间的逻辑关系可表示为

$$F=f(A_1,A_2,\cdots,A_n)$$

图 2.8 数字电路框图

式中 A_1，A_2，…，A_n——逻辑自变量；

F——逻辑因变量。

当 A_1，A_2，…，A_n 的逻辑取值确定后，F的逻辑值就被唯一地确定下来，通常称F是 A_1，A_2，…，A_n 的逻辑函数。逻辑变量和逻辑函数的取值只有0和1，常称为逻辑0和逻辑1。

通常，为了解决某个实际问题，必须研究其因变量和自变量之间的逻辑关系，从而得出相应的逻辑函数。一般来说，首先应根据提出的实际逻辑命题，确定哪些是逻辑变量输入，哪些是逻辑函数输出。然后研究它们之间的因果关系，列出真值表，再根据真值表写出逻辑函数表达式。下面通过一个实例分别介绍逻辑函数的几种表示方法。

2.2.2 逻辑函数的表示方法

常用的逻辑函数表示方法有逻辑真值表、逻辑表达式、逻辑图、波形图、卡诺图和硬件描述语言等。本节只着重介绍前面四种方法，用卡诺图和硬件描述语言表示逻辑函数的方法将在后面相应章节中作专门介绍。

1. 逻辑函数表达式

逻辑函数表达式是基于布尔代数建立起来的数学描述，表示逻辑函数中各个变量之间的逻辑关系。

【例2.7】 现有A、B、C三人进行表决，一个决议要通过，必须至少有两人投赞成票。试写出该三人表决电路的逻辑表达式。

解 由表决要求知道，决议要通过只有以下几种可能：

(1) A、B、C三人中有两人投赞成票：A和B，或者A和C，或者B和C。

(2) A、B、C三人均同意。

若用逻辑1表示赞成，逻辑0表示否决，则表决结果F的逻辑表达式为

$$F = AB + AC + BC + ABC$$

可见，在该逻辑表达式中，由各乘积项相或构成，这种形式称为逻辑函数的与或表达式。

2. 真值表

真值表是描述逻辑函数中各逻辑变量的所有可能取值组合与逻辑函数值对应关系所构成的表格。在逻辑函数的真值表中，真值表的左边部分列出所有输入信号的全部组合，右边列出每种输入组合下的相应输出。

用真值表来描述［例2.7］中的表决电路见表2.10。用1表示赞成，0表示否决；用F表示表决结果，1表示决议通过，0表示决议否决。

表2.10 ［例2.7］真值表

A	B	C	F
0	0	0	0
0	0	1	0
0	1	0	0
0	1	1	1
1	0	0	0
1	0	1	1
1	1	0	1
1	1	1	1

由真值表可以很方便地写出逻辑函数表达式，其一般方法：

(1) 找出真值表中使逻辑函数值为1的那些输入变量的取值组合。

(2) 每组输入变量取值的组合对应一个乘积项，其中取值为1的用原变量表示，为0的用反变量表示。

(3) 将这些乘积项相或，即可得逻辑函数表达式。

由真值表可得

$$F = \overline{A}BC + A\overline{B}C + AB\overline{C} + ABC$$

3. 逻辑图

逻辑图是用规定的图形符号来表示逻辑函数运算关系的网络图形。将逻辑函数式中各变量之间的与、或、非等逻辑关系用图形符号表示出来，就可以画出表示函数关系的逻辑图了。

对［例 2.7］由真值表得到的逻辑表达式化简得最简式为

$$F = AB + AC + BC$$

［例 2.7］的逻辑电路图如图 2.9 所示。

4. 波形图

波形图也称为时序图，是用电平的高、低变化动态地表示逻辑变量值输入/输出变化的图形。在一些计算机仿真工具中，经常用波形图来给出逻辑电路的分析结果，以检验实际逻辑电路的功能是否正确。

如果用波形图来描述［例 2.7］，则只需将其真值表中的输入变量取值与对应的输出函数值按时间顺序排列起来，如图 2.10 所示。

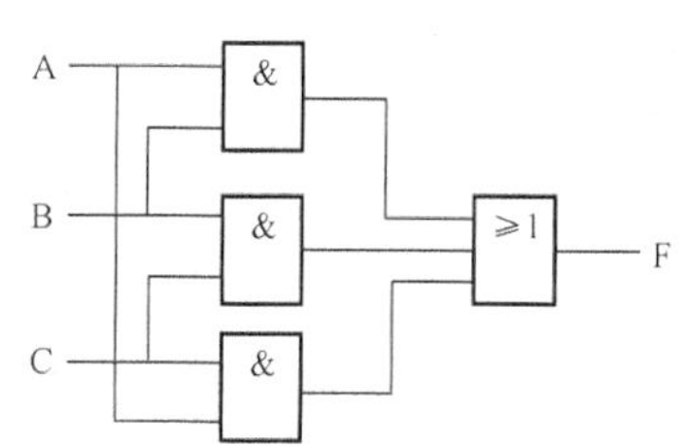

图 2.9 ［例 2.7］逻辑电路图

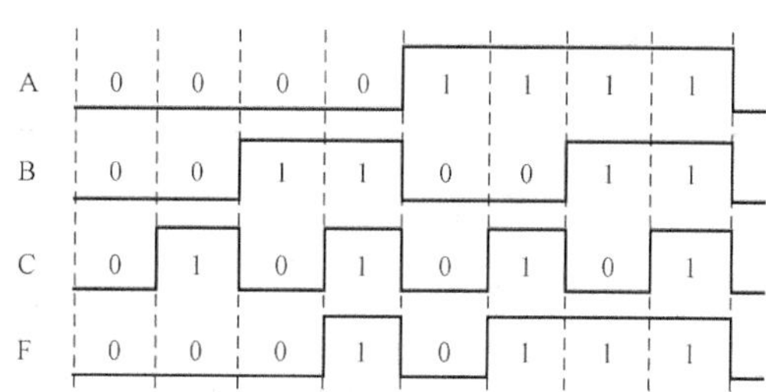

图 2.10 三人表决器电路波形图

5. 卡诺图

卡诺图是一种方格式几何图形，用来表示逻辑函数输入变量与输出函数对应值之间的关系。卡诺图主要用来简化逻辑函数表达式，是将逻辑函数化为最简形式的有力工具。

6. 硬件描述语言

硬件描述语言是采用高级语言来表示逻辑函数输入与输出关系的描述工具，是伴随可编程数字逻辑器件的发明而诞生的一种革命性方法。这种方法采用软件方法来设计数字硬件，目前应用最广泛的描述语言有 ABEL-HDL、VHDL、Verilog HDL 等。

2.2.3 逻辑函数的标准形式

在讲述逻辑函数的标准形式之前，先介绍最小项及其性质。

1. 逻辑函数的最小项及其性质

逻辑函数的最小项是逻辑变量的一个特定的乘积项。

在具有 n 个变量的逻辑函数中，若 m 为包含 n 个因子的乘积项，在这个乘积项中，每个变量都以原变量或反变量的形式出现且仅出现一次，则称这个乘积项 m 为逻辑函数的最小项。可见，一个逻辑函数若有 n 个变量，则有 2^n 个最小项。

例如，F 是变量 A、B、C 的函数。三个变量 A、B、C 有 8 种取值组合：

000、001、010、011、100、101、110、111

将变量值为 1 的写成原变量，将变量值为 0 的写成反变量。这样，8 种取值组合就有 8 种相应的乘积项：$\overline{A}\,\overline{B}\,\overline{C}$，$\overline{A}\,\overline{B}C$，$\overline{A}B\overline{C}$，$\overline{A}BC$，$A\overline{B}\,\overline{C}$，$A\overline{B}C$，$AB\overline{C}$，$ABC$。

这 8 个乘积项即为逻辑函数 F 的 8 个最小项。可见，它们具有以下特点：

（1）每一个乘积项都只有三个变量。

（2）每一个变量在乘积项中只能出现一次，不是以原变量的形式出现，就是以反变量的形式出现。

（3）每个乘积项的组合仅出现一次，且取值为 1。

表 2.11 列出了三变量逻辑函数的全部最小项及其相应的取值。

表 2.11 三变量最小项真值表

A	B	C	$\overline{A}\,\overline{B}\,\overline{C}$	$\overline{A}\,\overline{B}C$	$\overline{A}B\overline{C}$	$\overline{A}BC$	$A\overline{B}\,\overline{C}$	$A\overline{B}C$	$AB\overline{C}$	ABC
0	0	0	1	0	0	0	0	0	0	0
0	0	1	0	1	0	0	0	0	0	0
0	1	0	0	0	1	0	0	0	0	0
0	1	1	0	0	0	1	0	0	0	0
1	0	0	0	0	0	0	1	0	0	0
1	0	1	0	0	0	0	0	1	0	0
1	1	0	0	0	0	0	0	0	1	0
1	1	1	0	0	0	0	0	0	0	1

从表 2.11 中可以看出，最小项性质如下：

（1）每一个最小项都分别对应着输入变量唯一的一组取值，使得该最小项的值为 1。

（2）所有最小项的逻辑和为 1。

（3）任意两个最小项的逻辑乘为 0。

为了书写方便，常将最小项编号。编号的方法：把与最小项对应的变量取值组合当成二进制数，原变量为 1，反变量为 0。与之对应的十进制数值即为该最小项的编号，用 m_i 表示（m_i 为最小项的代表符号，下标 i 表示编号）。例如，$\overline{A}BC$ 对应变量的取值为 011，即十进制数 3，故把$\overline{A}BC$ 记为 m_3，依次类推，见表 2.12。

表 2.12 三变量最小项编号表

A	B	C	最 小 项	编 号	十进制数
0	0	0	$\overline{A}\,\overline{B}\,\overline{C}$	m_0	0
0	0	1	$\overline{A}\,\overline{B}C$	m_1	1
0	1	0	$\overline{A}B\overline{C}$	m_2	2
0	1	1	$\overline{A}BC$	m_3	3
1	0	0	$A\overline{B}\,\overline{C}$	m_4	4
1	0	1	$A\overline{B}C$	m_5	5
1	1	0	$AB\overline{C}$	m_6	6
1	1	1	ABC	m_7	7

2. 逻辑函数的最小项之和形式

在一个逻辑函数的与或表达式中，如果每一个乘积项都是一个最小项，则该表达式为逻辑函数的标准形式，或称为最小项之和式。

任何一个逻辑函数都可以表示成最小项之和的形式。通常采用的方法是将逻辑函数中的每一个非最小项的乘积项，利用公式 $A=A\overline{B}+AB$，把所缺的变量补齐，从而展开成最小项表达式。

【例 2.8】 将逻辑函数 $F=AB+AC+BC$ 化为最小项之和式。

解
$$\begin{aligned}F(A,B,C) &= AB+AC+BC\\ &= AB(C+\overline{C})+AC(B+\overline{B})+BC(A+\overline{A})\\ &= \overline{A}BC+A\overline{B}C+AB\overline{C}+ABC\\ &= m_3+m_5+m_6+m_7\\ &= \sum m(3,5,6,7)\\ &= \sum(3,5,6,7)\end{aligned}$$

注意

有最小项时，必须说明变量的数目，否则，最小项将失去意义。例如，ABC 对于三个变量来说是最小项，而对于四个变量来说，则不是最小项。

一个逻辑函数的最小项表达式是唯一的，是说一个逻辑函数只有一个最小项之和的表达形式。

2.3 逻辑函数的化简

在进行逻辑运算时常常会看到，同一个逻辑函数可以有不同的逻辑表达式，而这些逻辑表达式又具有不同的繁简度。如果表达式比较简单，那么电路使用的元器件就少，电路就简单。因此，在进行逻辑电路设计时，经常需要用化简的方法找出逻辑函数的最简形式。

最简与或式，即其包含的乘积项为最少，而且每个乘积项中所包含的变量数最少。常用的化简方法有公式化简法和卡诺图化简法。

2.3.1 公式化简法

公式化简法就是运用布尔代数的基本公式和常用公式消去函数式中多余的乘积项和多余的变量，以化简逻辑函数。公式法化简函数，要求熟练地掌握布尔代数的公式。

现将经常用到的方法归纳如下。

1. 并项法

利用公式 $AB+A\overline{B}=A$，将两项合并为一项，消去一个变量。

【例 2.9】 化简 $F=ABC+\overline{A}BC+\overline{BC}$。

解
$$\begin{aligned}F &= ABC+\overline{A}BC+\overline{BC}\\ &= BC(A+\overline{A})+\overline{BC}\\ &= BC+\overline{BC}\\ &= 1\end{aligned}$$

2. 吸收法

利用公式 $A+AB=A$ 及 $AB+\overline{A}C+BC=AB+\overline{A}C$，消去多余的项。

【例 2.10】 化简 $F=A\overline{B}+A\overline{B}CD(E+F)$。

解 $F=A\overline{B}+A\overline{B}CD(E+F)$

$= A\overline{B}(1+CD(E+F))$

$= A\overline{B}$

【例 2.11】 化简 $F = AC + A\overline{B}CD + ABC + \overline{C}D + AD$。

解 $F = AC + A\overline{B}CD + ABC + \overline{C}D + AD$

$= AC + \overline{C}D + AD$

$= AC + \overline{C}D$

3. 消去法

利用公式 $A+\overline{A}B=A+B$，消去多余的因子。

【例 2.12】 化简 $F=\overline{A}+AB+\overline{B}E$。

解 $F = \overline{A} + AB + \overline{B}E$

$= \overline{A}+B+\overline{B}E$

$= \overline{A}+B+E$

4. 配项法

利用公式 $A = A(B+\overline{B})$ 将某一乘积项展开为两项，或利用 $AB+\overline{A}C=AB+\overline{A}C+BC$ 增加 BC 项，再与其他乘积项进行合并化简，然后消去更多的项，以求得最简结果。

【例 2.13】 化简 $F=A\overline{B}+B\overline{C}+\overline{B}C+\overline{A}B$。

解 $F = A\overline{B}+B\overline{C}+\overline{B}C+\overline{A}B$

$= A\overline{B}(C+\overline{C}) + B\overline{C}(A+\overline{A}) + \overline{B}C + \overline{A}B$

$= A\overline{B}C + A\overline{B}\,\overline{C} + AB\overline{C} + \overline{A}B\overline{C} + \overline{B}C + \overline{A}B$

$= \overline{B}C + \overline{A}B + A\overline{C}$

一般，对于较复杂的逻辑函数，需综合运用上述方法进行化简。

【例 2.14】 化简 $F = AB + A\overline{C} + \overline{B}C + B\overline{C} + \overline{B}D + B\overline{D} + ADE(G+H)$。

解 $F = AB + A\overline{C} + \overline{B}C + B\overline{C} + \overline{B}D + B\overline{D} + ADE(G+H)$

$= A(B+\overline{C}) + \overline{B}C + B\overline{C} + \overline{B}D + B\overline{D} + ADE(G+H)$

$= A\overline{\overline{B}C} + \overline{B}C + B\overline{C} + \overline{B}D + B\overline{D} + ADE(G+H)$

$= A + \overline{B}C + B\overline{C} + \overline{B}D + B\overline{D}$

$= A + \overline{B}C + B\overline{C} + \overline{B}D + B\overline{D} + C\overline{D}$

$= A + B\overline{C} + \overline{B}D + B\overline{D} + C\overline{D}$

$= A + B\overline{C} + \overline{B}D + C\overline{D}$

如不能直接用上述方法和常用公式化简，可先将逻辑表达式变换成与或形式，再设法化简。

【例 2.15】 化简 $F = (A\overline{B}+D)(A+\overline{B})D$。

解 $F = (A\overline{B}+D)(A+\overline{B})D$

$= (A\overline{B}+AD+\overline{B}D)D$

$= A\overline{B}D + AD + \overline{B}D$

$= AD + \overline{B}D$

2.3.2 卡诺图化简法

应用公式法化简逻辑函数，不仅要熟记逻辑代数的基本公式和常用公式，而且还需要有一定的运算技巧才能得心应手；另一方面，经过化简后的逻辑函数是否已是最简，有时也难以确定。应用卡诺图化简逻辑函数，简捷直观、灵活方便，且容易确定是否已是最简结果。

1. 卡诺图

卡诺图是画成正方形或矩形的图形，图中分割出若干个小方格，每个小方格对应一个变量的最小项，而且任意两个相邻小方格所代表的最小项只有一个变量之差。它是由美国工程师卡诺首先提出的，所以将这种图形称为卡诺图（Karnaugh Map）。它是逻辑函数的一种图形表示。

图 2.11 中画出了 2～5 个变量最小项的卡诺图。图形两侧标注的 0 和 1 表示使对应小方格内的最小项为 1 的变量取值。同时，这些 0 和 1 组成的二进制数所对应的十进制数大小也就是对应的最小项编号。

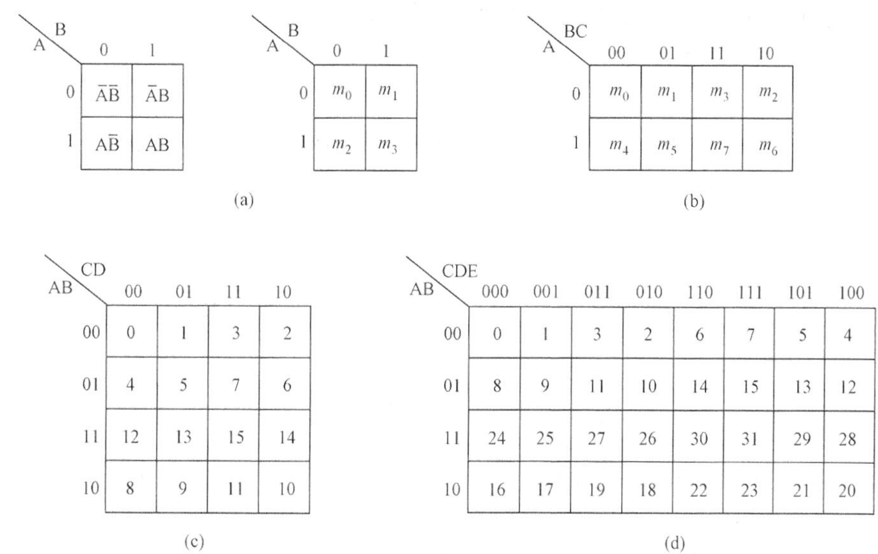

图 2.11　2～5 个变量最小项的卡诺图

(a) 2 个变量卡诺图；(b) 3 个变量卡诺图；(c) 4 个变量卡诺图；(d) 5 个变量卡诺图

从图中各个变量的卡诺图可以看出，若卡诺图具有 n 个变量，则其分割出的小方格数应有 2^n 个，且其各最小项的变量取值顺序按循环码排列，使处在相邻位置的最小项都只有一个变量表现出取值 0 和 1 的差别，从而形象地用几何相邻表示出了各个最小项的逻辑相邻。

所谓逻辑相邻，是指如果两个最小项，除了一个变量的形式不同（在一个最小项中以原变量出现，在另一个最小项中以反变量出现）外，其余的都相同，那么这两个最小项就称为逻辑相邻。在卡诺图中，凡紧邻的小方格或与轴线对称的小方格都是逻辑相邻的，它们之间相互都只有一个变量不同。具体而言，每一方格和上下左右四边紧靠着它的方格相邻；最上一行和最下一行对应的方格相邻；最左一列和最右一列对应的方格相邻。例如，在 4 个变量的卡诺图中，m_0 和 m_1，m_0 和 m_2，m_0、m_1、m_4 和 m_5 等都属于逻辑相邻。

2. 用卡诺图表示逻辑函数

由于任意一个 n 变量的逻辑函数都可以变换成最小项表达式的形式，而 n 变量的卡诺图包含了 n 个变量的所有最小项，所以 n 变量的卡诺图可以表示 n 变量的任意一个逻辑函数。具体方法是：首先画出函数变量的卡诺图，并将逻辑函数化为最小项之和的形式，然后在每一个小方格中填入最小项的值。即在对应于逻辑函数的每一个最小项的小方格中填上 1，其余的填上 0 或不填，得到的就是逻辑函数的卡诺图。

【例 2.16】 用卡诺图表示逻辑函数。

$$F=\sum m(0,3,5,6,9,10,12,15)$$

解 首先做 4 个变量的卡诺图，然后在对应于函数中最小项的位置填入 1，其余位置不填。如图 2.12 所示。

对于非标准的逻辑函数表达式（即不是最小项表达式），通常是将逻辑函数变换成最小项表达式再填入卡诺图。

【例 2.17】 用卡诺图表示逻辑函数 F=AB+AC+BC。

解 首先将逻辑函数变换成最小项表达式的形式。

$$\begin{aligned}F(A,B,C)&=\overline{A}BC+A\,\overline{B}C+AB\,\overline{C}+ABC\\&=\sum m(3,5,6,7)\end{aligned}$$

然后作 3 个变量的卡诺图，并将逻辑函数填入卡诺图，如图 2.13 所示。

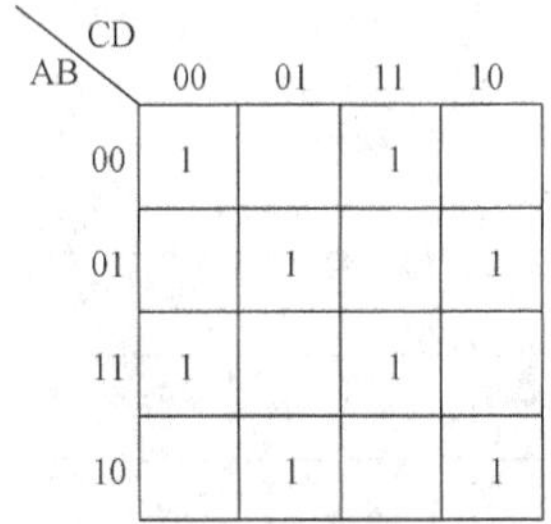

图 2.12 ［例 2.16］的函数卡诺图

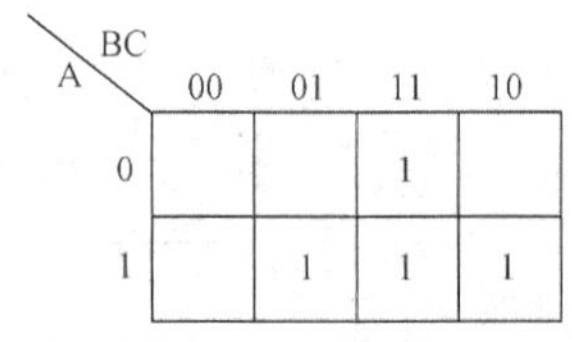

图 2.13 ［例 2.17］的函数卡诺图

有些逻辑函数变换成最小项表达式时十分繁琐，可以采用直接观察法。直接观察法的基本原理是：在逻辑函数与或式中，如果乘积项不是最小项，则说明该乘积项已是化简后的结果。如缺少 1 个变量，说明此乘积项是由 2 个相邻最小项化简而成的，在卡诺图中应占 2 个与乘积项中变量相应的相邻小方格，所缺变量在这两个小方格中 1 个为原变量，1 个为反变量；若缺少 2 个变量，则说明该乘积项是由 4 个最小项化简而成的，在卡诺图中应占 4 个相邻的小方格，依此类推。

【例 2.18】 用卡诺图表示逻辑函数 $F=AB+AC\overline{D}+BCD$。

解 由于该函数是一个含 4 个变量的逻辑函数，所以作 4 个变量的卡诺图。先填写乘积项 AB，显然它是由 4 个最小项化简而来的，在卡诺图中应占 4 个小方格，即图中变量 AB 为 11 的一行。乘积项 $AC\overline{D}$，缺变量 B，是第三行、第四行与第四列所构成的小方格。其余依此类推，其卡诺图如图 2.14 所示。

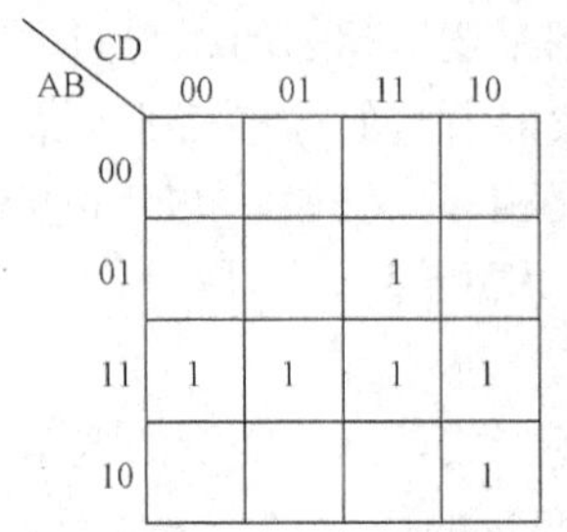

图 2.14 ［例 2.18］的函数卡诺图

3. 用卡诺图化简逻辑函数

（1）用卡诺图化简逻辑函数的原理。由于卡诺图中变量取值组合按循环码规律排列，因此处在相邻位置的两个最小项都只有一个变量表现出取值为 0 和 1 的区别。而我们在用公式法进行逻辑函数化简时，可以利用公式 $AB+A\overline{B}=A$ 进行乘积项的合并，将两个乘积项合并为一项，只剩下相同部分的变量。故用卡诺图进行逻辑函数化简的依据就是具有相邻性的最小项可以合并成一项，并消去取值不同的因子。由于卡诺图的一个很重要的特点是用几何相邻形象地表示出变量各个最小项在逻辑上的相邻性，因而可以直观地找出那些具有相邻性的最小项并将其合并化简。

（2）卡诺图上合并最小项的规律。若 2 个最小项相邻，则可以合并为一项并消去 1 个变量，合并后的乘积项只剩下公共变量。图 2.15（a）列出了 2 个相邻最小项可以合并的几种情况。

例如最小项 m_0 和 m_2 相邻，可以合并为

$$\begin{aligned} m_0 + m_2 &= \overline{A}\,\overline{B}\,\overline{C}\,\overline{D} + \overline{A}\,\overline{B}C\overline{D} \\ &= \overline{A}\,\overline{B}\,\overline{D}(C + \overline{C}) \\ &= \overline{A}\,\overline{B}\,\overline{D} \end{aligned}$$

从卡诺图看，是画在同一圈内取值为 0 和 1 的变量即为应消去的变量。如图 2.15（a）包含 m_5 和 m_{13} 最小项的圈，可以看出变量 A 取值为 0 和 1，因此消去变量 A，得

$$m_5 + m_{13} = B\overline{C}D$$

若 4 个最小项相邻，则可以合并为一项并消去两个变量，合并后的乘积项只剩下公共变量。

图 2.15（b）、（c）列出了 4 个相邻最小项可以合并的例子。例如在图 2.15（b）中，最小项 m_0、m_1、m_8、m_9 相邻，可以合并。合并后消去取值不同的变量 A、D 得

$$m_0 + m_1 + m_8 + m_9 = \overline{B}\,\overline{C}$$

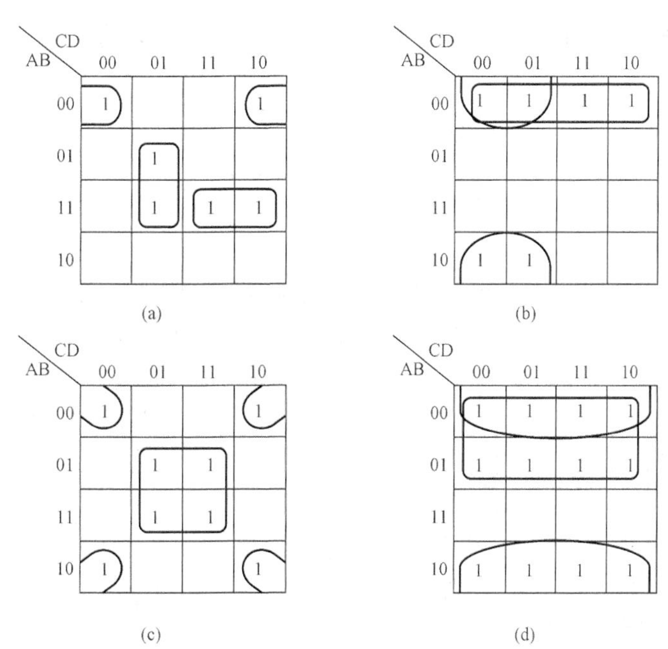

图 2.15 最小项相邻的几种情况

同理，在图 2.15（c）中，最小项 m_0、m_2、m_8、m_{10} 相邻，可以合并。合并后得

$$m_0 + m_2 + m_8 + m_{10} = \overline{B}\,\overline{D}$$

若 8 个最小项相邻，则可以合并为一项并消去 3 个变量，合并后的乘积项只剩下公共变量。

图 2.15（d）列出了 8 个相邻最小项可以合并的例子。例如 m_0、m_1、m_2、m_3、m_4、m_5、m_6、m_7 相邻，可以合并。合并后得

$$m_0+m_1+m_2+m_3+m_4+m_5+m_6+m_7=\overline{A}$$

总之，变量卡诺图中最小项合并的规律：在变量卡诺图中，凡是几何相邻的最小项均可合并，合并时可以消去有关变量。具体为 2^k 个逻辑相邻的小方格可以合并成一个乘积项，同时消去 k 个变量。

4. 卡诺图化简逻辑函数的步骤

用卡诺图化简逻辑函数的步骤如下：

（1）画出逻辑函数的卡诺图。

（2）合并逻辑函数的最小项，即将相邻的 1 方格圈成一组（画卡诺圈的过程）。

（3）写出最简与或表达式（将合并后的最简乘积项逻辑加即可求得）。

画卡诺圈时应遵循以下原则：

（1）将逻辑相邻的 2^k 个乘积项圈在一起。

（2）画圈时尽可能包含多的变量，即通常先画大圈，再画小圈。

（3）所画的圈中必须至少包含一个新的最小项。

（4）所有为 1 的最小项必须圈完。

（5）冗余项检查：有可能会出现不包含任何新的最小项的圈，应删掉。

【例 2.19】 用卡诺图化简逻辑函数 $F=A+\overline{A}BD+\overline{B}C\overline{D}+\overline{A}\,\overline{B}\,\overline{C}\,\overline{D}$ 为最简与或式。

解 画出函数卡诺图，如图 2.16 所示。

根据卡诺图画圈。由图 2.16，得

$$F=A+BD+\overline{B}\,\overline{D}$$

【例 2.20】 用卡诺图化简逻辑函数 $F=\sum m(0,1,2,5,6,7,8,12,13,15)$ 为最简与或式。

解 画出函数卡诺图，如图 2.17 所示。根据卡诺图画圈，由图 2.17，得

$$F=BD+\overline{A}\,\overline{B}\,\overline{C}+A\overline{C}\,\overline{D}+\overline{A}C\overline{D}$$

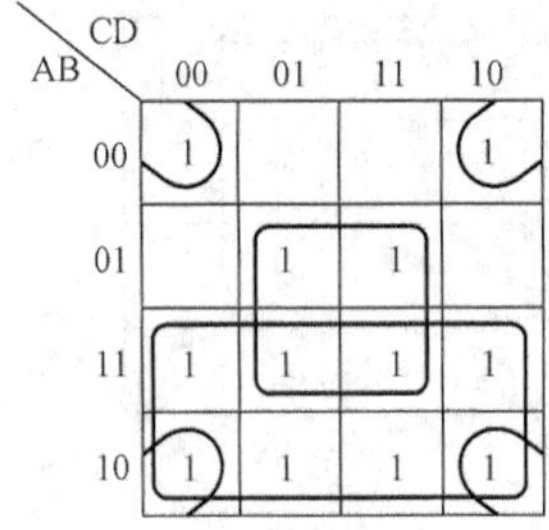

图 2.16 ［例 2.19］的卡诺图

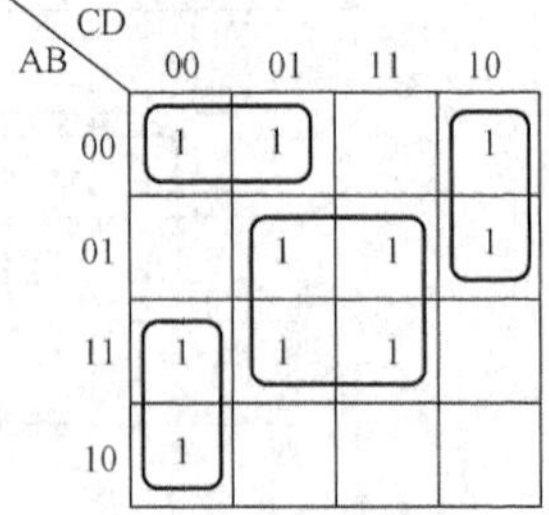

图 2.17 ［例 2.20］的卡诺图

【例 2.21】 用卡诺图化简逻辑函数。

$F=\sum m(0,1,2,3,5,7,8,10,15)$ 为最简与或式。

解 画出函数卡诺图，如图 2.18 所示。

根据卡诺图画圈。

由图 2.18，得

$$F = \overline{B}\,\overline{D} + \overline{A}D + BCD$$

图 2.18 中虚线的圈为冗余圈，其对应的乘积项为冗余项，应删去。

【例 2.22】 图 2.19（a）和（b）都是函数 $F(A,B,C,D) = \sum m(2,3,4,5,7,12,13)$ 的卡诺图，但得出了两种不同的逻辑表达式，且都是最简与或式。

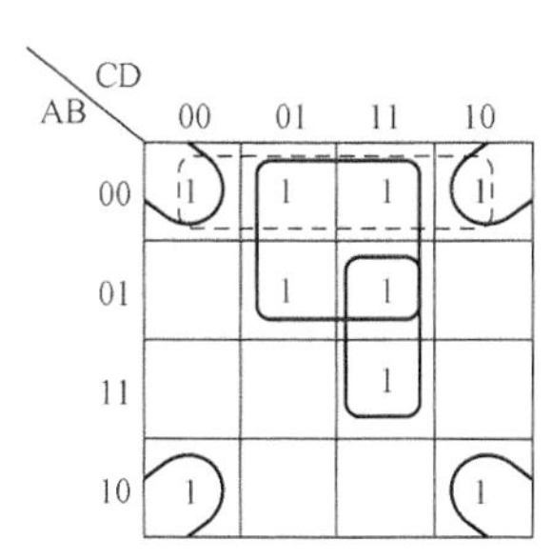

图 2.18 ［例 2.21］的卡诺图

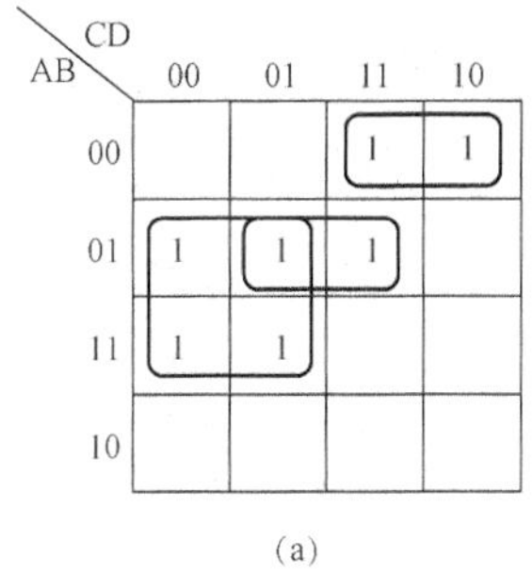

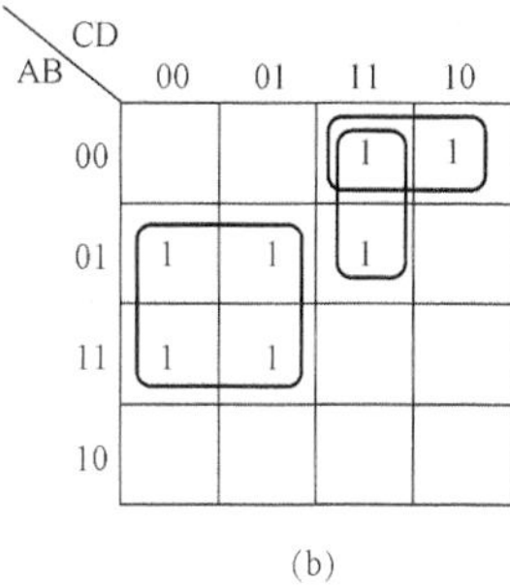

图 2.19 ［例 2.22］的卡诺图

由图 2.19（a）得出 $F = B\overline{C} + \overline{A}\,\overline{B}C + \overline{A}BD$，而由图 2.19（b）得出 $F = B\overline{C} + \overline{A}\,\overline{B}C + \overline{A}CD$。应指出，最简逻辑表达式可能不是唯一的。

2.4 具有无关项的逻辑函数及其化简

2.4.1 逻辑函数中的无关项

在前面所讨论的逻辑函数中，其函数值是确定的。但是，在实际的数字逻辑问题中，经常会遇到这样的情况：对于输入变量的某些取值组合，逻辑函数的值可以是任意的或者这些变量的取值在实际问题中根本不会出现，下面举例说明。

【例 2.23】 一个水箱如图2.20 所示，虚线表示水位。水箱中设置了三个水位检测元件 A、B、C。当检测元件被水浸没时有信号输出，用 1 表示，否则用 0 表示。现要求设计一个水箱水位监控指示灯。具体要求为当水面在 A、B 间为正常状态，绿灯 G 亮；水面在 B、C 间或 A 以上时为异常状态，黄灯 Y 亮；水面在 C 以下时为危险状态，红灯 R 亮。

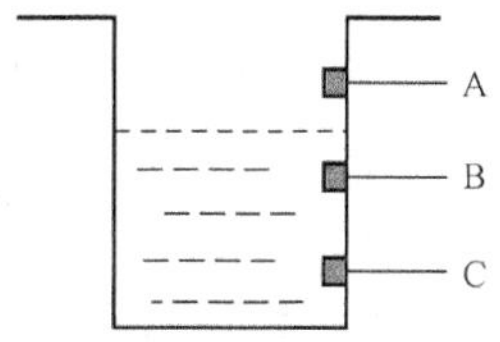

图 2.20 水箱水位示意图

由分析可知，水面实际只有这样几种可能，在 C 以下、在 BC 之间、在 AB 之间、在 A 以上。当水面在 C 以下时，对应输入变量取值为 000，即最小项 m_0；当水面在 BC 之间时，对应输入变量取值为 001，即 m_1；当水面在 AB 之间时，对应输入变量取值为 011，即 m_3；当水面在 A 以上时，对应输入变量取值为 111，即 m_7。而输入变量的其他取值组合 m_2、m_4、m_5、m_6 没有定义，是根本不能出现的，因此可以表示为

$$\overline{A}B\overline{C} = 0,\quad A\overline{B}\,\overline{C} = 0,\quad A\overline{B}C = 0,\quad AB\overline{C} = 0$$

或写成

$$\overline{A}B\overline{C} + A\overline{B}\,\overline{C} + A\overline{B}C + AB\overline{C} = 0$$

通常，将这些取值恒为 0 的最小项称为约束项。由约束项加起来所构成的值为 0 的逻辑表达式，称为约束条件。

在一些逻辑函数中，变量取值的某些组合所对应的最小项不会出现或不允许出现，这些最小项称为约束项。例如，BCD 码中 1010～1111 这 6 个最小项就是约束项。这些约束项既可以看成是 1，也可以看成是 0，因此约束项也称为任意项或者无关项，在卡诺图或者真值表中可以用符号×、ϕ 或 d 来表示。如在该例中红、黄、绿灯的输出逻辑函数表达式可以写成

$$R=\sum m(0)+\sum \phi(2,4,5,6)$$
$$Y=\sum m(1,7)+\sum \phi(2,4,5,6)$$
$$G=\sum m(3)+\sum \phi(2,4,5,6)$$

或写成

$$R=\sum m(0)$$
$$Y=\sum m(1,7)$$
$$G=\sum m(3)$$
$$\sum \phi(2,4,5,6)=0$$

2.4.2 无关项在逻辑函数化简中的应用

对具有无关项的逻辑函数，由于无关项的值始终等于 0，所以既可以将无关项写进逻辑函数式中，也可以将无关项从函数式中删除，即无关项包不包含在逻辑函数中，对电路的逻辑功能都不会有影响。因此在化简逻辑函数时，如果能充分利用约束条件（无关项），常可使表达式大为简化。

利用无关项的原则：对有利于化简的无关项作 1 处理，否则作 0 对待。

AB \ CD	00	01	11	10
00				1
01	1			1
11	ϕ	ϕ	ϕ	ϕ
10	1		ϕ	ϕ

图 2.21 ［例 2.24］的卡诺图

【例 2.24】 试化简具有无关项的逻辑函数。

$$F(A,B,C,D)=\sum m(2,4,6,8)+\sum \phi(10,11,12,13,14,15)$$

解 画出函数的卡诺图，如图 2.21 所示。

由图可见，可将其中的无关项 m_{10}、m_{12}、m_{14} 取值为 1，而无关项 m_{11}、m_{13}、m_{15} 取值为 0，则逻辑函数的最后化简结果为

$$F=B\overline{D}+A\overline{D}+C\overline{D}$$

［例 2.23］函数 R、Y、G 卡诺图如图 2.22 所示，利用无关项化简后其表达式为

$$R=\overline{C},\quad Y=A+\overline{B}C,\quad G=\overline{A}B$$

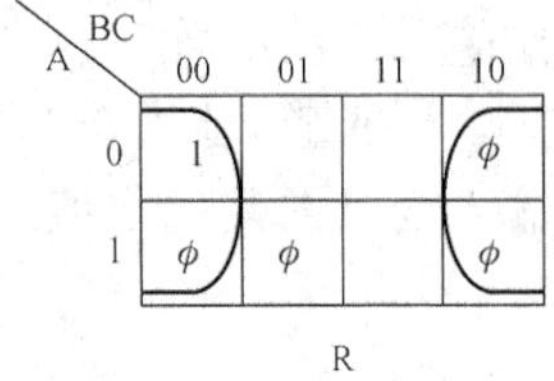

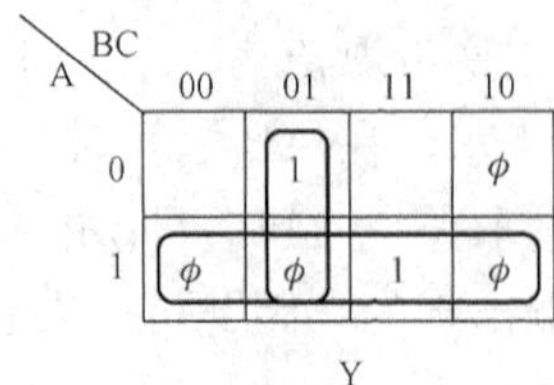

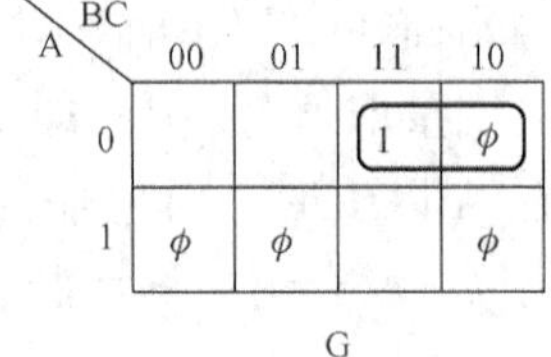

图 2.22 ［例 2.23］的卡诺图

小　结

本章的主要内容是逻辑代数的基本运算、定律，逻辑函数的表示方法，逻辑函数的化简等三部分。

逻辑代数是数字电路的理论基础。逻辑代数的基本公式、运算规则及常用逻辑门的符号等要求必须熟练掌握。只有这样才能迅速有效地对逻辑函数进行化简，大大提高运算速度。

逻辑函数通常可以用真值表、表达式、卡诺图、波形图和逻辑电路图等方法进行描述。要求熟练掌握这些描述方法，可以根据具体的使用情况，选择适当的方式表示所研究的逻辑函数。

为了简化电路、降低成本，常常需要对逻辑函数进行化简。逻辑函数的化简是本章的重点。常用的化简方法有公式法和卡诺图法。公式法化简没有固定的步骤可循，需要熟记公式，并能灵活运用。卡诺图法化简则简单直观，而且具有一定的步骤可循。要求熟练掌握卡诺图化简逻辑函数的步骤和方法，包括含有无关项的逻辑函数的化简。

习　题

2.1　试总结：

(1) 从真值表写逻辑表达式的方法。

(2) 从函数式写真值表的方法。

(3) 从逻辑图写逻辑函数式的方法。

(4) 从逻辑函数式画逻辑图的方法。

2.2　列出下述问题的真值表，并写出逻辑表达式：

(1) 有三个输入信号A、B、C，若3个输入信号同时为0或只有两个输入信号同时为1时，输出F为1，否则为0。

(2) 一位二进制加法电路，其输入为被加数A、加数B和低位的进位CI，输出为和数S和向高位的进位CO。

(3) 用8421BCD码表示的0～9十个数码中，若其值为3的倍数，则F=1，否则F=0。

(4) 有3个温度检测器，当检测的温度超过80℃时，输出控制信号1；当检测的温度低于80℃时，输出控制信号为0。现设计一个控制电路，当温度检测器中有两个或两个以上输出1信号时，总控制器输出1信号，自动控制调控设备，使温度降低到80℃以下。试写出总控制器的真值表和逻辑表达式。

2.3　用真值表法证明下列等式。

(1) $AB+\overline{A}C+BC=AB+\overline{A}C$

(2) $A+BC=(A+B)(A+C)$

(3) $A\oplus\overline{B}=\overline{A\oplus B}$

2.4　直接根据对偶规则，写出下列逻辑函数的对偶函数 F′。

(1) $F = A\bar{B}C + \bar{A}B\bar{C}$

(2) $F = (\bar{A} + B)(\bar{B} + C)(\bar{C} + A)$

(3) $F = A + \overline{B + \bar{C} + \overline{D + \bar{E}}}$

2.5　直接根据反演规则，写出下列逻辑函数的反函数$\bar{F}$。

(1) $F = \bar{A}\bar{B} + CD$

(2) $F = (\bar{A} + \bar{B})\overline{(B + C)(A + \bar{C})}$

(3) $F = A + \overline{B\bar{C} + \bar{A}(B + \overline{CD})}$

2.6　证明下列公式：

(1) $A + \bar{A}B = A + B$

(2) $A + \bar{A}B + \bar{B} = 1$

(3) $ABC + A\bar{B}C + AB\bar{C} = AB + AC$

(4) $\overline{A\bar{B} + B\bar{C} + C\bar{A}} = \bar{A}\bar{B}\bar{C} + ABC$

2.7　用公式法化简下列逻辑函数为最简与或式。

(1) $F = A + ABC + A\bar{B}\bar{C} + BC + \bar{B}\bar{C}$

(2) $F = \bar{A}B\bar{C} + \bar{B} + C + A$

(3) $F = \bar{A}\bar{C} + \bar{A}\bar{B} + \bar{A}\bar{C}\bar{D} + BC$

(4) $F = A\bar{B}CD + AB\bar{C}\bar{D} + A\bar{B} + A\bar{D} + A\bar{B}C$

(5) $F = \overline{\overline{AC + \bar{A}BC} + \bar{B}C + AB\bar{C}}$

(6) $F = ABC\bar{D} + ABD + BC\bar{D} + ABCD + B\bar{C}$

2.8　将下列各函数式化为最小项之和的形式。

(1) $F(A,B,C) = A\bar{B}C + \bar{A}C + BC$

(2) $F(A,B,C,D) = A\bar{D} + \bar{A}C + B\bar{C}D + C$

2.9　用卡诺图化简下列函数为最简与或式。

(1) $F = \bar{A}\bar{B} + AC + \bar{B}C$

(2) $F = A\bar{B}CD + AB\bar{C}\bar{D} + A\bar{B} + A\bar{D} + A\bar{B}C$

(3) $F(A,B,C) = \sum(m_0, m_1, m_2, m_4, m_6)$

(4) $F(A,B,C,D) = \sum(m_0, m_1, m_2, m_5, m_8, m_{10}, m_{12}, m_{14})$

(5) $F(A,B,C,D) = \sum(m_0, m_1, m_2, m_3, m_4, m_6, m_8, m_9, m_{10}, m_{11}, m_{14})$

2.10　将下列函数化简为最简与或函数式。

(1) $F(A,B,C,D) = \sum m(0,13,14,15) + \sum \phi(1,2,3,9,10,11)$

(2) $F(A,B,C,D) = \sum m(0,2,6,8,10,14) + \sum \phi(5,7,13,15)$

(3) $F(A,B,C,D) = \sum m(0,2,7,13,15)$

给定约束条件为

$$\bar{A}B\bar{C} + \bar{A}B\bar{D} + \bar{A}\bar{B}D = 0$$

(4) $F(A,B,C,D) = AB\bar{D} + \bar{A}\bar{B}\bar{C}\bar{D} + \bar{A}\bar{B}C$

给定约束条件为

$$A \oplus B = 0$$

2.11 利用与非门实现下列函数，并画出逻辑电路图。

(1) $F = \overline{A}B + A\overline{C} + \overline{B}C$

(2) $F(A,B,C,D) = \sum m(0,2,5,7,8,10,13,15)$

2.12 逻辑函数 $F = A\overline{B} + A(B \oplus \overline{C})$，试用真值表、卡诺图、逻辑图、波形图表示该函数。

2.13 已知逻辑函数

$$F_1 = AB\overline{C} + \overline{A}C$$

$$F_2 = AB + B\overline{C}$$

试画出该多输出电路的逻辑电路图，要求只能使用单输入非门、二输入与门、二输入或门三种器件。

第3章　逻 辑 门 电 路

本章主要介绍基本的分立元件逻辑门电路，重点介绍TTL门和CMOS门电路的工作原理、逻辑功能、外部特性和主要参数以及使用集成门电路时应注意的问题。

3.1　概　　述

在数字电路中，实现基本逻辑运算和常用复合逻辑运算的逻辑器件称为逻辑门电路。逻辑门电路分为分立元件门电路和集成门电路。分立元件门电路包括二极管门电路和三极管门电路两类。常用的集成门电路主要分为TTL系列集成门电路和CMOS集成门电路两类。

根据集成电路规模的大小，通常把含逻辑门的数量小于10的称为小规模集成电路（Small Scale Integration，SSI）、含逻辑门的数量在10～100之间的称为中规模集成电路（Medium Scale Integration，MSI）、逻辑门的数量在100～1000之间的称为大规模集成电路（Large Scale Integration，LSI）以及含逻辑门的数量大于10 000的超大规模集成电路（Very Large Scale Integration，VLSI）。

逻辑门电路是各种数字电路及数字系统的基本逻辑单元。本章主要介绍常用门电路的内部结构和工作原理，以利于今后能正确、有效地使用逻辑门电路。

3.2　分立元件逻辑门电路

半导体器件都有导通和截止的开关作用，数字电路中的半导体二极管和三极管一般都工作在开关状态。在半导体二极管和三极管开关电路的基础上增加适当的元件可以构成与门、或门和非门。

3.2.1　二极管与门电路

用电子电路实现逻辑运算，其输入/输出量均以电压（单位为V）或者逻辑电平0和1表示。输入量和输出量之间满足与逻辑关系的电路称为与门电路。

采用二极管开关组成的与门电路如图3.1（a）所示。图中三个二极管VD1、VD2、VD3的阳极连接在一起，称为二极管共阳极。这些二极管的阳极经同一个限流电阻R接电源V_{CC}，并作为门电路的输出端F，输出电压U_F。三个输入A、B、C分别接二极管阴极，输入电压分别为U_A、U_B、U_C。在二极管共阳极结构中，阴极电位最低的二极管优先导通。

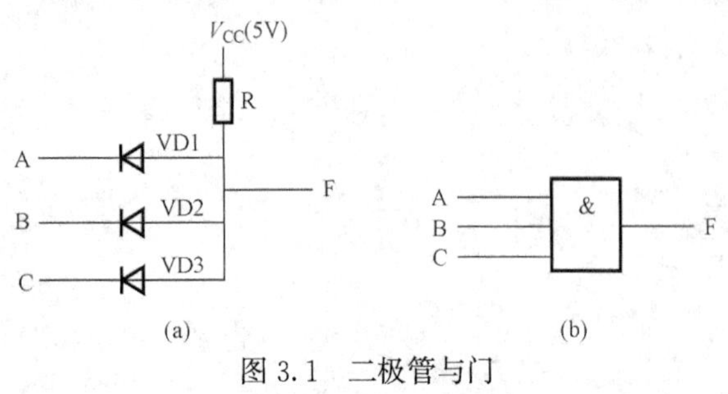

图3.1　二极管与门
（a）电路组成；（b）图形符号

设输入电压（U_A、U_B、U_C）高电平为5V，低电平为0V，电源电压（V_{CC}）为5V。本电路按照输入信号的不同分以下几种情况。

（1）当输入中有一个为低电平（譬如$U_A=0V$，$U_B=U_C=5V$），对应二极管（VD1）优先导通，如图3.2（a），忽略二极管导通压降，流过限流电阻R的电流（V_{CC}/R）全部流入这一个二极管VD1，二极管VD2和VD3因受反向电压而截止，输出电压$U_F=0V$。

（2）当输入中有两个为低电平和三个输入全为低电平时，此时流过限流电阻R的电流被分流，输出电压$U_F=0V$。如图3.2（b）和（c）所示。

（3）图3.2（d）是三个输入全为高电平的工作情况。A、B和C端都加+5V电压，VD1、VD2、VD3全部截止，输出端F点电压U_F与V_{CC}相等，即$U_F=+5V$。

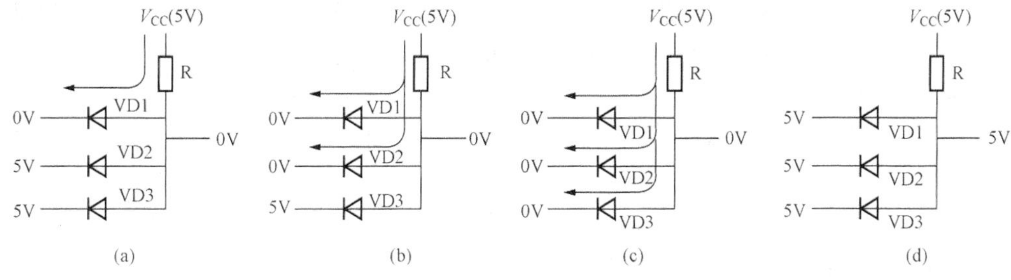

图3.2　二极管与门工作原理

（a）输入中只有一个低电平；（b）输入中有两个低电平输入；（c）输入全为低电平；（d）输入全为高电平

将以上各种工作情况下的输入/输出电平列表，得表3.1。若将表3.1中电平用逻辑值表示，所得到的表称为真值表。在正逻辑体制下，0表示低电平，1表示高电平，得到该电路的真值表见表3.2。输入中有0（低电平）输出就为0（低电平），只有输入全部是1（高电平）输出才是1（高电平），即具有“见0为0，全1为1”的与逻辑特点。显然，这是一个三输入与门电路，图3.1（b）给出了三输入与门的图形符号。

如果将表3.1的电平用负逻辑表示，0代表高电平，1代表低电平，可得结果见表3.4。表3.4是或逻辑真值表，也就是说同一个门电路，在正逻辑体制下是与门，在负逻辑体制下则是或门，这一结果也印证了摩根定律。

表3.1　与门功能表　V

U_A	U_B	U_C	U_F
0	0	0	0
0	0	5	0
0	5	0	0
0	5	5	0
5	0	0	0
5	0	5	0
5	5	0	0
5	5	5	5

表3.2　与真值表

A	B	C	F
0	0	0	0
0	0	1	0
0	1	0	0
0	1	1	0
1	0	0	0
1	0	1	0
1	1	0	0
1	1	1	1

表3.3　或门功能表　V

U_A	U_B	U_C	U_F
0	0	0	0
0	0	5	5
0	5	0	5
0	5	5	5
5	0	0	5
5	0	5	5
5	5	0	5
5	5	5	5

3.2.2　二极管或门电路

采用二极管开关组成的或门电路如图3.3（a）所示，图（b）为或门图形符号。图3.3中3个二极管VD1、VD2、VD3的阴极连接在一起，称为二极管共阴极，这些二极管的阴极经同一个限流电阻 R 接地，公共阴极作为门电路的输出端 F，输出电压 U_F。3 个输入 A、B、C 分别接二极管阳极，输入电压分别为 U_A、U_B、U_C。在二极管共阴极结构中，阳极电位最高的二极管优先导通。

输入电压（U_A、U_B、U_C）高电平为 5V，低电平为 0V，电源电压（V_{CC}）为 5V。二极管或门电路的工作原理如下。

（1）当 A、B、C 中有一个高电平，譬如 $U_A=5V$，$U_B=U_C=0V$，高电平对应的二极管（VD1）导通，低电平对应的二极管（VD2、VD3）截止，忽略二极管导通压降，输出高电平（$U_F=5V$）。

（2）当 A、B、C 中有两个高电平（譬如，$U_A=U_B=5V$，$U_C=0V$），高电平对应的二极管（VD1，VD2）导通，低电平对应的二极管（VD3）截止，忽略二极管导通压降，输出高电平（$U_F=5V$）。

（3）当 A、B、C 全为高电平（$U_A=U_B=U_C=5V$），所有的二极管（VD1、VD2、VD3）均导通，输出高电平（$U_F=5V$）。

（4）当 A、B、C 全为低电平（$U_A=U_B=U_C=0V$），则所有的二极管（VD1、VD2、VD3）均截止，输出低电平（$U_F=0V$）。

将各种输入/输出电平情况列表，得表 3.3 所示的电平表。用正逻辑体制表示逻辑电平，表 3.3 转化为表 3.4 所示的三输入或逻辑真值表。

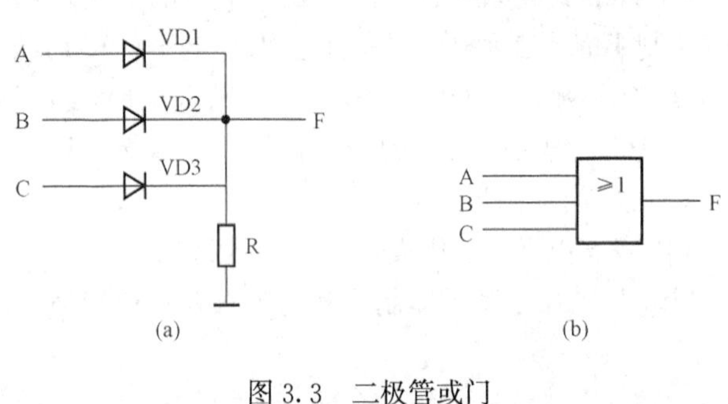

图 3.3 二极管或门
（a）电路组成；（b）图形符号

表 3.4 或真值表

A	B	C	F
0	0	0	0
0	0	1	1
0	1	0	1
0	1	1	1
1	0	0	1
1	0	1	1
1	1	0	1
1	1	1	1

3.2.3 非门

非门又称反相器，由三极管构成的非门电路结构如图 3.4（a）所示。A 为输入端，F 为输出端。三极管可以看成是由两个反相的二极管将阳极接在一起引出一个基级 b、发射极 e 和集电极 c。

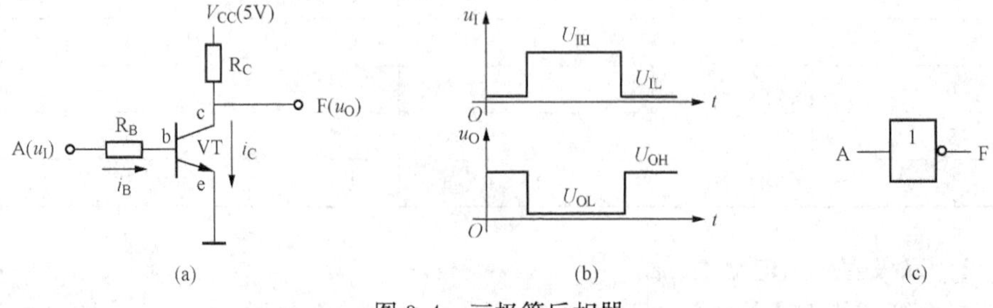

图 3.4 三极管反相器
（a）电路组成；（b）工作波形；（c）图形符号

当输入电压为高电平 $u_I = U_{IH}$时，三极管 VT 饱和导通，输出为低电平 $u_O = U_{OL} = U_{CES}$。对小功率管来说，三极管饱和压降 $U_{CES} \approx 0.3V$。

而当输入电压为低电平 $u_I = U_{IL}$时，三极管 VT 截止，输出为高电平 $u_O = U_{OH} = U_{CC} = 5V$。忽略三极管开关时间，输入/输出电压具有反相关系，如图 3.4（b）所示。

图 3.4（c）所示的图形符号中输出端的小圈表示反相关系。低电平用逻辑值 0 表示，高电平用逻辑值 1 表示，以上分析结果可用真值表（见表 3.5）表示。

表 3.5　非门真值表

A	F
0	1
1	0

反相器在不同负载条件下有不同的带负载能力。如图 3.5 所示，三极管工作在截止状态时，电流流出（非）门电路称为拉电流，对应负载称为拉电流负载。决定图 3.5 所示电路带拉电流负载能力（即输出高电平电流 I_{OH}）的主要因素是输出电阻和高电平值。随着拉电流的增大，R_C 上电压增大，输出（高电平）电压下降。

三极管工作在饱和状态时，电流流入（非）门电路称为灌电流，对应负载称为灌电流负载。决定图 3.5 所示电路带灌电流负载能力（即输入低电平电流 I_{OL}）的主要因素是三极管基极电流和低电平值。随着灌电流的增大，三极管饱和程度减小，甚至脱离饱和，进入放大状态，从而使管压降增大，输出（低电平）电压上升。

由于非门有电流放大能力，所以输出电平稳定，带负载能力强。为了利用非门的这种性质，实际工作中，与门、或门总是和非门联合使用，组成与非门、或非门、与或非门等。另外，逻辑门在驱动发光二极管、继电器等电流较大的元件时，都采用非门。

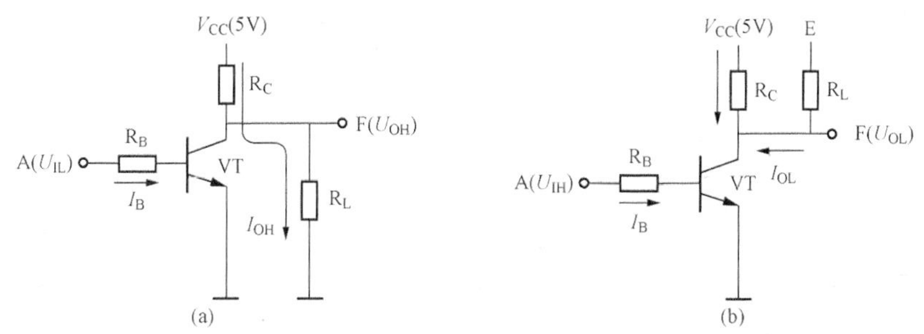

图 3.5　三极管反相器带负载能力

（a）带拉电流负载；（b）带灌电流负载

3.3　TTL 集成门电路

在数字系统中应用大量的逻辑门电路，采用分立元件焊接成门电路，不仅体积大，而且焊点多，易出故障，使得电路可靠性降低，目前分立元件电路已被集成门电路替代。三极管—三极管逻辑（Transistor-Transistor Logic，TTL）电路是用 BJT（Bipolar Junction Transistor，BJT）双极结型晶体管工艺制造的数字集成电路，其优点是体积小、重量轻、功耗小、成本低、使用起来焊点少、可靠性提高，它是由中大规模集成电路组成的数字系统和微机系统中不可或缺的电路。目前国内产品型号为 CT74 和 54 系列，对应以前产品型号 CT1000 系列。本节以 TTL 与非门为例，介绍 TTL 电路的一般组成、原理、特性和参数。

3.3.1 TTL 与非门

TTL 与非门内部基本结构如图 3.6（a）所示，多发射极管 VT1 为输入级，VT2 为中间级，VT3 和 VT4 组成输出级。工作原理如下。

（1）当发射极管 VT1 的 A、B、C 三个输入端中有一个或一个以上为低电平，对应发射结正偏导通，V_{CC}经 R1 为 VT1 提供基极电流。设输入低电平 $U_{IL}=0.3V$，输入高电平 $U_{IH}=3.6V$，U_{BE}(基极电压)$=0.7V$，则 VT1 基极电位 $V_{B1}=1V$，VT2 因没有基极电流而截止，因此 VT3 也截止。因为 VT2 截止，U_{CC}经 R2 为 VT4 提供基极电流，VT4 导通输出高电平 $U_{OH}=V_{CC}-I_{B2}R_2-U_{BE4}-U_D$，由于 I_{B2}很小，忽略该电流在 R2 上直流压降，则 $U_{OH}=5V-0.7V-0.7V\approx3.6V$。

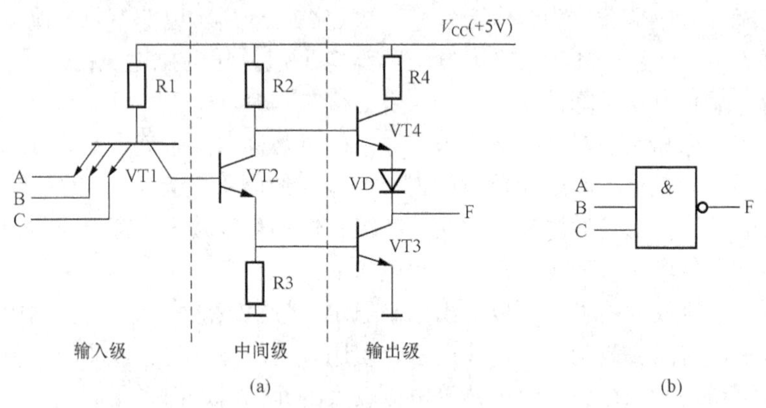

图 3.6 TTL 集成与非门

（a）内部基本结构；（b）图形符号

（2）当 A、B、C 全为高电平或全部悬空，V_{CC}经 R1 经 VT1 集电结为 VT2 提供基极电流，VT2 导通。此时，VT1 基极电位 V_{B1}（为 VT1 集电结 VT2 发射结 VT3 发射结三个 PN 结正向压降之和）$=2.1V$。VT2 导通一方面为 VT3 提供基极电流，使 VT3 也导通；另一方面因 VT2 集电极电位 $V_{C2}(=V_{BE3}+V_{CES2})\approx1V$，使 VT4 截止。VT3 导通，VT4 截止，输出低电平 $U_{OL}(=U_{CES3})\approx0.3V$。

由此可见，图 3.7 所示电路实现了“见 0 为 1，全 1 出 0”的与非逻辑功能，是 TTL 与非门。

与非门电路的结构保证了电路有较快的开关速度。在输入由低电平变为高电平（三输入接一起，或多余端悬空）时，VT2 要由截止变为导通。输入变为高电平后，VT1 相当于一个倒置应用的三极管（发射结反偏，集电结正偏，输入高电平相当于电源），为 VT2 从截止变为导通提供较大的正向基极电流，加快 VT2 状态转换速度。在输入由高电平变为低电平时，VT2 要由导通变为截止。输入变为低电平后，由于 VT2、VT3 存储的电荷尚未释放，$U_{C1}=1.4V$（相当于电源），而 $U_{B1}=1V$，$U_{E1}=0.3V$（VT1 发射结正偏，集电结反偏，处于放大状态），VT1 将从 VT2 抽取较大的反向基极电流，加快存储电荷的泄放，加快 VT2 状态转换速度。

VT3、VT4 组成的推挽式输出级不仅具有提高开关速度的作用，而且具有提高带负载能力的作用。由于 VT3、VT4 工作状态相反，VT3 截止、VT4 导通，输出高电平。因为

VT3截止，所以VT4导通所流过的电流全部流向负载，而不会被VT3分流，即带负载的能力提高了。同时，该较大的电流，又可以减小输出电压的上升时间，VT4截止、VT3导通，输出低电平。VT3导通能为负载电容提供较大的放电电流，减小了输出电压的下降时间。

由于采用以上措施，TTL门电路有较快的工作速度，输出电压有较陡直的变化边沿。

3.3.2 TTL门的外部特性和主要参数

在实际应用中，TTL逻辑门电路的外部特性十分重要。本节将介绍TTL门主要的外部特性参数：逻辑电平、开门电平、关门电平、扇入系数、扇出系数、平均传输延迟时间和空载功耗等。

(1) 标称逻辑电平。上述门电路的逻辑功能是通过指定高电平表示1，低电平表示0来实现的，这种表示逻辑值0和1的理想电平值即为$U(0)$和$U(1)$。TTL门电路的标称逻辑电平分别为$U(1)=5V$，$U(0)=0V$。

(2) 开门电平U_{ON}和关门电平U_{OFF}。在实际门电路中，高电平或低电平都不可能是标称逻辑电平，而是在偏离标称值的一个范围内。图3.7给出了TTL非门的电压传输特性曲线，它描述了输入电压u_I从0V逐渐上升到高电位时，输出电压u_O的变化情况。

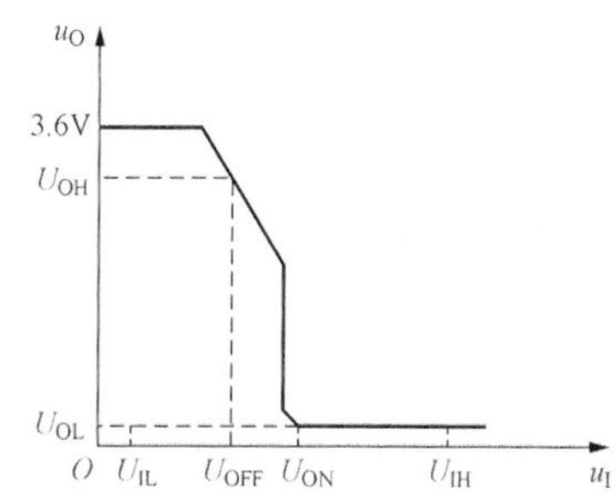

图3.7 TTL非门的电压传输特性

当输入电压在$0\sim U_{OFF}$时，非门处于截止状态，输出电压$\geqslant U_{OH}$；当输入电压在$U_{OFF}\sim U_{ON}$时，三极管处于放大状态；当输入电压在$U_{ON}\sim U_{IH}$时，三极管非门处于饱和状态，输出电压$\leqslant U_{OL}$。在输出电压的$U_{ON}\sim 3.6V$范围内都表示逻辑1，而输出电压的$0\sim U_{OL}$范围内都表示逻辑0。U_{OH}是输出高电平的低限；U_{OL}是输出低电平的高限。保持电路输出端为低电平状态所允许的输入高电平的最小值称为开门电平U_{ON}，保持电路输出端为高电平状态所允许的输入低电平的最大值称为关门电平U_{OFF}。TTL门电路的开门电平一般为3V左右，关门电平为0.4V左右。

开门电平的大小反映了高电平抗干扰能力，U_{ON}越小，在输入高电平时的抗干扰能力越强。关门电平的大小反映了低电平抗干扰能力，U_{OFF}越大，在输入低电平时的抗干扰能力就强。

(3) 扇入系数N_I和扇出系数N_O。门电路允许的输入端数目，称为该门电路的扇入系数N_I。一般门电路的扇入系数N_I为1～5，最多不超过8。实际应用中若要求门电路的输入端数目超过它的扇入系数，可使用“与扩展器”或者“或扩展器”来增加输入端的数目。也可以使用分级实现的方法来减少对门电路输入端数目的要求。若使用中所要求的输入端数目比门电路的扇入系数小时，对与门和与非门可将多余输入端接高电平（+5V）或悬空，对或门和或非门可将多余输入端接低电平或接地。

门电路通常只有一个输出端，但它能与下一级的多个输入端连接。一个门的输出端所能连接的下一级门的个数，称为该门电路的扇出系数N_O。TTL门电路的扇出系数N_O一般为8，表示输出最多可以驱动8个门。但驱动门（或称功率门）的扇出系数可达15～25。

(4) 平均传输延迟时间t_{pd}。平均传输延迟时间是反映门电路工作速度的一个重要参数。以TTL非门为例，在输入端加一个正矩形波，则需经过一定的时间延迟才能从输出端得到

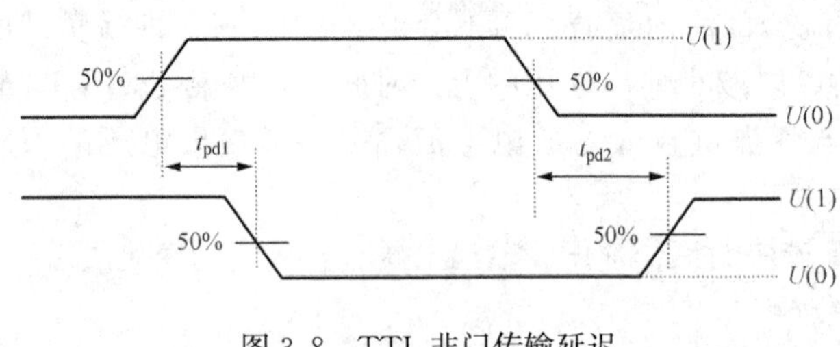

图 3.8　TTL 非门传输延迟

一个负矩形波。输入和输出之间的关系如图 3.8 所示。若定义输入波形前沿的 50%到输出波形前沿的 50%之间的间隔为前沿延迟 t_{pd1}；同样定义 t_{pd2} 为后沿延迟，则它们的平均值为 $t_{pd}=1/2(t_{pd1}+t_{pd2})$，称为平均延迟时间。

显然，平均延迟时间越小，门电路的响应速度越快。TTL 门电路的平均传输延迟时间 t_{pd} 一般在 20ns 左右，即门电路的最高工作频率 f_{max} 在 20～30MHz。根据门电路 t_{pd} 值的大小可以把集成电路分为下列四类：低速组件（$t_{pd}=40$～160ns），中速组件（$t_{pd}=15$～40ns），高速组件（$t_{pd}=8$～15ns）以及超高速组件（$t_{pd}<8$ns）。

（5）空载功耗 P。空载功耗是当与非门空载时电源总电流 I_{CC} 和电源电压 V_{CC} 的乘积，即

$$P = I_{CC} \cdot V_{CC}$$

当输出为低电平时的功耗称为空载导通功耗 P_{ON}，输出为高电平时的功耗称为空载截止功耗 P_{OFF}。P_{ON} 总是大于 P_{OFF}。由于一般情况下，电源电压是固定的，所以用空载时的电源电流可衡量功耗的大小。

门电路的速度与功耗是矛盾的：降低功耗会增加传输延时、门电路的速度减慢；提高门电路的速度要以增加功耗为代价。通常用功耗与平均传输延迟时间的乘积作为门电路的一个质量指标，称为速度—功耗积，用 M 或 Pt_{pd} 的积表示，即

$$M = P \cdot t_{pd}$$

M 值越小，表示门电路的性能越高。

3.3.3　集电极开路门

“线与”是指将两个或两个以上门电路的输出端直接并联连接。在总线传输等实际应用中需要多个门的输出端并联连接使用，而一般 TTL 集成门输出端并不能直接并接使用，否则这些门的输出端之间由于低阻抗形成很大的短路电流，因而烧坏器件。OC 门（Open Collector Gate，集电极开路门）可以实现“线与”工作。

TTL 集电极开路与非门如图 3.9 所示，与普通 TTL 与非门相比，OC 门的输出级三极管 VT3 集电极不是接有源负载而是悬空的。由于 VT3 集电极悬空，VT3 截止时输出（高电平）电压由其所接外电路决定。

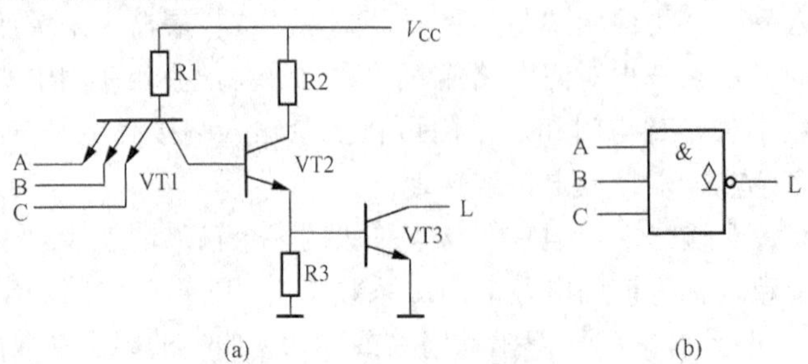

图 3.9　TTL 集电极开路与非门

（a）内部结构；（b）图形符号

一般需要把 OC 门的输出通过上拉电阻 R_L 接电源，该电源可以是 +5V 的 TTL 工作电源 V_{CC}，也可以是其他电压值的电源 V_{CC}，以实现逻辑电平的转换，如图 3.10 所示。

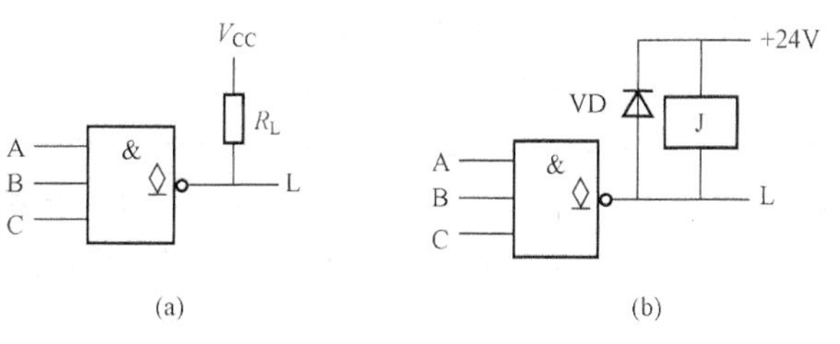

图 3.10　TTL 集电极开路门应用

(a) 集电极开路门接上拉电阻 R_L；(b) 集电极开路门驱动继电器

集电极开路门所接上拉电阻 R_L 其作用之一是限制低电平输出时灌入门电路的电流，保证输出低电平 U_{OL} 小于标准低电平 U_{SL}，因此，所接上拉电阻 R_L 不能太小，有一个电阻下限 R_{Lmin}。同时上拉电阻 R_L 在高电平输出时为负载提供拉电流作用，因此，所接上拉电阻 R_L 不能太大，以保证输出高电平 U_{OH} 大于标准高电平 U_{SH}，有一个电阻上限 R_{Lmax}。根据以上两方面的考虑，上拉电阻 R_L 的选定应满足下列不等式

$$R_{Lmin} \leqslant R_L \leqslant R_{Lmax}$$

在 OC 门带 TTL 门电路条件下，R_{Lmin} 和 R_{Lmax} 分别由图 3.11 和图 3.12 计算确定。其中，n 个门线与，带 m 个负载门共接入 p 个输入端。

$$R_{Lmin} = \frac{V_{CC} - U_{SL}}{I_{OLmax} - mI_{IS}}$$

$$R_{Lmax} = \frac{V_{CC} - U_{SH}}{nI_{OH} - pI_{IH}}$$

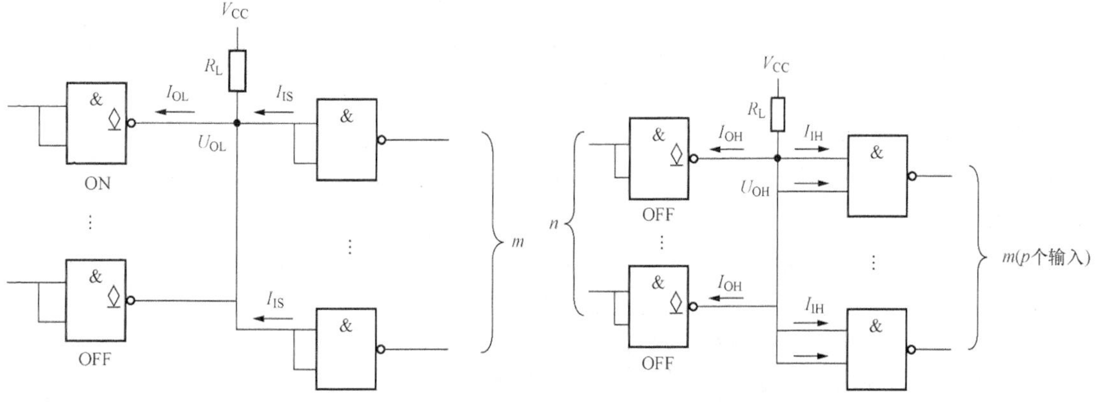

图 3.11　计算 OC 门上拉电阻 R_L 下限 R_{Lmin} 电路　　图 3.12　计算 OC 门上拉电阻 R_L 上限 R_{Lmax} 电路

3.3.4　三态门

三态输出门简称三态门（Three State Gate）、TS 门。它有三种输出状态：输出高电平、输出低电平和输出高阻态。前两种状态为工作态时的输出，后一种状态表示该门处于禁止状态。在禁止状态下，其输出高阻态相当于开路，表示此时该门电路与其他电路的传送无关，不是一种逻辑值。

图 3.13 给出了一个三态与非门的电路结构。TTL 三态与非门的工作原理如下。

(1) 当使能输入端 EN 为高电平时，二极管 VD 截止（开关断开），与其相连的多发射极管的相应发射结反偏截止，此时门电路相当于两个输入的与非门。

（2）使能输入端 EN 为低电平时，二极管 VD 导通（开关合上），与之相连的 VT1 相应的发射结正偏，使 U_{B1} 被钳位在低电平，从而 VT2、VT3 均截止，同时 VT2 集电极电位为低电平，VT4 和 VT5 组成的有源负载管也截止，输出端呈现高阻抗（Z 状态）。即使能端 EN 高电平有效，EN=1，$F=\overline{AB}$；EN=0，F=Z。表 3.6 是高电平有效的三态与非门电路的真值表。图 3.14（a）和图（b）分别是高电平和低电平有效的常用三态与非门图形符号，图（c）是低电平有效的三态输出非门的图形符号。

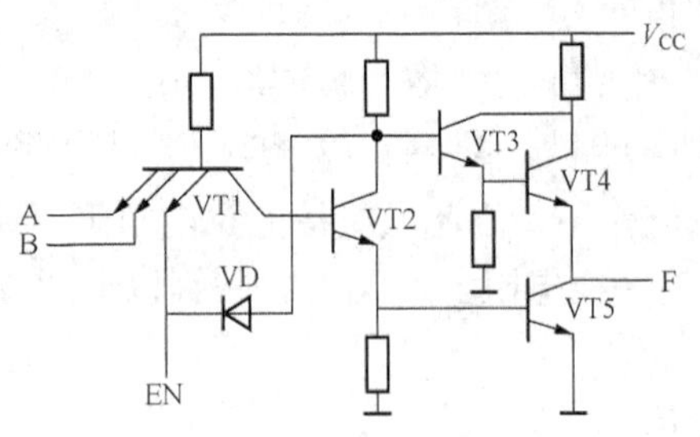

图 3.13　TTL 三态与非门电路

表 3.6　　三态与非门真值表

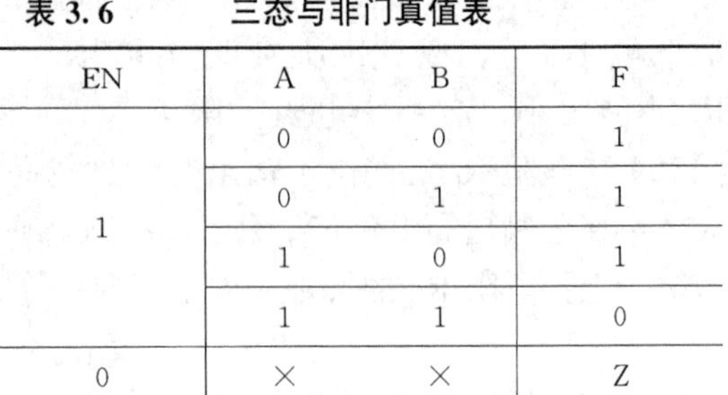

EN	A	B	F
1	0	0	1
	0	1	1
	1	0	1
	1	1	0
0	×	×	Z

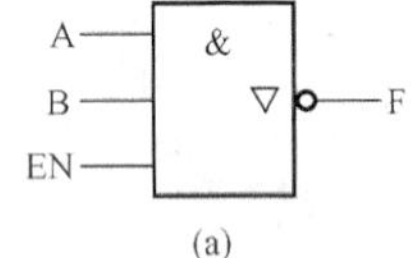

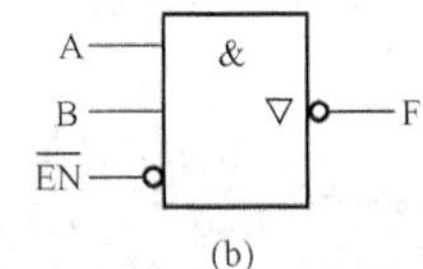

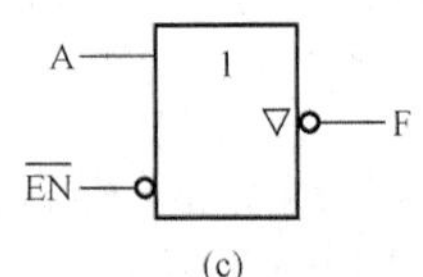

图 3.14　三态门图形符号

（a）高电平有效三态与非门图形符号；（b）低电平有效三态与非门图形符号；（c）三态输出非门图形符号

门电路的三态输出主要应用于多个门输出共享数据总线，为避免多个门输出同时占用数据总线，这些门的使能信号（EN）中只允许有一个为有效电平（如高电平），如图 3.15 所示。当 $EN_0=1$，$EN_1=EN_2=0$ 时，门电路 G0 接到数据总线，$D=F_0$；当 $EN_1=1$，$EN_0=EN_2=0$ 时，门电路 G1 接到数据总线，$D=F_1$；当 $EN_2=1$，$EN_0=EN_1=0$ 时，门电路 G2 接到数据总线，$D=F_2$。

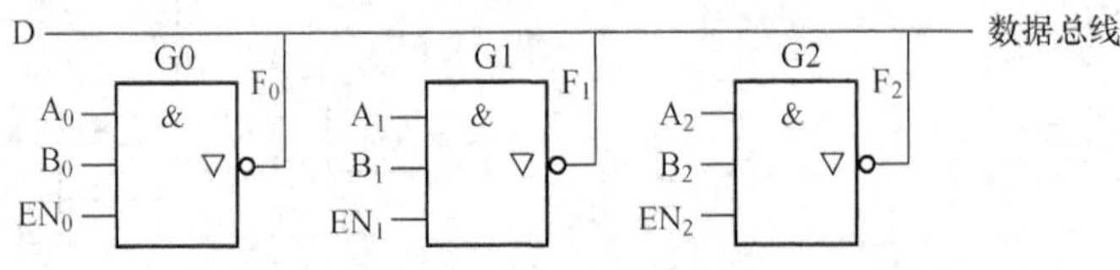

图 3.15　高电平有效三态输出门共用一根总线

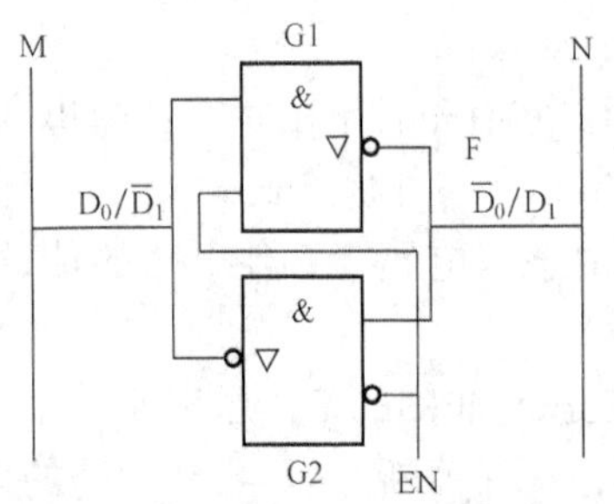

图 3.16　三态门构成的双向传输数据总线

图 3.16 为用两种不同控制输入的三态门构成的双向总线，图中 EN 为 1 时，G1 门工作，G2 门处于高阻态，数据由 M 传向 N 总线；EN 为 0 时，G2 门工作，G1 门处于高阻态，数据由 N 传向 M 总线，从而实现了数据的分时双向传送。

多路数据通过三态门来共享总线，从而实现数据分时传送的方法在计算机和其他数字系统中被广泛应用。

3.4 CMOS 门电路

在数字电路中广泛使用的另一类集成电路是MOS（Metal Oxife Semiconductor）电路。它是由金属氧化物绝缘栅型场效应管构成的单极型集成电路。MOS门电路主要有三种类型：使用N沟道管的NMOS门电路、使用P沟道管的PMOS门电路及N沟道管和P沟道管组合而成的CMOS门电路。

CMOS集成电路与TTL集成电路相比较，除了具有静态功耗低（<100mW）、电源电压范围广（3～18V）、输入阻抗高（>100MΩ）、抗干扰能力强、温度稳定性好等优点外，还具有制作工艺简单、实现某些功能的电路结构简单和适宜于大规模集成的特点。CMOS器件的不足之处在于其工作速度比TTL器件慢，且随工作频率升高，其功耗显著增大。但74HCT系列的CMOS集成电路平均传输延迟时间已接近相同功能的TTL电路，而且具有与TTL兼容的逻辑电平，相同功能型号的74HCT和74LS器件有相同的管脚分布，因而可以互换。

3.4.1 CMOS反相器

CMOS反相器，如图3.17所示，由两个管型互补的场效应管 VT_N 和 VT_P 组成。VT_N 管为工作管，是N沟道MOS增强型场效应管，开启电压 U_{TN}。VT_P 为负载管，是P沟道MOS增强型场效应管，开启电压 U_{TP}。工作管和负载管的栅极（g）接在一起，作为输入端 $A(u_I)$；工作管和负载管的漏极（d）接在一起，作为输出端 $F(u_O)$。负载管的源极（s）接电源 U_{DD}，工作管的源极（s）接地。

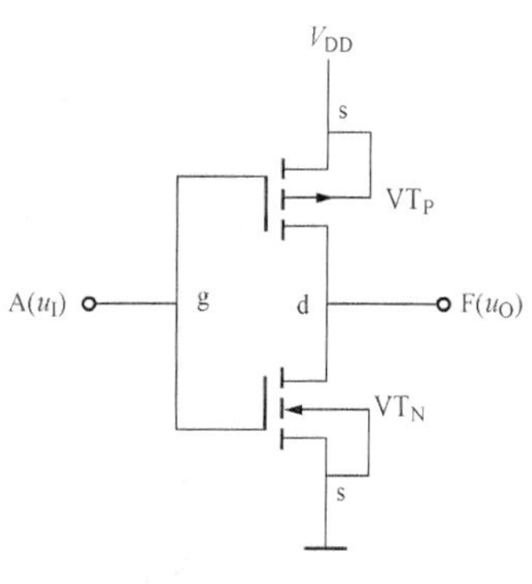

图3.17 CMOS反相器

设 $V_{DD}=5V$，$U_{TN}=U_{DD}/2=2.5V$，$U_{TP}=-U_{DD}/2=-2.5V$。该电路的工作原理如下。

（1）在输入电压为低电平，即 $u_I=U_{IL}<U_{TN}$ 时，工作管 VT_N 因其 U_{GS} 小于开启电压 U_{TN} 而截止，负载管 VT_P 因其 U_{GS} 小于开启电压 U_{TP} 而导通。工作管 VT_N 截止漏极电流近似为零，等效内阻 $10^8\sim10^9\Omega$，负载管 VT_P 导通沟道电阻小于1kΩ，输出电压 $u_O=U_{OH}\approx V_{DD}$，即输入低电平（A=0），输出高电平（F=1）。

（2）在输入电压为高电平，即 $u_I=U_{IH}>U_{TN}$ 时，工作管 VT_N 因其 U_{GS} 大于开启电压 U_{TN} 而导通，负载管 VT_P 因其 U_{GS} 大于开启电压 U_{TP} 而截止，输出电压 $u_O=U_{OL}\approx0V$，即输入高电平（A=1），输出低电平（F=0）。由此可见，图3.17所示电路可以实现反相器功能，工作管 VT_N 和负载管 VT_P 总是工作在互补的开关工作状态，即 VT_N 和 VT_P 的工作状态互补。CMOS电路称为互补型MOS电路的原因也在于此。

3.4.2 传输门

传输门是CMOS门电路特有的一种门电路，传输门既可以传输数字信号，也可以传输模拟信号，在信号的传输、选择和分配中得到广泛的应用。图3.18给出了CMOS传输门的组成和逻辑符号。

传输门由两个互补的增强型MOS管并联连接构成，两管的栅极分别接互补的控制逻辑信号C和$\overline{C}$，两管的衬底接最低电平（V_{EE}）和最高电平（V_{DD}）。因为当场效应管的衬底内

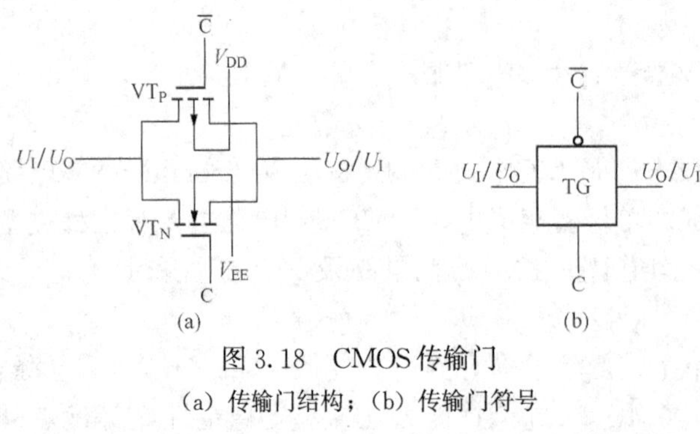

图 3.18　CMOS 传输门

(a) 传输门结构；(b) 传输门符号

部未连接时，漏极（d）和源极（s）可以互换，所以，既可以将漏极作为输入端，也可以将源极作为输入端，即传输门的信号传输方向是双向的。

为了便于分析，设 $V_{DD}=+5V$，$V_{EE}=-5V$，$U_I=-5\sim+5V$，C=0 的电平值为－5V，C=1 的电平值为＋5V，VT_N 管开启电压 $U_{TN}=3V$，VT_P 管开启电压 $U_{TP}=-3V$。

在 C=0 时，VT_N 栅极接－5V 电压，VT_P 栅极接＋5V 电压。在输入信号范围内，VT_N 的栅源电压 $U_{GS}(=-5V-U_I)\leqslant 0V$，$VT_N$ 截止；VT_P 的栅源电压 $U_{GS}(=+5V-U_I)\geqslant 0V$，$VT_P$ 也截止。也就是说，C=0 时，传输门关闭，输入和输出之间呈现出高阻抗状态，是两个场效应管截止时的漏源电阻，输入和输出之间不能进行信号传输。

在 C=1 时，VT_N 栅极接＋5V 电压，VT_P 栅极接－5V 电压。在输入信号不同的范围内，VT_N 和 VT_P 的工作状态不尽相同。

$U_I=-5\sim-2V$ 时，VT_N 的 $U_{GS}(=+5V-U_I=10\sim7V)>U_{TN}=3V$，$VT_N$ 导通。VT_P 的 $U_{GS}(=-5V-U_I=0\sim-3V)\geqslant U_{TP}=-3V$，$VT_P$ 截止。

$U_I=-2\sim+2V$ 时，VT_N 的 $U_{GS}(=+5V-U_I=7\sim3V)\geqslant U_{TN}=3V$，$VT_N$ 导通。VT_P 的 $U_{GS}(=-5V-U_I=-3\sim-7V)\leqslant U_{TP}=-3V$，$VT_P$ 导通。

$U_I=+2\sim+5V$ 时，VT_N 的 $U_{GS}(=+5V-U_I=3\sim0V)\leqslant U_{TN}=3V$，$VT_N$ 截止。VT_P 管的 $U_{GS}(=-5V-U_I=-7\sim-10V)<U_{TP}=-3V$，$VT_P$ 导通。

由此可见，在整个输入电压－5～＋5V 范围内，至少有一个场效应管是导通的。场效应管导通，漏源间的沟道导通电阻（R_{ON}）小于 1kΩ，典型值为 80Ω，漏极和源极之间相当于短路，输出等于输入。即 C=1 时，传输门打开，$U_O=U_I$。

3.5　集成门电路使用中应注意的问题

3.5.1　TTL 逻辑电路的使用

在使用 TTL 门电路时应注意以下事项。

(1) 接插集成块时，要认清定位标记，不得插反。

(2) 电源电压。TTL 集成电路的电源电压允许变化范围比较小，一般在 4.5～5.5V 之间，有的要求在 4.75～5.25V 之间。在使用时更不能将电源与地颠倒接错，否则将会因为过大电流而造成器件损坏。

为了滤除纹波电压，通常在印制电源入口处加装 20～50μF 的滤波电容；为了防止来自电源输入端的高频干扰，可在芯片电源引脚处接入 0.01～0.1μF 高频滤波电容。

(3) 对输入端的处理。TTL 集成电路的各个输入端不能直接与高于＋5.5V 和低于－0.5V的低内阻电源连接，否则将损坏芯片。对多余的输入端最好不要悬空。虽然悬空相当于高电平，对于一般小规模集成电路的数据输入端，实验时允许悬空处理。但输入端悬空易受外界干扰，导致电路的逻辑功能不正常。因此，对于接有长线的输入端，中规模以上的集成电路和使用集成电路较多的复杂电路，所有控制输入端必须按逻辑要求接入电路，不允许悬空。

例如，与门、与非门的多余输入端可直接接到电源 V_{CC} 上；也可将不同的输入端共用一个电阻连接到 V_{CC} 上，或将多余的输入端并联使用。对于或门、或非门的多余输入端应直接接地。

（4）对于输出端的处理。输出端不允许直接接地或直接接+5V 电源，否则将损坏器件。有时为了使后级电路获得较高的输出电平，允许输出端通过电阻 R 接至 V_{CC}，一般取 $R=3\sim5.1k\Omega$。

除三态门、集电极开路门外，TTL 集成电路的输出端不允许并联使用。否则不仅会使电路逻辑功能混乱，并会导致器件损坏。如果将几个集电极开路门电路的输出端并联，实现线与功能时，应在输出端与电源之间接入一个计算好的上拉电阻。

3.5.2 CMOS 电路的操作保护措施

在电子制作中使用 CMOS 集成电路时，除了认真阅读产品说明或有关资料，了解其引脚分布及极限参数外，还应注意以下几个问题。

（1）电源。CMOS 集成电路的工作电压一般在 3～18V，但当电路中有门电路的模拟应用（如脉冲振荡、线性放大）时，最低电压则不应低于 4.5V。因为 CMOS 集成电路工作电压广，所以使用不稳压的电源电路 CMOS 集成电路也可以正常工作，但是工作在不同电源电压的器件，其输出阻抗、工作速度和功耗是不相同的。

（2）CMOS 集成电路的电源电压必须在规定范围内，不能超压，也不能反接。因为在制造过程中，自然形成许多寄生二极管，如反相器电路，在正常电压下，二极管都处于反偏状态，对逻辑功能无影响，但是由于这些寄生二极管的存在，一旦电源电压过高或电压极性接反，就会损坏电路。

（3）驱动能力问题。CMOS 电路驱动能力的提高，除选用驱动能力较强的缓冲器来完成之外，还可将同一个芯片几个同类电路并联起来，这时驱动能力提高到 N 倍（N 为并联门的数量）。

（4）输入端的问题。

1）多余输入端的处理。CMOS 电路的输入端不允许悬空，因为悬空会使电位不定，破坏正常的逻辑关系。另外，悬空时输入阻抗高，易受外界噪声干扰，使电路产生误动作，而且也极易造成栅极感应静电而击穿。所以与门，与非门的多余输入端要接高电平，或门和或非门的多余输入端要接低电平。若电路的工作速度不高，功耗也不需特别考虑时，可以将多余输入端与使用端并联。同时为了防止电路板拔下后造成输入端悬空，可以在输入端与地之间接保护电阻。

2）输入高电平不得高于 $V_{DD}+0.5V$；输入低电平不得低于 $V_{SS}-0.5V$。

3）CMOS 电路输入端的保护二极管，其导通时电流容限一般为 1mA。在可能出现过大瞬态输入电流（超过 10mA）时，应串接输入保护电阻。例如，当输入端接的信号，其内阻很小或引线很长或输入电容较大时，在接通和关断电源时，就容易产生较大的瞬态输入电流，这时必须接输入保护电阻，若 $V_{DD}=10V$，则取限流电阻为 10kΩ 即可。

4）输入信号的上升和下降时间不宜过长，一般应小于几微秒。否则一方面容易造成虚假触发而导致器件失去正常功能，另一方面还会造成大的损耗。对于 74HC 系列限于 0.5μs

以内。若不满足此要求，需用斯密特触发器件进行输入整形。

5）CMOS 电路具有很高的输入阻抗，致使器件易受外界干扰、冲击和静电击穿，所以为了保护 CMOS 管的氧化层不被击穿，一般在其内部输入端接有二极管保护电路。

（5）输出端的保护问题。

1）MOS 器件输出端既不允许和电源短接，也不允许和地短接，否则输出端的 MOS 管就会因过电流而损坏。

2）在 CMOS 电路中除了三端输出器件外，不允许两个器件输出端并联，因为不同的器件参数不一致，有可能导致 NMOS 和 PMOS 器件同时导通，形成大电流。但为了增加电路的驱动能力，允许把同一芯片上的同类电路并联使用。

3）当 CMOS 电路输出端有较大的容性负载时，流过输出管的冲击电流较大，易造成电路失效。为此，必须在输出端与负载电容间串联一个限流电阻，将瞬态冲击电流限制在 10mA 以下。

4）CMOS 驱动能力较 TTL 要小得多，但 CMOS 驱动 CMOS 的能力较强，低速时其扇出系数可以很高，但在高速运行时，考虑到负载电容的影响，CMOS 的扇出系数一般取 10～20 为宜。

（6）防止静电击穿的措施。虽然各种 CMOS 输入端有抗静电的保护措施，但防止静电击穿仍然是使用 CMOS 电路时应特别注意的问题，为防止静电击穿可以采取以下措施。

1）在存储和运输中最好用金属容器或者导电材料包装或屏蔽，不要放在易产生静电高压的化工材料或化纤织物中；或把全部引脚短路。

2）由于保护电路吸收的瞬时能量有限，太大的瞬时信号和过高的静电电压将使保护电路失去作用。所以焊接时电烙铁必须可靠接地，以防漏电击穿器件输入端，一般使用时，可断电后利用电烙铁的余热进行焊接，并先焊其接地管脚。

3）各种测量仪器均要良好接地。

4）在工作或测试时，必须按照先接通电源后加入信号，先撤销信号后关电源的顺序进行操作。在安装、改变连接、拔插时，必须切断电源，以防元件受到极大的感应或冲击而损坏。

5）插拔 CMOS 芯片时应先切断电源。

3.5.3 CMOS 与 TTL 电路接口

在电路中常遇到 TTL 电路和 CMOS 电路混合使用的情况，由于这些电路相互之间的电源电压和输入、输出电平及负载能力等参数不同，因此它们之间的连接必须通过电平转换或电流转换电路，使前级器件输出的逻辑电平满足后级器件对输入电平的要求，并不得对器件造成损坏。逻辑器件的接口电路主要应注意电平匹配和输出能力两个问题，并与器件的电源电压结合起来考虑。下面分两种情况来说明。

1. TTL 到 CMOS 的连接

用 TTL 电路去驱动 CMOS 电路时，由于 CMOS 电路是电压驱动器件，所需电流小，因此电流驱动能力不会有问题，主要是电压驱动能力。TTL 电路输出高电平的最小值为 2.4V，而 CMOS 电路的输入高电平一般高于 3.5V，这就使二者的逻辑电平不能兼容。为此可在 TTL 的输出端与电源之间接一个电阻 R（上拉电阻），将 TTL 的电平提高到 3.5V 以上，如图 3.19 所示。R 的取值根据不同系列的 TTL 门电路来决定，可参考表 3.7 的取值。

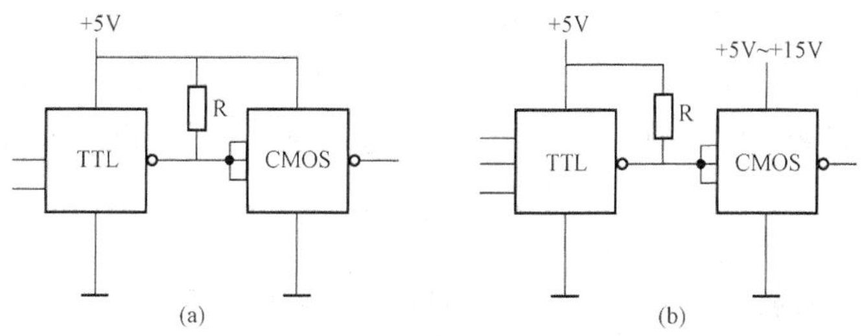

图 3.19 CMOS与电源接口

(a) CMOS用+5V电源时的接口；(b) CMOS用大于+5V电源时的接口

表 3.7 **R 的取值参考** kΩ

TTL系列	74标准系列	74H系列	74S系列	74LS系列
R	0.39～4.7	0.27～4.7	0.27～4.7	0.82～12

由于TTL输出低电平为0.4V，而CMOS最高输入低电平为1.5V，所以TTL驱动CMOS主要考虑满足CMOS的高电平输入要求。

2. CMOS到TTL的连接

主要考虑的问题是TTL电路的输入短路电流较大。CMOS在输出低电平时，输出电流小，不能驱动TTL。解决方法是CMOS门的并联（只有同一芯片的门才可以并联使用）或采用输入电流较大的CMOS缓冲芯片CMOS与TTL等其他电路连接，或者在CMOS与TTL之间接一个三极管作为缓冲，如图3.20所示。

需要说明的是，CMOS电路与TTL电路的接口电路形式多种多样，应用中应根据具体情况进行选择。

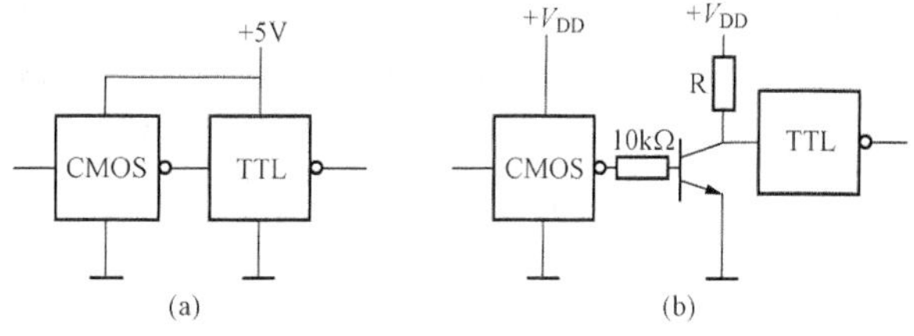

图 3.20 CMOS驱动TTL

(a) CMOS直接驱动TTL；(b) CMOS通过晶体管驱动TTL

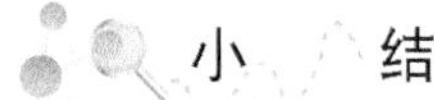

小结

本章以二极管、三极管构成的电路结构为例来介绍基本逻辑门电路的工作原理。常用的有TTL逻辑门和CMOS逻辑门。在学习这些逻辑门时应将重点放在它们的外部特性上，即逻辑功能和电气特性。使用这些门时所关注的电气特性主要包括电压传输特性、延迟特性、输入输出电平范围和带负载能力等。

习题

3.1 TTL与非门的主要性能参数有哪些？

3.2 什么是门电路带负载能力？

3.3 在TTL电路中，推拉式输出、OC输出和TS输出有何不同？各有什么主要的应用？

3.4 CMOS门电路有何优缺点？

3.5　在图 3.21 所示的二极管门电路中，设二极管导通压降 $U_D=+0.7V$，内阻 $r_D<10\Omega$。设输入信号的 $U_{IH}=+5V$，$U_{IL}=0V$，则它的输出信号 U_{OH} 和 U_{OL} 各为多少？

3.6　图 3.22 所示的电路中，VD1、VD2 为硅二极管，导通压降为 0.7V。

（1）B 端接地，A 接 5V 时，U_O 为多少？

（2）B 端接 10V，A 接 5V 时，U_O 为多少？

（3）B 端悬空，A 接 5V，测 B 和 U_O 的端电压，各应为多少？

（4）A 接 10kΩ 电阻，B 悬空，测 B 和 U_O 的端电压，各应为多少？

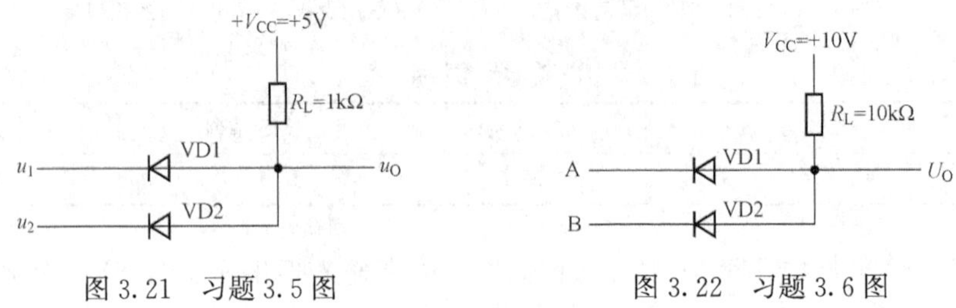

图 3.21　习题 3.5 图　　图 3.22　习题 3.6 图

3.7　电路如图 3.23 所示。

（1）已知 $V_{CC}=6V$，$U_{CES}=0.2V$，$I_{CS}=10mA$，试求集电极电阻 R_C 的值。

（2）已知三极管 $\beta=50$，$U_{BE}=0.7V$，输入高电平 $U_{IH}=2V$，当电路处于临界饱和时，R_b 的值应为多少？

3.8　试按正逻辑约定，写出图 3.24 所示逻辑门电路的输出表达式 F，并画出相应的逻辑符号。

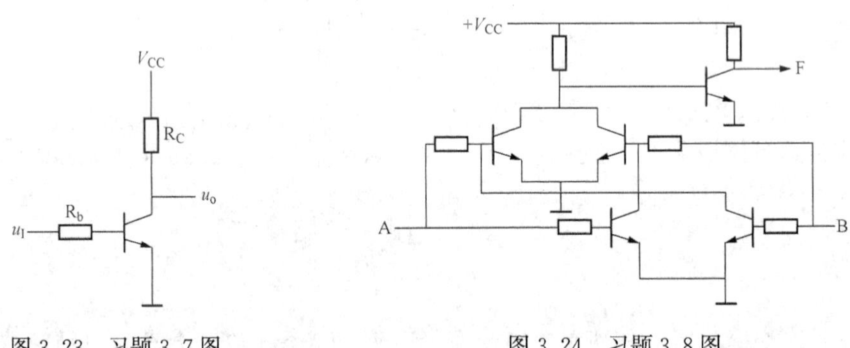

图 3.23　习题 3.7 图　　图 3.24　习题 3.8 图

3.9　与非门组成如图 3.25 所示的电路。输入为方波。

（1）不考虑门的平均传输时间，试画出输出 U_O 的波形。

（2）若门的平均传输时间为 t_{pd} 且相等，试画出输出 U_O' 和 U_O 的波形。

3.10　已知 A 和 B 的输入端波形，给出图 3.26 所示的各个门电路的输出波形。

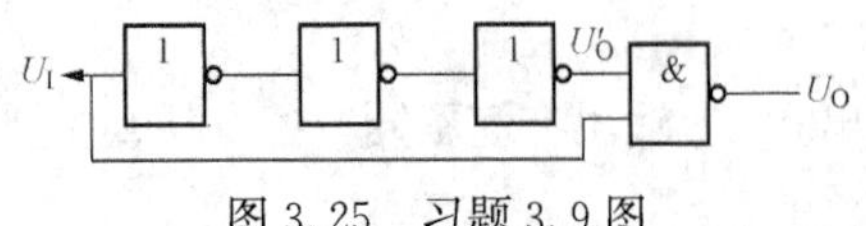

图 3.25　习题 3.9 图

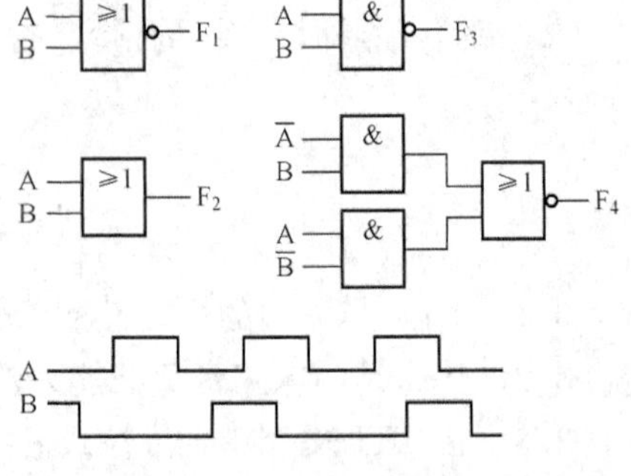

图 3.26　习题 3.10 图

3.11　TTL 三态门组成的电路如图 3.27 所示，请写出 F_1、F_2 的逻辑表达式。当输入图示信号波形时，画出 F_1、F_2 端的波形。

3.12　试分析图 3.28 所示电路的逻辑功能。写出 F_1、F_2 的逻辑表达式。图中的门电路均为 CMOS 门电路，这种连接方式能否用于 TTL 门电路？

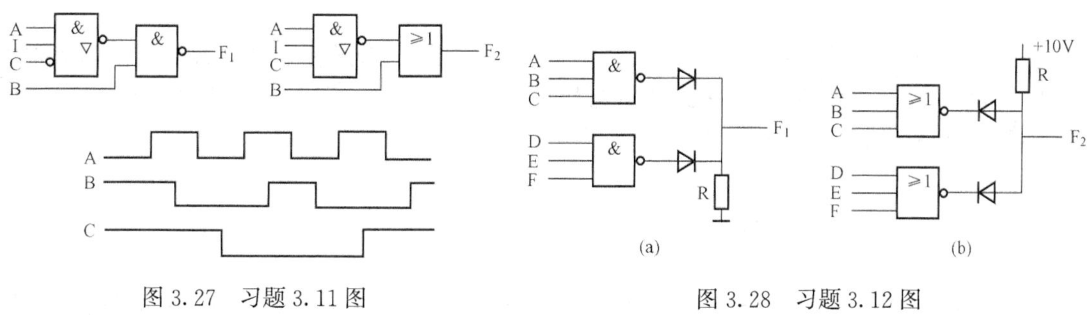

图 3.27　习题 3.11 图

图 3.28　习题 3.12 图

第4章 组合逻辑电路

本章首先介绍组合逻辑电路的一般分析与设计方法、组合逻辑电路中的竞争冒险现象以及消除方法，然后介绍常用MSI组合电路如加法器、编码器、译码器、数值比较器、数据选择器等逻辑构件的工作原理、功能及应用。

4.1 概述

数字逻辑电路分为两大类：组合逻辑电路和时序逻辑电路。组合逻辑电路亦可简称组合电路或组合逻辑。组合逻辑电路的输出仅取决于电路该时刻的输入，而与电路过去的状态无关。组合逻辑电路的示意图如图4.1所示。其中，A_1、A_2、…、A_m 是输入逻辑变量，F_1、F_2、…、F_n 是输出逻辑变量。组合电路的输入/输出之间的逻辑关系可用如下逻辑函数描述

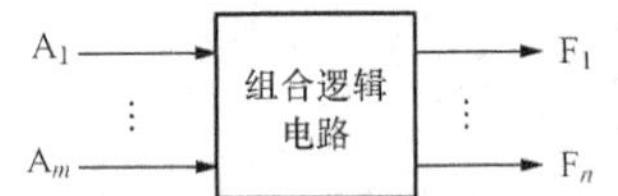

图4.1 组合逻辑电路示意图

$$F_i = f(A_1, A_2, \cdots, A_m) \quad (i = 1, 2, \cdots, n)$$

从电路结构看，组合逻辑电路具有以下两个特点：

（1）电路由逻辑门电路级联构成，不包含任何记忆元件，没有记忆能力。

（2）输入信号是单向传输的，电路中不存在任何反馈回路。

组合电路的逻辑功能可以用逻辑图、真值表、逻辑表达式、卡诺图和波形图等五种方法来描述。这些描述方法在本质上是相通的，可以互相转换。

4.2 组合逻辑电路分析

组合逻辑电路的分析过程是根据给定的组合逻辑电路，确定其输入与输出之间的逻辑关系，验证和说明该电路的逻辑功能。组合逻辑电路的分析通常由以下步骤构成。

（1）根据给定的逻辑图，写出各个输出函数的逻辑表达式。

（2）将第一步中写出的逻辑函数表达式进行化简变换。

（3）根据化简后的输出函数表达式列出真值表。

（4）根据真值表或最简逻辑表达式，确定电路的逻辑功能。

下面举例说明组合逻辑电路的分析方法。

【例4.1】 已知逻辑电路如图4.2所示，试分析该电路的逻辑功能。

解 （1）该电路有两个输入变量A、B和一个输出变量F。F的逻辑表达式为

$$F = \overline{\overline{\overline{AB} \cdot A} \cdot \overline{\overline{AB} \cdot B}}$$

（2）进行化简：

$$F = \overline{AB} \cdot A + \overline{AB} \cdot B = (\overline{A} + \overline{B})A + (\overline{A} + \overline{B})B = A\overline{B} + \overline{A}B = A \oplus B$$

（3）由化简后的逻辑表达式可知，该电路实现异或门的功能。

【例4.2】 试分析图4.3所示逻辑电路实现的功能。

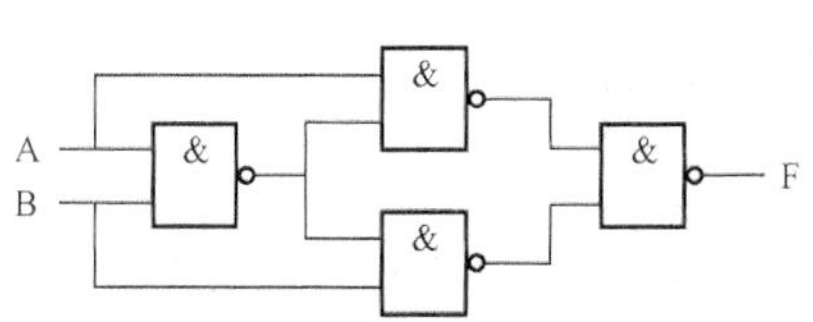

图 4.2 [例 4.1] 逻辑电路图

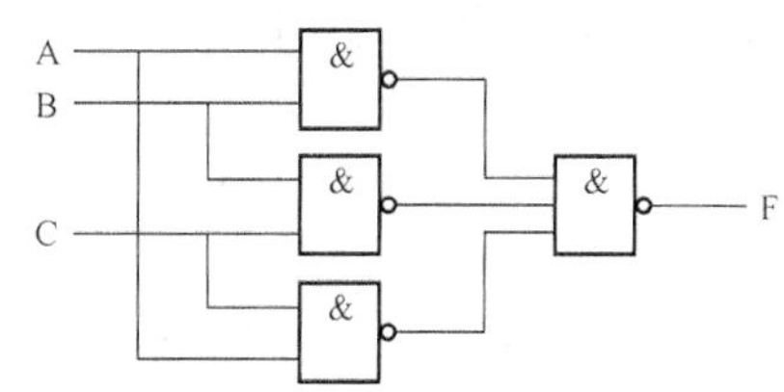

图 4.3 [例 4.2] 逻辑电路图

解 (1) 由逻辑电路图写出逻辑表达式：

$$F=\overline{\overline{AB}\cdot\overline{BC}\cdot\overline{AC}}$$

(2) 经化简后可得

$$F=AB+BC+AC$$

(3) 为了分析其功能，列真值表见表 4.1。

(4) 从真值表可以看出，三个输入变量中，只要有两个或两个以上的输入变量为 1，则输出 F=1，否则 F=0。电路在实际应用中可作为三人表决电路。

【例 4.3】 已知逻辑电路如图 4.4 所示，分析该电路的逻辑功能。

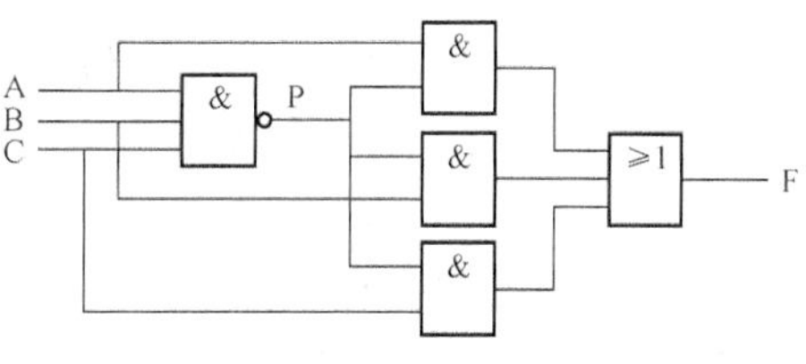

图 4.4 [例 4.3] 的逻辑电路图

解 (1) 由逻辑图逐级写出逻辑表达式。为了书写方便，借助中间变量 P。

$$P=\overline{ABC}$$

$$\begin{aligned}F&=AP+BP+CP\\&=A\cdot\overline{ABC}+B\cdot\overline{ABC}+C\cdot\overline{ABC}\end{aligned}$$

(2) 化简与变换

$$\begin{aligned}F&=\overline{ABC}(A+B+C)\\&=\overline{ABC+\overline{A+B+C}}\\&=\overline{ABC+\overline{A}\,\overline{B}\,\overline{C}}\end{aligned}$$

(3) 由表达式列出真值表见表 4.2。

表 4.1 [例4.2] 真 值 表

A	B	C	F
0	0	0	0
0	0	1	0
0	1	0	0
0	1	1	1
1	0	0	0
1	0	1	1
1	1	0	1
1	1	1	1

表 4.2 [例4.3] 真 值 表

A	B	C	F
0	0	0	0
0	0	1	1
0	1	0	1
0	1	1	1
1	0	0	1
1	0	1	1
1	1	0	1
1	1	1	0

(4) 根据真值表分析电路逻辑功能。当 A、B、C 三个变量都为 0 或 1 时，F=0，其他输入组合下 F=1。可见该电路具有检查输入信号是否一致的逻辑功能，一旦输出为 1，则表

明输入不一致，通常称这个电路为“不一致电路”。

4.3 组合逻辑电路设计

组合逻辑电路设计是分析的逆过程。其过程是从给定的逻辑功能出发，设计出实现该功能的逻辑电路。一般要求设计的电路在保证功能正确的前提下，电路尽可能简单，所用元器件的种类和数量尽可能少。设计电路可采用SSI、MSI或LSI来实现，本节主要介绍利用门电路实现组合电路设计的方法。

4.3.1 设计步骤

用逻辑门设计组合逻辑电路时，一般可按以下步骤进行。

(1) 对实际问题进行逻辑抽象，确定输入、输出变量并定义变量状态的含义，即用0和1表示输入和输出的有关状态。

(2) 根据分析出的逻辑关系，通过真值表或其他方式列出逻辑函数表达式。

(3) 根据设计要求选择门电路的类型，变换并化简逻辑表达式。

(4) 画出逻辑电路图。

上述设计步骤中的第一步是关键，这对采用小规模或中、大规模集成电路都是必需的。第二、三步主要针对以小规模集成电路为基本元件的设计，它是各种简化逻辑函数方法的应用。

4.3.2 逻辑问题的描述

在设计组合逻辑电路时，其设计要求一般以文字描述的形式给出。要设计出电路，必须把文字描述的要求抽象为逻辑表达方式，这是进行组合逻辑电路设计的第一步，也是最重要的一步。

对逻辑问题的描述可以从以下三种方式入手。

(1) 根据文字描述的设计要求列出输入、输出真值表，然后根据真值表给出逻辑表达式。

(2) 对变量较多的情况可建立简化真值表，然后给出逻辑表达式。

(3) 对较简单的问题，可以根据设计要求直接写出逻辑表达式。

在实际设计中，究竟采用哪种方法，主要取决于设计者对设计要求的理解、分析和设计者的经验。下面通过具体的例子，说明上述的几种描述方法。

1. 逻辑问题的真值表描述

【例4.4】 设计一个监视交通信号灯工作的逻辑电路。每一组信号灯由红、黄、绿三盏灯组成。正常工作情况下，任何时刻必有一盏灯点亮，且只有一盏灯点亮。而当出现其他情况时电路发生故障，这时要求发出故障信号，以提醒维护人员前去修理。

解 电路功能描述：

取红、黄、绿三盏灯的状态为输入变量，分别用R、H、G表示，并规定灯亮时为1，不亮时为0。取故障信号为输出变量，以Z表示，并规定正常工作状态下Z为0，发生故障时Z为1。

根据逻辑要求列出真值表，见表4.3。

根据真值表得到逻辑表达式

$$Z=\overline{R}\,\overline{Y}\,\overline{G}+\overline{R}YG+R\,\overline{Y}G+RY\,\overline{G}+RYG$$

用卡诺图化简逻辑函数，如图4.5所示，化简后得到的逻辑表达式为

$$Z=\overline{R}\,\overline{Y}\,\overline{G}+YG+RG+RY$$

采用与非门实现逻辑电路，将逻辑表达式利用摩根定律变换为

$$Z=\overline{\overline{\overline{R}\,\overline{Y}\,\overline{G}}\cdot\overline{YG}\cdot\overline{RG}\cdot\overline{RY}}$$

根据逻辑表达式，可得到逻辑电路图如图4.6所示。

表4.3　［例4.4］真值表

A	B	C	F
0	0	0	1
0	0	1	0
0	1	0	0
0	1	1	1
1	0	0	0
1	0	1	1
1	1	0	1
1	1	1	1

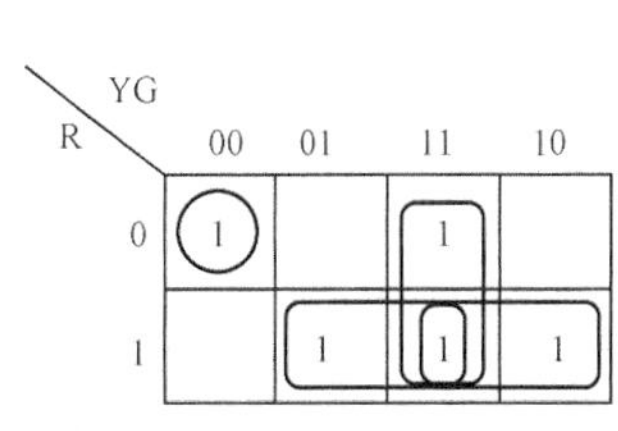

图4.5 ［例4.4］的卡诺图

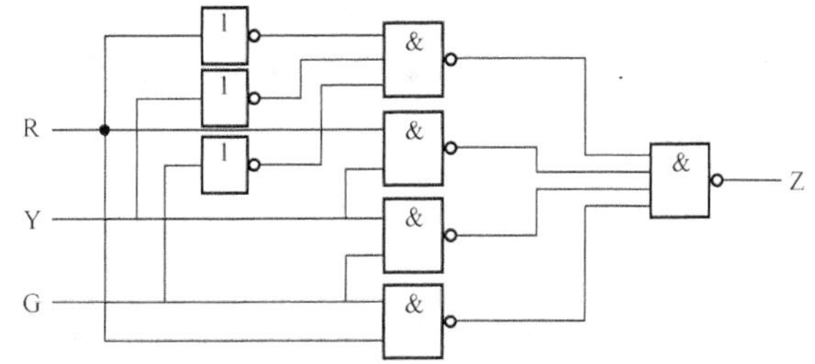

图4.6 ［例4.4］的逻辑电路图

2. 逻辑问题的简化真值表描述

【例4.5】 设$X=x_1x_2$和$Y=y_1y_2$是两个二进制整数，写出判别$X>Y$的逻辑表达式。

解　在设计“X是否大于Y”的逻辑电路时，首先要列出表示$X>Y$的逻辑表达式。分析题意可知，该判别电路有4个输入变量x_1、x_2、y_1和y_2，输出用一个信号F表示$X>Y$还是$X\leqslant Y$。

根据题意，可规定

$$x_1x_2>y_1y_2\text{ 时，}\quad F=1$$
$$x_1x_2\leqslant y_1y_2\text{ 时，}\quad F=0$$

多位数进行比较的方法：先从高位开始比较，高位大则大，高位相同则比较相邻的低位。根据这一比较规则，可列出使F=1的变量取值组合见表4.4，表中的×表示可以取0或1。

表4.4　［例4.5］真值表

X		Y		F
x_1	x_2	y_1	y_2	
1	×	0	×	1
0	1	0	0	1
1	1	1	0	1

故F的逻辑表达式为

$$F=x_1\overline{y_1}+\overline{x_1}x_2\overline{y_1}\,\overline{y_2}+x_1x_2y_1\overline{y_2}$$

本例的设计是通过简化真值表列出逻辑表达式的，而简化真值表是通过对题目设计要求的分析建立的。简化真值表常用在具有控制端的电路功能的描述方面。

3. 逻辑问题的直接表达式描述

【例4.6】 已知某客机的安全起飞装置在同时满足以下条件时，发出允许滑跑信号。发动机启动开关接通；飞行员入座，且座位保险带扣上；乘客入座且座位保险带扣上，或座位

上无乘客。试给出允许滑跑信号的逻辑表达式。

解 分析题意，可知该装置的输入变量有

发动机启动信号：S

飞行员入座信号：A

飞行员座位保险带扣上信号：B

乘客座位状态信号：$M_i(i=1,2,3,\cdots,n)$

乘客座位保险带扣上信号：$N_i(i=1,2,3,\cdots,n)$

该装置的输出变量：F

设当允许客机滑跑的条件满足时，F=1；否则，F=0。

由题意可知，只有以下三个条件同时满足时，F=1。

(1) S=1（发动机启动）。

(2) A=1（飞行员入座）且 B=1（飞行员座位保险带扣上）。

(3) $M_i=1$ 且 $N_i=1$（有乘客且保险带扣上）或 $M_i=0$（座位上无乘客）。

由此可列出如下逻辑表达式

$$
\begin{aligned}
F&=f(S,A,B,M_i,N_i)\\
&=SAB(M_1\cdot N_1+\overline{M_1})(M_2\cdot N_2+\overline{M_2})\cdots(M_n\cdot N_n+\overline{M_n})\\
&=SAB(N_1+\overline{M_1})(N_2+\overline{M_2})\cdots(N_n+\overline{M_n})
\end{aligned}
$$

本例中，所要设计电路的逻辑表达式是通过对设计要求的分析直接列出的，既不通过真值表，也不通过简化真值表。

4.3.3 逻辑函数的变换

在组合逻辑电路的设计过程中，需要根据设计要求的门电路类型对得到的最简逻辑表达式进行变换。而设计要求的门电路通常是与非—与非和或非—或非等单一门电路形式。这是因为混合各种类型门的电路往往对 IC 器件（一种 IC 器件通常包含了多个同类型的门）的利用不充分，而且通常输出端带非的门电路的速度比输出端不带非的门要快。为了加快电路的速度，减少器件数量，减少外部的连接线和提高电路的可靠性，需对最简逻辑表达式进行变换，尽可能使其用同一类型的输出端带非的门电路来实现。

1. 逻辑函数的与非门实现

以最简与或式为例，介绍变换为与非—与非表达式的两种方法：一是对 F 两次求反；另一种是对$\overline{F}$三次求反。下面举例说明这两种变换方法。

【例 4.7】 用与非门实现函数 $F=A\overline{B}+\overline{A}B$。

解 (1) 对 F 两次求反，得

$$F=\overline{\overline{A\overline{B}+\overline{A}B}}=\overline{\overline{(A\overline{B})}\cdot\overline{(\overline{A}B)}}$$

由该式可画出图 4.7 所示的逻辑图。

(2) 对$\overline{F}$三次求反，得

$$\overline{F}=\overline{A\overline{B}+\overline{A}B}=\overline{A}\,\overline{B}+AB$$

$$F=\overline{\overline{\overline{F}}}=\overline{\overline{\overline{A}\,\overline{B}+AB}}=\overline{\overline{(\overline{A}\,\overline{B})}\cdot\overline{(AB)}}$$

由该式可画出图 4.8 所示的逻辑图。

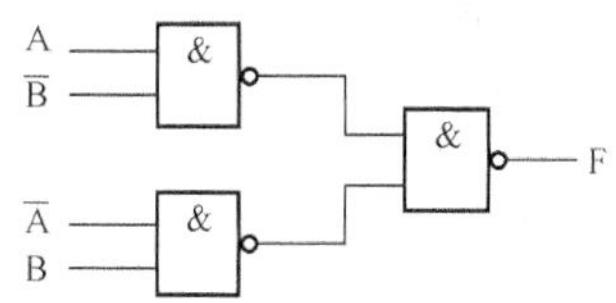

图 4.7 ［例 4.7］解（1）的逻辑电路图

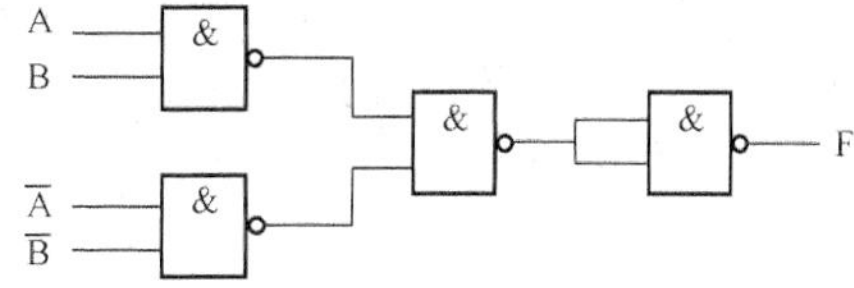

图 4.8 ［例 4.7］解（2）的逻辑电路图

【例 4.8】 试用与非门实现函数 $F=A\bar{B}+B\bar{C}+C\bar{D}+D\bar{A}$。

解　（1）对 F 两次求反，得

$$F=\overline{\overline{A\bar{B}+B\bar{C}+C\bar{D}+D\bar{A}}}=\overline{\overline{(A\bar{B})}\cdot\overline{(B\bar{C})}\cdot\overline{(C\bar{D})}\cdot\overline{(D\bar{A})}}$$

由该式可画出图 4.9 所示的逻辑图。

（2）对 $\bar{F}$ 三次求反，得

$$\bar{F}=\overline{A\bar{B}+B\bar{C}+C\bar{D}+D\bar{A}}=\bar{A}\bar{B}\bar{C}\bar{D}+ABCD$$

$$F=\overline{\overline{\bar{F}}}=\overline{\overline{\bar{A}\bar{B}\bar{C}\bar{D}+ABCD}}=\overline{\overline{(\bar{A}\bar{B}\bar{C}\bar{D})}\cdot\overline{(ABCD)}}$$

由该式可画出图 4.10 所示的逻辑图。

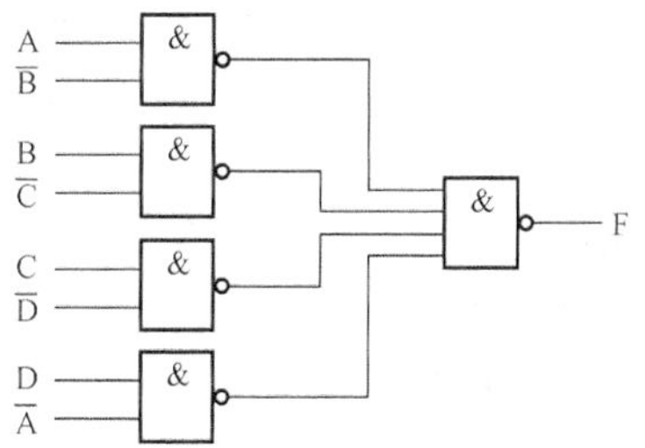

图 4.9 ［例 4.8］解（1）的逻辑电路图

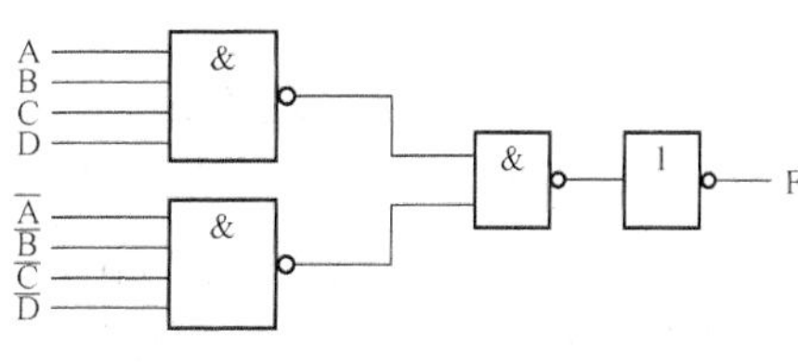

图 4.10 ［例 4.8］解（2）的逻辑电路图

由以上两个例子可以看出，当原函数较简单时，采用对 F 两次求反可节省门电路，如［例 4.7］所示；当反函数较简单时，采用对 $\bar{F}$ 三次求反可节省门电路，如［例 4.8］所示。但同时可以看出，对 F 两次求反可获得较高的速度，因为它的电路仅由两级门电路组成。

2. 逻辑函数的或非门实现

将最简与或式变换为或非—或非式也有两种：一种是对 F 两次求对偶；另一种是对 F 的或与表达式两次求反。下面举例说明这两种变换方法。

【例 4.9】 试用或非门实现函数 $F=A\bar{B}+B\bar{C}+C\bar{A}$。

解　采用对 F 两次求对偶的方法。

先求出 F 的对偶表达式 F′的最简与或表达式

$$F'=(A+\bar{B})\cdot(B+\bar{C})\cdot(C+\bar{A})=ABC+\bar{A}\bar{B}\bar{C}$$

再将 F′的最简与或表达式变换为与非—与非表达式

$$F'=ABC+\bar{A}\bar{B}\bar{C}=\overline{\overline{(ABC)}\cdot\overline{(\bar{A}\bar{B}\bar{C})}}$$

对 F′求对偶，得

$$F=(F')'=\overline{\overline{(A+B+C)}+\overline{(\bar{A}+\bar{B}+\bar{C})}}$$

由该式可画出图 4.11 所示的逻辑图。

【例 4.10】 试用或非门实现 F=ADE+ACE+BCE+BDE。

解 采用对 F 的最简或与表达式两次求反的方法。

先求出 F 的最简或与表达式

$$F = E(A+B)(C+D)$$

再对该式两次求反，可得

$$F = \overline{\overline{E(A+B)(C+D)}} = \overline{\overline{E}+\overline{(A+B)}+\overline{(C+D)}}$$

由该式可画出图 4.12 所示的逻辑图。

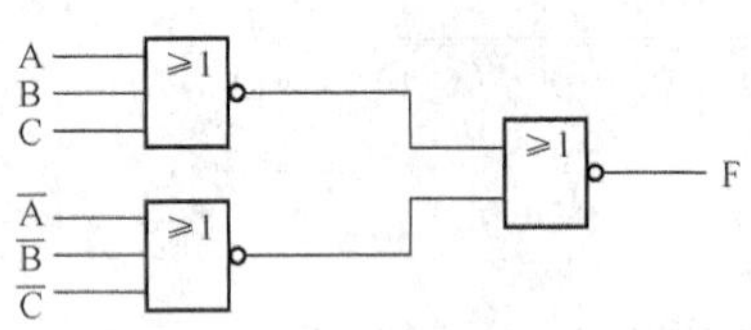

图 4.11 ［例 4.9］的或非门实现

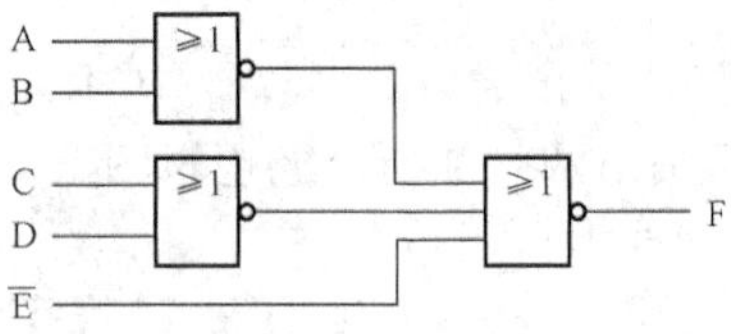

图 4.12 ［例 4.10］的或非门实现

最后还需要指出，对于同一个最简与或表达式，所采用的变换方法不同，其结果可能不同，即变换所得的结果是否仍为最简已无法断言，只有经过比较才能确定其中较简单的变换结果。

4.3.4 多输出函数的逻辑设计

多输出函数电路是指同一组输入变量下具有多个输出端的逻辑电路，大部分的实际问题常常是多输出函数电路。在设计多输出逻辑电路时，可以把每个输出端看成独立的函数来处理，设计方法如前所述。但是多输出电路本身是一个整体，对每个输出端单独处理往往会失去一些优化机会，因为多输出的函数可能会共享一些中间变量。

【例 4.11】 用与非门实现下列多输出函数

$$F_1 = \sum(1,3,4,5,7)$$

$$F_2 = \sum(3,4,7)$$

如果把 F_1 和 F_2 看做两个孤立的函数，并假定输入端可以提供原变量和反变量，用卡诺图分别化简这两个函数可得

$$F_1 = C + A\overline{B}$$

$$F_2 = BC + A\overline{B}\,\overline{C}$$

根据化简后的表达式可得到 F_1 和 F_2 的与非门实现如图 4.13（a）所示。显然，该图中 F_1 和 F_2 的电路分别是最简的。但是，整个电路是否为最简呢？

如果从整体出发考虑 F_1 和 F_2 的各组成项，尽量使它们具有公共项，那么整个电路有可能更简单。将 F_1 和 F_2 的最简与或式做如下更改

$$F_1 = C + A\overline{B}\,\overline{C}$$

$$F_2 = BC + A\overline{B}\,\overline{C}$$

按照该表达式得到如图 4.13（b）所示的逻辑图。

比较图 4.13 的（a）和（b）发现，后者较前者节省一个门，而且少两条连线。可以看出，尽管 F_1 已不是最简表达式，但由于它与 F_2 之间存在公共项，所以使整个电路反而更简单了。

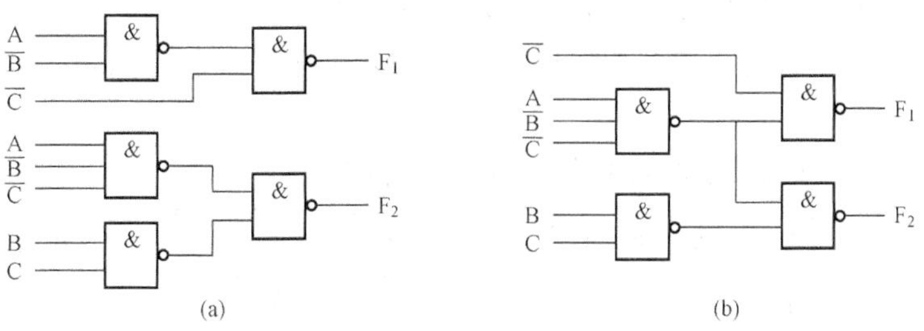

图4.13 [例4.11] 的逻辑图

由 [例4.11] 可见，设计多输出函数的关键问题是确定各输出函数的公共项，以使整个电路最简，而不是片面追求单个输出函数最简。下面举例说明如何利用卡诺图法得到多输出函数的公共项。

【例4.12】 试用与非门设计一个电路，实现以下多输出函数。

$$F_1=\sum m(0,1,3)$$
$$F_2=\sum m(3,5,7)$$

解 (1) 在卡诺图上将各个函数化为最简，如图4.14 (a) 所示。化简后得到各输出函数的最简式为

$$F_1=\overline{A}\,\overline{B}+\overline{A}C$$
$$F_2=AC+BC$$

可见，F_1 和 F_2 没有公共项。

(2) 在卡诺图上从各个函数的相同最小项出发，改变原来的圈法，以求得更多的公共项。改变圈法的原则：若改变圈法后能获得使总圈数较少的公共项，则改圈；否则，保持原来的圈法。

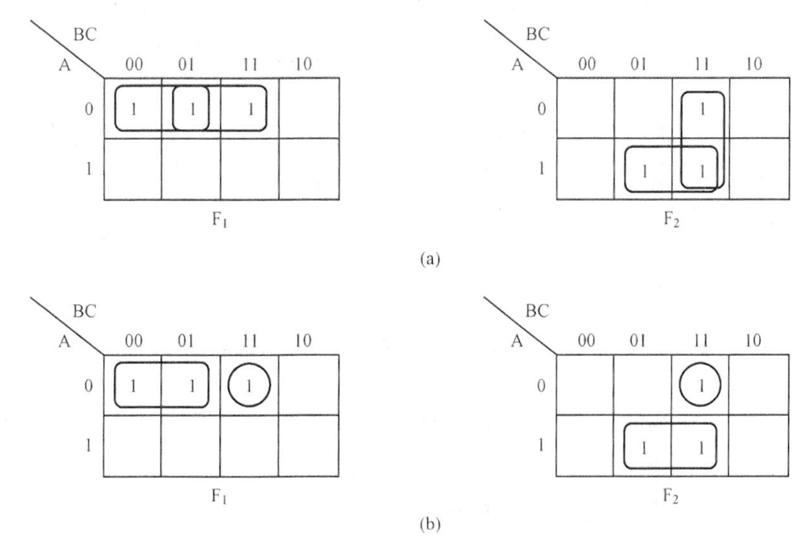

图4.14 [例4.12] 卡诺图

由图4.14 (a) 可知，F_1 和 F_2 都具有最小项3，若将最小项3单独圈出来，则使 F_1 和

F_2 具有公共项$\overline{A}BC$，这样 F_1 和 F_2 的总圈数由 4 个减少为 3 个。

综上分析可得，改圈后的卡诺图如图 4.14（b）所示。由该图可以得到一个新的公共项$\overline{A}BC$。

根据图 4.14（b）得到最简表达式，并画出逻辑图。

$$F_1 = \overline{A}\,\overline{B} + \overline{A}BC = \overline{\overline{\overline{A}\,\overline{B} + \overline{A}BC}} = \overline{\overline{\overline{A}\,\overline{B}} \cdot \overline{\overline{A}BC}}$$

$$F_2 = AC + \overline{A}BC = \overline{\overline{AC + \overline{A}BC}} = \overline{\overline{AC} \cdot \overline{\overline{A}BC}}$$

根据最初的最简与或式可得到逻辑图 4.15（a），根据卡诺图法改圈后得到的表达式可画出逻辑图 4.15（b）。分析可知，图 4.15（b）比图 4.15（a）少一个门，且连接线数量减少。

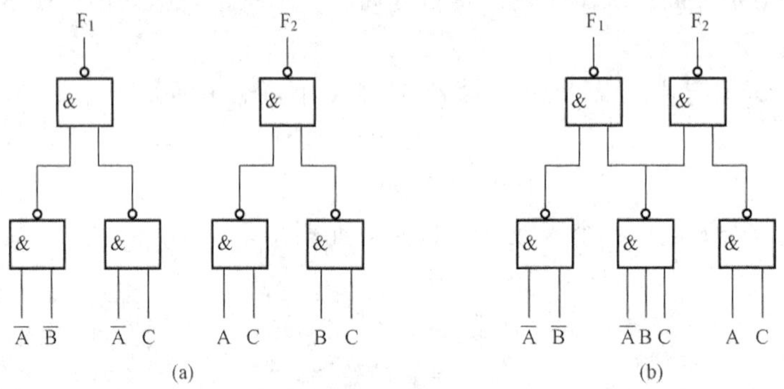

图 4.15 ［例 4.12］的逻辑图

4.3.5 利用任意项的逻辑设计

所谓任意项，就是从约束方程推得的逻辑值为 0 的最小项，也称无关项。在存在任意项或无关项的组合逻辑电路设计中，可以利用任意项化简输出函数的逻辑表达式。下面举例说明如何判定所要设计的组合电路中是否存在约束条件、找出任意项以及利用任意项进行电路设计。

【例 4.13】 试用与非门设计一个判别一位 8421BCD 码是否大于 5 的电路。

解 该判别电路的输入端为 BCD 码，即有 4 个输入变量，设为 A、B、C、D，输出函数为 F。由题意可知

$$ABCD \geqslant 0101,\quad F = 1$$

$$ABCD < 0101,\quad F = 0$$

由于输入端为 BCD 码，其输入变量的 16 种组合中的 1010～1111 可确定为任意项或无关项。

根据分析可列出所要设计电路的真值表，见表 4.5。其中，当 ABCD 取值为 1010～1111 这些输入组合时，输出函数 F 值为 ϕ，表示它所对应的输入变量取值不会出现。在本例中，1010～1111 这些输入组合所对应的约束方程可表示为

$$\sum\phi(10,11,12,13,14,15) = 0$$

即具有下列可利用的任意项

$$m_{10} = 0 \quad m_{11} = 0 \quad m_{12} = 0 \quad m_{13} = 0 \quad m_{14} = 0 \quad m_{15} = 0$$

表 4.5 [例4.13] 真值表

A	B	C	D	F	A	B	C	D	F
0	0	0	0	0	1	0	0	0	1
0	0	0	1	0	1	0	0	1	1
0	0	1	0	0	1	0	1	0	ϕ
0	0	1	1	0	1	0	1	1	ϕ
0	1	0	0	0	1	1	0	0	ϕ
0	1	0	1	1	1	1	0	1	ϕ
0	1	1	0	1	1	1	1	0	ϕ
0	1	1	1	1	1	1	1	1	ϕ

由真值表可列出 F 的逻辑表达式

$$F=\sum m(5,6,7,8,9)+\sum\phi(10,11,12,13,14,15)$$

式中，$\sum\phi(10,11,12,13,14,15)$ 是任意项，可根据化简需要引入其中的若干项，因为其取值为 0，引入后不会改变原函数的逻辑值。

函数 F 的卡诺图如图 4.16 所示。图中数字 5～9 是使 F 为 1 的最小项，ϕ 表示可利用的任意项。包含任意项的卡诺图化简的原则：所有的最小项都必须至少包含于一个卡诺圈中，而任意项却不一定被包含到圈中。根据化简需要，可以将 ϕ 与最小项组成尽可能大的卡诺圈，ϕ 可以重复被圈。由卡诺图可得到 F 的最简表达式为

$$F=A+BC+BD$$

根据题目用与非门设计电路的要求，可将 F 变换为

$$F=\overline{\overline{A+BC+BD}}=\overline{\overline{A}\cdot\overline{BC}\cdot\overline{BD}}$$

一位 8421BCD 码是否大于 5 的判别电路如图 4.17 所示。

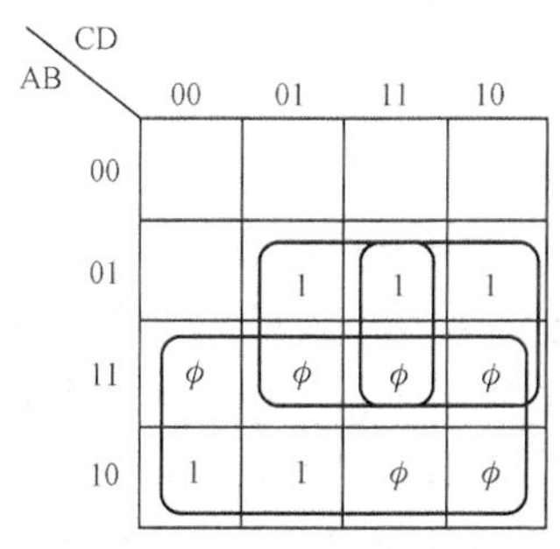

图 4.16 [例 4.13] 的卡诺图

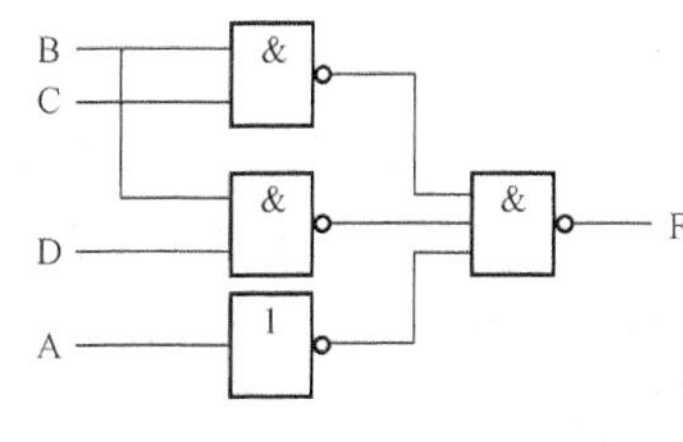

图 4.17 [例 4.13] 的逻辑电路

【例 4.14】 试用或非门设计一个操作码形成器，如图 4.18 所示。当按下＋、－、×各个操作键时，要求分别产生加法、减法和乘法的操作码 01、10 和 11。

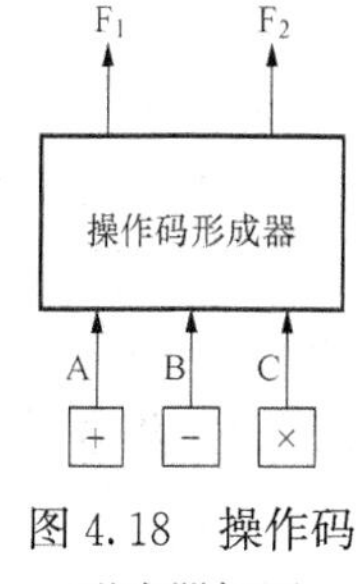

图 4.18 操作码形成器框图

解 根据题意，所要设计的电路有三个输入变量分别为 A、B 和 C，输出函数为 F_1 和 F_2。当按下某一按键时，相应输入变量取值为 1，否则为 0。在正常操作下，每一时刻只允许按下一个按键，而不允许两个或者两个以上按键被同时按下的情况出现。因此，A、B 和 C 三个变量中同时有两个或两个以上取值为 1 的变量组合可以作为任意项处理。由以上分析

可列出表 4.6 所示的真值表。

表 4.6　［例4.14］真 值 表

A	B	C	F_1	F_2
0	0	0	0	0
0	0	1	1	1
0	1	0	1	0
0	1	1	ϕ	ϕ
1	0	0	0	1
1	0	1	ϕ	ϕ
1	1	0	ϕ	ϕ
1	1	1	ϕ	ϕ

根据真值表可得到函数的逻辑表达式

$$F_1=\sum m(1,2)+\sum\phi(3,5,6,7)$$

$$F_2=\sum m(1,4)+\sum\phi(3,5,6,7)$$

卡诺图如图 4.19 所示。由卡诺图化简可得

$$F_1=B+C \tag{4.1}$$

$$F_2=A+C \tag{4.2}$$

因为本例要求用或非门实现，故对式（4.1）、式（4.2）进行变换：

$$F_1=\overline{\overline{B+C}}$$

$$F_2=\overline{\overline{A+C}}$$

操作码形成器的逻辑图如图 4.20 所示。

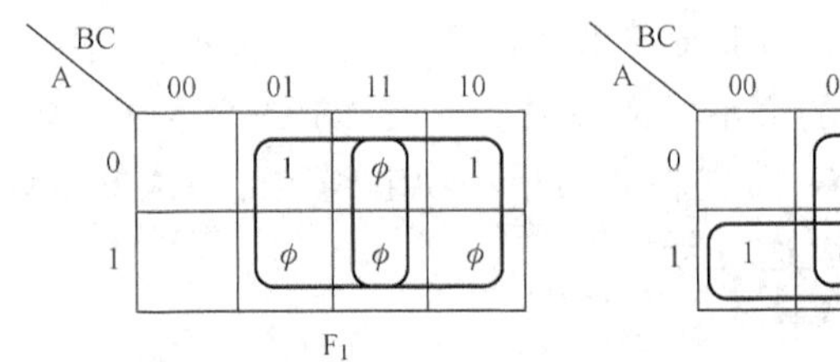

图 4.19　F_1 和 F_2 的卡诺图化简

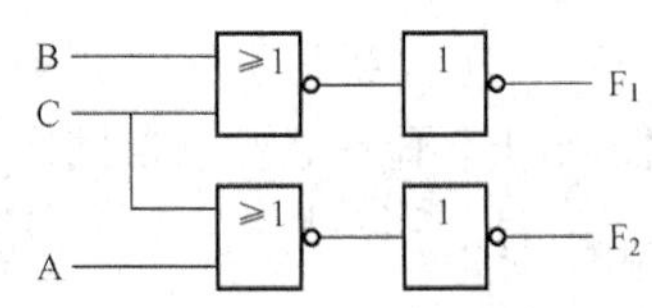

图 4.20　操作码形成器逻辑图

4.4　组合逻辑中的竞争冒险

4.4.1　竞争冒险的产生

前面在分析和设计组合逻辑电路时，只研究了输入和输出稳定状态之间的关系，均未考虑信号在传输过程中的延迟现象。实际上，信号经过任何门和线路都会产生时间延迟。这样，当输入信号发生变化时，其输出信号不能同步地跟随输入信号的变化而变化，而是经过一段过渡时间才能达到稳定状态。一般来说，延迟时间对数字系统是有害的，它会使系统速度下降，使电路中的信号发生波形畸变，而更为严重的是电路中会产生竞争和冒险的问题。

在组合逻辑电路中，当逻辑门有两个互补输入信号同时向相反状态变化的这种现象称为竞争。

不产生错误输出的竞争称为非临界竞争，产生错误输出的竞争称为临界竞争。临界竞争导致输出产生不应有的尖峰干扰脉冲（又称过渡干扰脉冲），有可能引起后级电路的错误动作，称为冒险。根据尖峰脉冲极性的不同，可以把冒险现象分为 0 型冒险和 1 型冒险，输出尖峰脉冲为负向脉冲的冒险现象称为 0 型冒险，输出尖峰为正向脉冲的冒险现象称为 1 型冒险。产生竞争冒险的原因主要是由于门电路的延迟时间。图 4.21 举例说明冒险现象产生的过程。

从图 4.21（a）给出的电路可知，$F_1=A\cdot\overline{A}$。当信号 A 产生由 0 到 1 的跳变，由于信

号 A 在经过非门的时候有一个 Δt 时间的延迟，所以信号 A 和$\overline{A}$在到达与门的输入端时会出现同时为 1 的情况（忽略信号变化的上升和下降时间），这时输出波形就出现了一个正向的尖峰干扰脉冲如图 4.21（b）所示。同样，对于 $F_2=A+\overline{A}$，当信号 A 发生 1 到 0 的跳变，在经过或门的时候也有一个 Δt 时间的延迟，所以信号 A 和$\overline{A}$在到达或门的输入端时会出现同时为 0 的情况，这时输出波形就出现了一个负向的尖峰干扰脉冲。

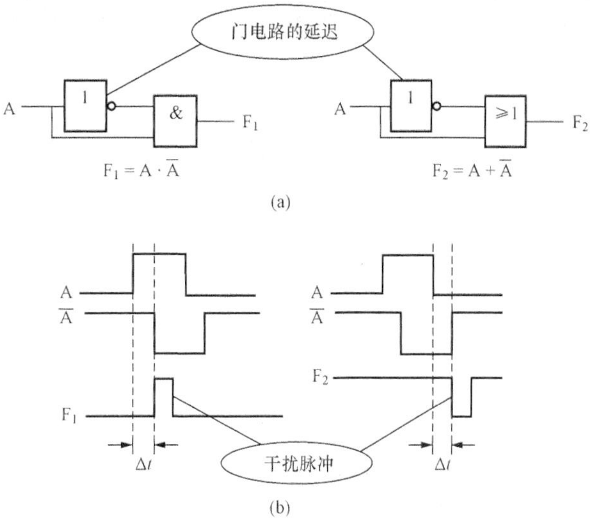

可是，存在竞争现象的电路不一定都产生过渡干扰脉冲。例如 $F_1=A\cdot\overline{A}$，当信号 A 由 1 变为 0 时，虽然与门也有向相反状态变化的两个输入信号，但 A 先由 1 变为 0，$\overline{A}$后由 0 变为 1，它们不存在同时为 1 的情况，故 F 恒为 0，不会产生干扰脉冲，如图 4.21（b）所示。可见，电路中有竞争现象只是存在产生过渡干扰脉冲的危险而已，故称其为竞争冒险。

图 4.21　竞争冒险产生原因示意图
（a）电路图；（b）波形图

4.4.2　竞争冒险的消除

1. 竞争冒险的识别

为了消除组合逻辑电路中的冒险，我们先介绍识别冒险的两种方法：代数法和卡诺图法。

（1）代数法。由以上对竞争冒险产生原因的分析可知，当某个变量 A 同时以原变量和反变量的形式出现在函数表达式中，令除了变量 A（含$\overline{A}$）以外的其他变量为某个恒定值外，若出现 $F=A\cdot\overline{A}$，则存在 1 型冒险；若出现 $F=A+\overline{A}$，则存在 0 型冒险。

【例 4.15】　试判断图 4.22 所示的电路图是否存在冒险。

解　由电路图可得 $F=\overline{\overline{A\overline{C}}\cdot\overline{BC}}=A\overline{C}+BC$。若输入变量 A=B=1 时，$F=C+\overline{C}$。故该电路中存在 0 型冒险。

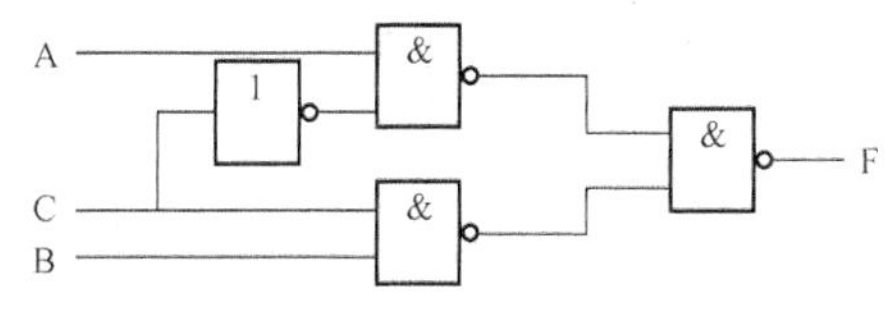

图 4.22　［例 4.15］逻辑电路图

应该指出，在同一个逻辑函数表达式中可能会同时出现 0 型冒险和 1 型冒险，且有多种引起冒险的变量组合。在使用代数法时要根据函数的构成特点进行分析。

（2）卡诺图法。在逻辑函数的卡诺图中，与或表达式的每个乘积项都对应了卡诺图中的一个卡诺圈。如果卡诺图中的两个卡诺圈存在相切，且相切部分又未被其他卡诺圈包含，那么电路中必然存在冒险。

【例 4.16】　试判断逻辑函数 $F=A\overline{C}+BC$ 所实现的电路是否存在冒险。

解　F 卡诺图如图 4.23 所示。可见，代表 $A\overline{C}$和 BC 的两个卡诺圈相切，且相切部分没有被其他卡诺圈圈住。因此，当 C 从 0 到 1 或从 1 到 0 变化时，F 将从一个卡诺圈进入另一个卡诺圈，从而产生冒险。

【例 4.17】 试判断函数 $F=\overline{A}\,\overline{B}+BD+A\overline{C}\,\overline{D}$ 所实现的组合逻辑电路是否存在冒险。

解 F 的卡诺图如图 4.24 所示。分析该卡诺图可知，代表 $\overline{A}\,\overline{B}$、BD 和 $A\overline{C}\,\overline{D}$ 的三个卡诺圈两两相切，且相切部分都没有被其他卡诺圈圈住。因此该函数实现的逻辑电路会产生冒险。

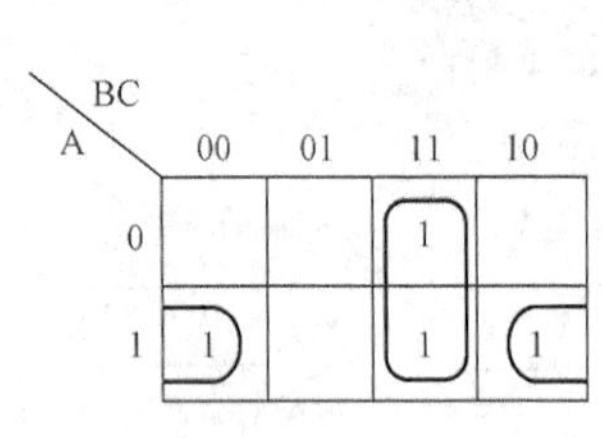

图 4.23 ［例 4.16］卡诺图

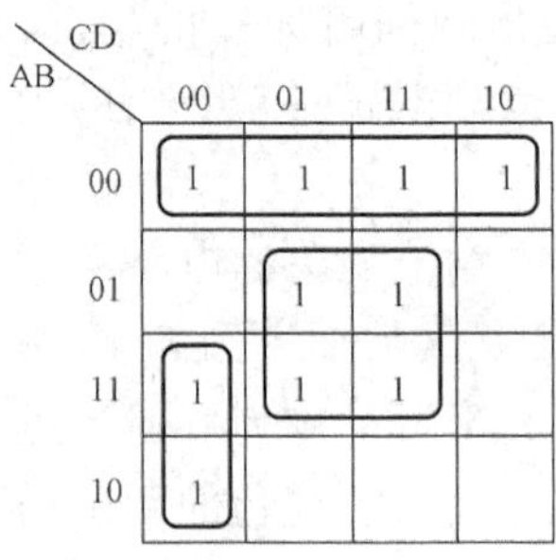

图 4.24 ［例 4.17］卡诺图

2. 竞争冒险的消除

当组合逻辑电路中存在冒险现象时，可采用修改逻辑设计、增加选通脉冲和接入滤波电容等多种方法来消除冒险现象。在此介绍前两种消除冒险现象的方法。

（1）修改逻辑设计。修改逻辑设计即通过增加冗余项的办法，使函数在任何情况下都不可能出现 $F=A\cdot\overline{A}$ 或 $F=A+\overline{A}$ 的情况，从而达到消除冒险的目的。具体的做法是，在卡诺图中增加冗余圈，将相切的卡诺圈圈起来。

由对［例 4.16］的卡诺图分析可知，$A\overline{C}$ 和 BC 的两个卡诺圈相切，且相切部分没有被卡诺圈包含。那么可以增加一个包含相切部分的冗余卡诺圈 AB，如图 4.25 所示，此时 $F=A\overline{C}+BC+AB$。当 A=B=1 时，$F=C+\overline{C}+1=1$，从而消除了 0 型冒险。

同样可得到例 4.17 增加冗余卡诺圈后的卡诺图，如图 4.26 所示。显然，冒险后的逻辑函数表达式为

$$F=\overline{A}\,\overline{B}+BD+A\overline{C}\,\overline{D}+\overline{A}D+AB\overline{C}+\overline{B}\,\overline{C}\,\overline{D}$$

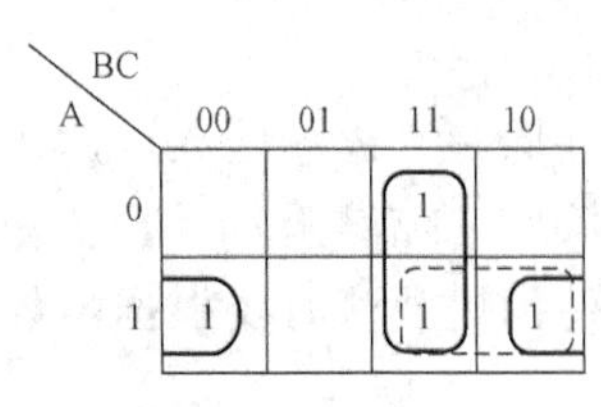

图 4.25 ［例 4.16］增加冗余项的卡诺图

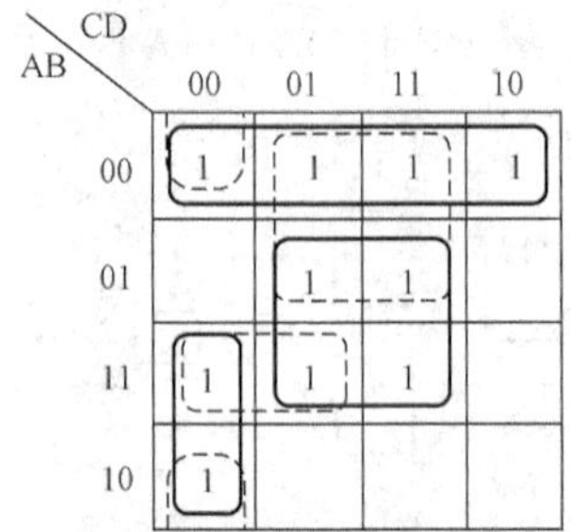

图 4.26 ［例 4.17］增加冗余项的卡诺图

（2）增加选通脉冲。增加选通脉冲方法是在电路中加入一个选通脉冲 P，该选通脉冲经常是 P=0，使电路处于封锁状态，只有在接受了输入信号并且电路进入稳定状态后，才有脉冲 P=1，允许电路输出。这就避免了竞争冒险的影响。［例 4.15］引入选通脉冲的电路如图 4.27（a）所示，其波形图如图 4.27（b）所示。

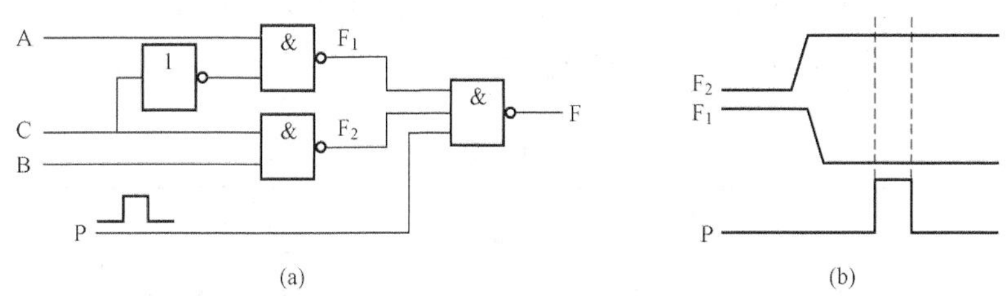

图 4.27　加选通脉冲消除竞争冒险

(a) 电路图；(b) 波形图

4.5 加　法　器

加法器的功能是实现二进制数的加法运算，它是计算机算术逻辑部件中的基本组成部分。

4.5.1　1 位加法器

1. 半加器

只考虑本位两个 1 位二进制数相加求得和及进位，而不考虑相邻低位进位的逻辑电路称为半加器。

半加器的真值表见表 4.7。A_i 和 B_i 分别表示被加数和加数，S_i 为本位和输出，C_i 为向相邻高位的进位输出。

由真值表可以直接写出输出函数逻辑表达式

$$S_i = \overline{A_i}B_i + A_i\overline{B_i} = A_i \oplus B_i$$

$$C_i = A_iB_i$$

半加器的逻辑电路图和图形符号如图 4.28 所示。

表 4.7　半加器真值表

A_i	B_i	S_i	C_i
0	0	0	0
0	1	1	0
1	0	1	0
1	1	0	1

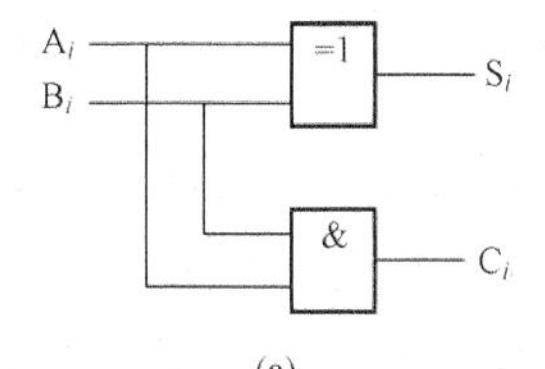

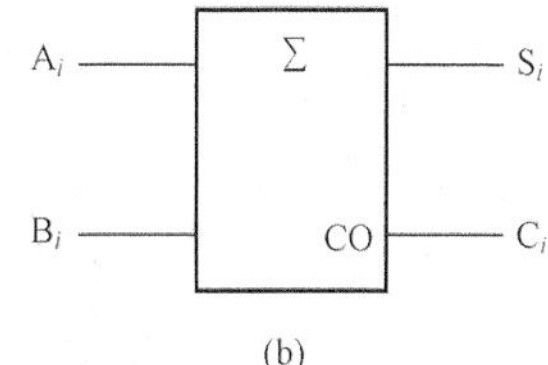

图 4.28　半加器

(a) 逻辑图；(b) 图形符号

2. 全加器

在实际的加法运算中，除了最低位以外，其他各位都要考虑低位向本位的进位。这种对两个一位二进制数相加并考虑相邻低位进位的加法逻辑电路称为全加器。

全加器的真值表见表 4.8。A_i 和 B_i 分别表示被加数和加数，C_{i-1} 表示相邻低位的进位，S_i 为本位和输出，C_i 为向相邻高位的进位输出。

由真值表直接写出逻辑表达式，再经代数法化简和转换，得

$$\begin{aligned} S_i &= \overline{A_i}\,\overline{B_i}C_{i-1} + \overline{A_i}B_i\overline{C_{i-1}} + A_i\overline{B_i}\,\overline{C_{i-1}} + A_iB_iC_{i-1} \\ &= A_i \oplus B_i \oplus C_{i-1} \end{aligned}$$

$$\begin{aligned} C_i &= \overline{A_i}B_iC_{i-1} + A_i\overline{B_i}C_{i-1} + A_iB_i\overline{C_{i-1}} + A_iB_iC_{i-1} \\ &= A_iB_i + (A_i \oplus B_i)C_{i-1} \end{aligned}$$

表 4.8 全加器真值表

A_i	B_i	C_{i-1}	S_i	C_i	A_i	B_i	C_{i-1}	S_i	C_i
0	0	0	0	0	1	0	0	1	0
0	0	1	1	0	1	0	1	0	1
0	1	0	1	0	1	1	0	0	1
0	1	1	0	1	1	1	1	1	1

全加器的逻辑电路图和图形符号如图 4.29 所示。

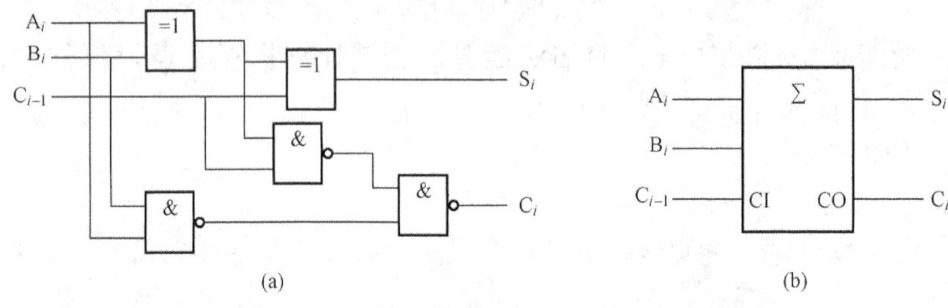

图 4.29 全加器

(a) 逻辑图；(b) 图形符号

4.5.2 多位加法器

实现多位二进制数相加的电路称为多位加法器。根据进位方式不同，分为串行进位加法器和并行进位加法器（超前进位加法器）。

1. 串行进位加法器

串行进位加法器即把多位全加器串联起来，低位全加器的进位输出连接到相邻的高位全加器的进位输入。

将四个全加器依次级联起来就构成了 4 位串行进位加法器，逻辑电路图如图 4.30 所示。由图可以看出，4 位加法器是将低位全加器的进位输出 CO 接到高位的进位输入 CI。因此，任意一位的加法运算必须在低一位的运算完成之后才能进行，这种方式就称为串行进位。这种加法器的优点是逻辑电路比较简单，但它的运算速度不高，并且运算器的位数越多，运算器的速度就越慢。为此，可采用并行进位的加法器，使每位的进位只由被加数和加数决定，而与低位的进位无关。

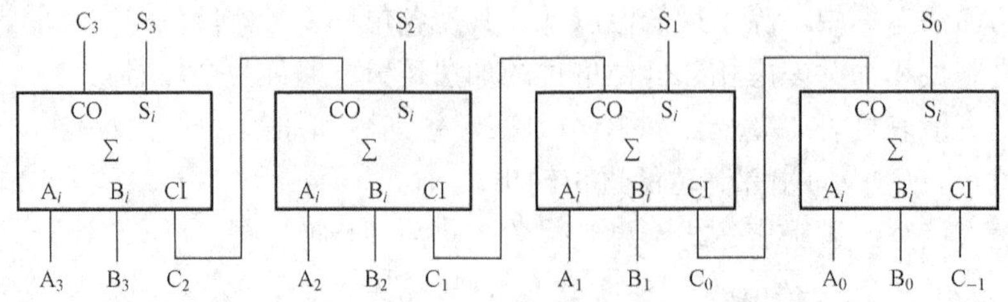

图 4.30 4 位串行进位加法器

2. 并行进位加法器

由串行加法器可知，为了提高运算速度，必须设法减小或消除由于进位信号逐级传递所浪费的时间，为此可以采取并行进位的技术。下面简单介绍并行进位加法器的实现原理。

对于一个 n 位加法器，其中任何一位全加器产生进位的条件：或者 A_i、B_i 均为 1；或者 A_i、B_i 中有一个为 1，且低位有进位产生。该条件可用逻辑表达式描述为

$$C_i = A_iB_i + (A_i \oplus B_i)C_{i-1} = G_i + P_iC_{i-1} \tag{4.3}$$

式中 $A_i \oplus B_i$——进位传递输出，记为 P_i；

A_iB_i——进位发生输出，记为 G_i。

对于 4 位并行进位加法器来说，各位进位产生的条件可以表示为

$$C_0 = G_0 + P_0C_{-1}$$

$$C_1 = G_1 + P_1C_0 = G_1 + P_1G_0 + P_1P_0C_{-1}$$

$$C_2 = G_2 + P_2C_1 = G_2 + P_2G_1 + P_2P_1G_0 + P_2P_1P_0C_{-1}$$

$$C_3 = G_3 + P_3C_2 = G_3 + P_3G_2 + P_3P_2G_1 + P_3P_2P_1G_0 + P_3P_2P_1P_0C_{-1}$$

由以上分析可知，只要给出 A_3、A_2、A_1、A_0 和 B_3、B_2、B_1、B_0 以及 C_{-1} 的值后，便可以按照以上表达式确定 C_3、C_2、C_1、C_0。这样，如果用逻辑门实现上述逻辑函数表达式，并将结果送到相应全加器的进位输入端，则每一级的全加运算就不需要等待了，从而实现并行相加。

实现 4 位二进制并行进位的加法器 74LS283 集成芯片的图形符号如图 4.31 所示。用这种芯片构成多位加法器时，只要将若干个集成块连接起来，较低位的集成块的进位输出被送到较高位的进位输入端，不需要附加辅助电路。这样构成的多位加法器，芯片内部是并行进位，芯片间是串行进位。

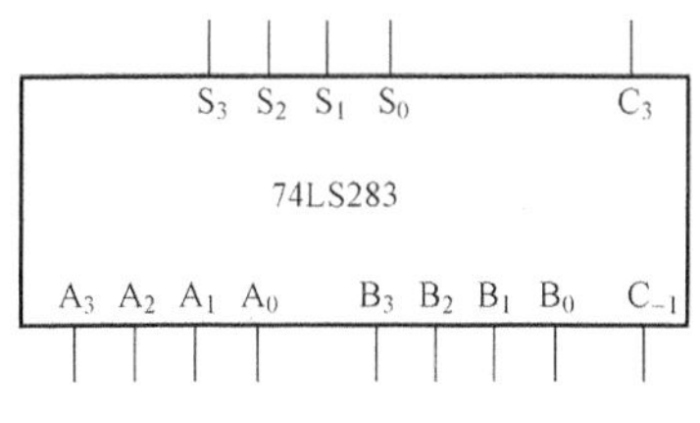

图 4.31 74LS283 图形符号

4.5.3 加法器应用

二进制并行加法器除了实现二进制加法运算以外，还可以实现代码转换、二进制减法运算、十进制加法运算和二进制乘法运算等功能。下面举例说明。

【例 4.18】 利用集成加法器 74LS283 设计一个将 8421BCD 码转换成余 3 码的电路。

解 由余 3 码的定义可知，余 3 码是由 8421BCD 码加 3 形成的代码。所以用 74LS283 实现从 8421BCD 码到余 3 码的转换，只需要从输入端 $A_3 \sim A_0$ 输入 8421BCD 码，而从输入端 $B_3 \sim B_0$ 输入二进制数 0011，进位输入端 C_{-1} 接地，便可以从输出端获得与 8421BCD 码相对应的余 3 码。其逻辑电路如图 4.32 所示。

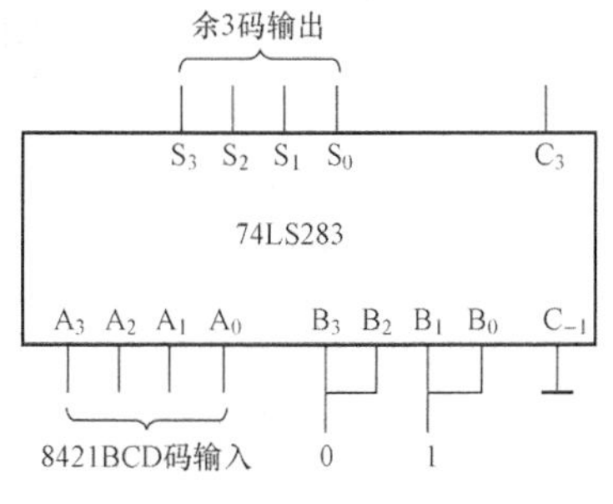

图 4.32 8421BCD 码—余 3 码转换电路

【例 4.19】 利用二进制并行加法器实现一个 1 位十进制数（8421BCD 码）加法器。

解 根据 8421BCD 码的特点，两个 8421BCD 码表示的十进制数相加，实质上是不大于 9 的 4 位二进制数相加。按照 8421BCD 码的要求，希望得到的仍然是 8421BCD 码。而按二进制数相加其结果却仍是二进制，因此需要对相加的结果进行修正。分析可知修正的原则：若相加结果大于 9，则和数需加 6 修正；若相加结果不

大于 9，则和数无需修正。两个 4 位二进制数相加大于 9 有两种情况：一种情况是和数落在 1010～1111（10～15）之间，另一种情况是和数落在 10 000～10 010（16～18，4 位二进制加产生了进位）。因此可用逻辑表达式：$S_3S_1+S_3S_2+C_3=CO$ 描述这两种情况。据此，可用两片 74LS283 和几个辅助门来实现给定功能，如图 4.33 所示。图中下面的一片用来对两个 1 位十进制数的 8421BCD 码进行相加，上面的一片用于对相加的结果进行加 6 修正，由此产生的 CO 作为两个 1 位 8421BCD 码十进制数相加的进位输出。

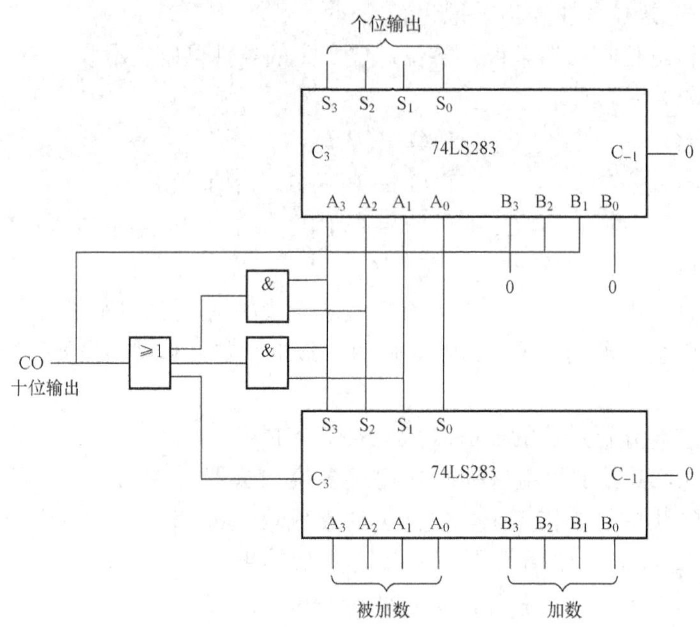

图 4.33　1 位 8421BCD 码十进制加法器

4.6　数 值 比 较 器

数值比较器是对两个位数相同的二进制数值比较并判断其大小关系的算术运算电路。

4.6.1　1 位数值比较器

1 位数值比较器的输入是两个要进行比较的 1 位二进制数，这里用 A、B 表示，输出用 F_1、F_2 和 F_3 表示。设 A>B 时，$F_1=1$；A<B 时，$F_2=1$；A=B 时，$F_3=1$。得 1 位数值比较器的真值表见表 4.9。

由真值表可直接得到

$$F_1=A\overline{B}$$

$$F_2=\overline{A}B$$

$$F_3=\overline{A}\,\overline{B}+AB$$

1 位数值比较器的逻辑电路图如图 4.34 所示。

表 4.9 1 位数值比较器真值表

A	B	F_1	F_2	F_3
0	0	0	0	1
0	1	0	1	0
1	0	1	0	0
1	1	0	0	1

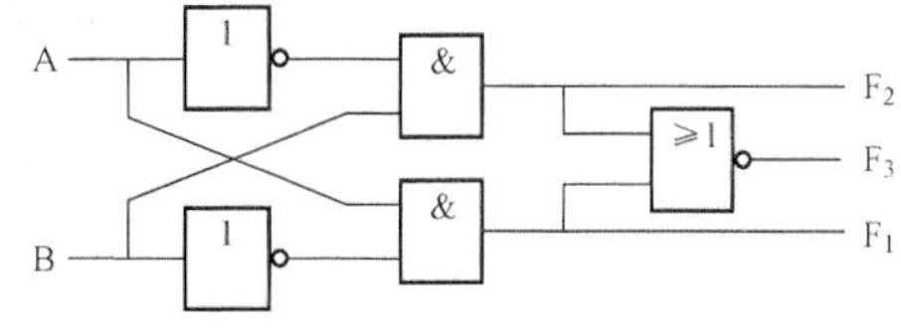

图 4.34 1 位数值比较器的逻辑电路图

4.6.2 4 位数值比较器

在比较两个多位数的大小时，必须自高向低逐位比较，而且只有高位相同时，才需要比较低位。这里介绍中规模集成 4 位数值比较器 74LS85，表 4.10 列出了 74LS85 的功能表，图 4.35 是它的图形符号。

表 4.10 4 位比较器 74LS85 功能表

比较输入				级联输入			输出		
A_3 B_3	A_2 B_2	A_1 B_1	A_0 B_0	$I_{A>B}$	$I_{A<B}$	$I_{A=B}$	$F_{A>B}$	$F_{A<B}$	$F_{A=B}$
$A_3>B_3$	×	×	×	×	×	×	1	0	0
$A_3<B_3$	×	×	×	×	×	×	0	1	0
$A_3=B_3$	$A_2>B_2$	×	×	×	×	×	1	0	0
$A_3=B_3$	$A_2<B_2$	×	×	×	×	×	0	1	0
$A_3=B_3$	$A_2=B_2$	$A_1>B_1$	×	×	×	×	1	0	0
$A_3=B_3$	$A_2=B_2$	$A_1<B_1$	×	×	×	×	0	1	0
$A_3=B_3$	$A_2=B_2$	$A_1=B_1$	$A_0>B_0$	×	×	×	1	0	0
$A_3=B_3$	$A_2=B_2$	$A_1=B_1$	$A_0<B_0$	×	×	×	0	1	0
$A_3=B_3$	$A_2=B_2$	$A_1=B_1$	$A_0=B_0$	1	0	0	1	0	0
$A_3=B_3$	$A_2=B_2$	$A_1=B_1$	$A_0=B_0$	0	1	0	0	1	0
$A_3=B_3$	$A_2=B_2$	$A_1=B_1$	$A_0=B_0$	0	0	1	0	0	1

功能表中的输入变量包括 A_3 与 B_3、A_2 与 B_2、A_1 与 B_1、A_0 与 B_0，表示两个 4 位二进制数 A 和 B（$A=A_3A_2A_1A_0$，$B=B_3B_2B_1B_0$），级联输入 $I_{A>B}$、$I_{A=B}$、$I_{A<B}$ 是另外两个低位数比较的结果输入。设置低位数比较结果输入端，是为了能与其他数值比较器连接，以便组成更多位数的数值比较器。3 个输出信号 $F_{A>B}$、$F_{A=B}$、$F_{A<B}$ 分别表示本级的比较结果。

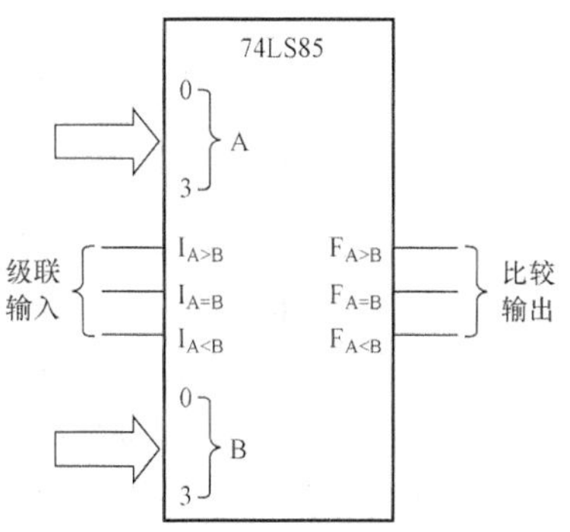

图 4.35 74LS85 图形符号

由功能表可见，要确定两个数 A 和 B 的大小关系，可从最高位开始逐位比较。若两数的最高位不相等，则最高位的比较结果就是最后的结果。如果两数的最高位相等，则比较次高位，直到发现两数的某位不相等为止。若 A 和 B 的各位均相等，则输出取决于级联输入的状态。所以使用芯片时应注意，在没有更低位参与比较时，芯片的级联输入端 $I_{A>B}$、$I_{A=B}$、$I_{A<B}$应分别接 0、1、0，以便在 A 和 B 两数相等时产生正确的输出结果。

由功能表可得到 4 位比较器的逻辑表达式如下

$$F_{A>B}=A_3\overline{B_3}+(A_3\odot B_3)A_2\overline{B_2}+(A_3\odot B_3)(A_2\odot B_2)A_1\overline{B_1}$$

$$+(A_3\odot B_3)(A_2\odot B_2)(A_1\odot B_1)A_0\overline{B_0}$$

$$+(A_3\odot B_3)(A_2\odot B_2)(A_1\odot B_1)(A_0\odot B_0)I_{A>B}$$

$$F_{A=B}=(A_3\odot B_3)(A_2\odot B_2)(A_1\odot B_1)(A_0\odot B_0)I_{A=B}$$

$$F_{A<B}=\overline{A_3}B_3+(A_3\odot B_3)\overline{A_2}B_2+(A_3\odot B_3)(A_2\odot B_2)\overline{A_1}B_1$$

$$+(A_3\odot B_3)(A_2\odot B_2)(A_1\odot B_1)\overline{A_0}B_0$$

$$+(A_3\odot B_3)(A_2\odot B_2)(A_1\odot B_1)(A_0\odot B_0)I_{A<B}$$

4.6.3 集成比较器的应用

【例 4.20】 利用两个 4 位比较器构成一个 8 位二进制比较器。

解 电路图如图 4.36 所示。

图中芯片（1）对低 4 位进行比较，因没有更低的比较结果输入，其级联输入端 $I_{A>B}$、$I_{A=B}$和 $I_{A<B}$分别接 010。芯片（2）对高 4 位进行比较，级联端接低位比较器的结果输出。当 $A_7A_6A_5A_4\neq B_7B_6B_5B_4$ 时，8 位比较器的比较结果由高 4 位决定，芯片（1）的比较结果不产生影响；当 $A_7A_6A_5A_4=B_7B_6B_5B_4$ 时，8 位比较器的比较结果由低 4 位决定；当 $A_7A_6A_5A_4A_3A_2A_1A_0=B_7B_6B_5B_4B_3B_2B_1B_0$ 时，比较结果由芯片（1）的级联输入端决定，而当级联输入端 $I_{A>B}$、$I_{A=B}$和 $I_{A<B}$分别接 010 时，最终比较结果为 A=B。

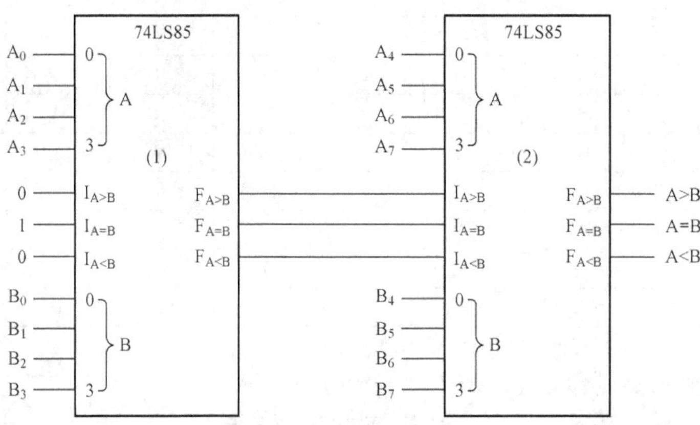

图 4.36 8 位数值比较器

【例 4.21】 利用比较器设计输血指示器。

解 输血指示器的输入是一对要求“输血—受血”的血型，当符合输血—受血关系时，电路输出为 1。此处考虑四种基本的血型，用 00 表示 O 型血，01 表示 A 型血，10 表示 AB 型血，11 表示 B 型血。这样对应输血和受血就需要有 4 个输入变量，用 AB 表示输送血型，CD 表示接受血型。另外用 F 表示输出函数，并用 F=1 表示可输血，用 F=0 表示不可输血。

根据输血常识，可以输血的情况有三种：

（1）输血者和受血者血型相同便可以输血，即 AB=CD，F=1。

（2）只要输送者是 O 型血，就可以输血，即 AB=00，F=1。

（3）接受方只要是 AB 型血，就可以输血，即 CD=10，F=1。

其他情况均不可以输血。由此可得到表 4.11 所示的真值表。

表 4.11　　输血指示器真值表

输送血型	接受血型	输血指示	输送血型	接受血型	输血指示
A　B	C　D	F	A　B	C　D	F
0　0	0　0	1	1　0	0　0	0
0　0	0　1	1	1　0	0　1	0
0　0	1　0	1	1　0	1　0	1
0　0	1　1	1	1　0	1　1	0
0　1	0　0	0	1　1	0　0	0
0　1	0　1	1	1　1	0　1	0
0　1	1　0	1	1　1	1　0	1
0　1	1　1	0	1　1	1　1	1

根据以上分析可以用 4 位数值比较器及门电路设计输血指示器，如图 4.37 所示。

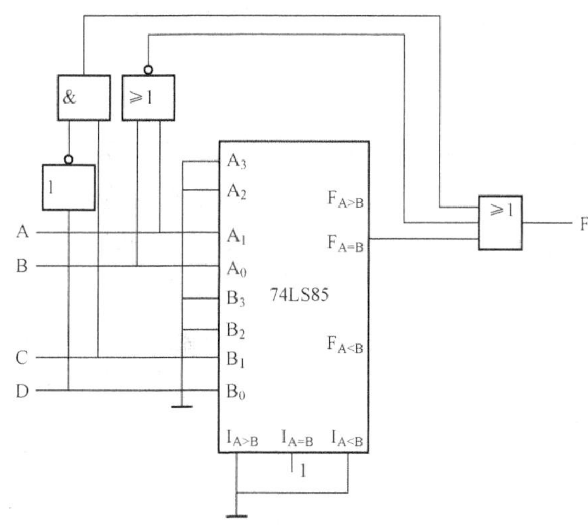

图 4.37　输血指示器电路图

4.7　编码器和译码器

4.7.1　编码器

编码是将特定含义的输入信号（文字、数字、符号等）转换成二进制代码的过程。能够实现编码功能的数字电路称为编码器。一般而言，N 个不同的信号，至少需要 n 位二进制数进行编码。N 和 n 之间满足下列关系

$$2^n \geqslant N$$

1. 普通编码器

4 线—2 线普通编码器框图和简化真值表见图 4.38 和表 4.12。由图可见编码器输入是 4 个需要编码的信号（互相排斥），分别用 I_0、I_1、I_2、I_3 表示；输出是 2 位二进制编码，分别用 Y_1 和 Y_0 表示。

因为任何时刻只允许有一个信号取值为 1，即输入变量的组合仅有表 4.12 中列出的 4 种状态，输入变量为其他取值的那些最小项均为约束项。利用这些约束项可以得到输出函数的逻辑式为

$$Y_1 = I_2 + I_3$$
$$Y_0 = I_1 + I_3$$

根据上述逻辑表达式画出编码器逻辑图，如图 4.39 所示。

表 4.12　4 线—2 线编码器真值表

I_0	I_1	I_2	I_3	Y_1	Y_0
1	0	0	0	0	0
0	1	0	0	0	1
0	0	1	0	1	0
0	0	0	1	1	1

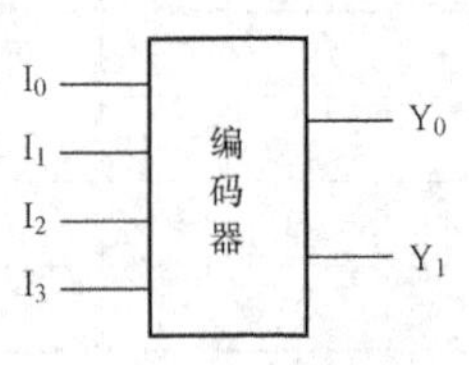

图 4.38　编码器框图

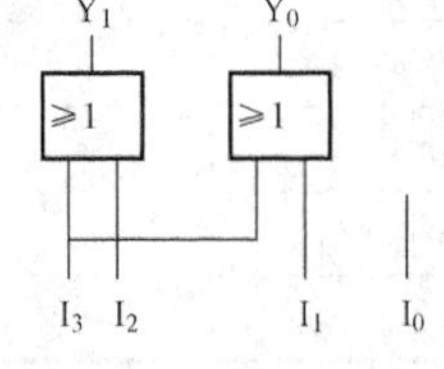

图 4.39　编码器电路图

在该编码器中，对 I_0 的编码属于隐含编码，即当 $I_0 \sim I_3$ 均处于无效状态时，编码器的输出即是对 I_0 的编码。

2. 优先编码器

前面介绍的普通编码器中，一次只允许一个输入信号有效，即有约束条件。而优先编码器允许同时输入两个或两个以上的信号，即编码器给所有的输入信号规定了优先顺序，当多个输入信号同时出现时，只对其中优先级最高的一个进行编码。

常用的 8 线—3 线优先编码器 74LS148 功能表见表 4.13。

表 4.13　优先编码器 74LS148 功能表

输入使能端	输入								输出			扩展	使能输出
$\overline{S}$	$\overline{I_7}$	$\overline{I_6}$	$\overline{I_5}$	$\overline{I_4}$	$\overline{I_3}$	$\overline{I_2}$	$\overline{I_1}$	$\overline{I_0}$	$\overline{Y_2}$	$\overline{Y_1}$	$\overline{Y_0}$	$\overline{Y_{EX}}$	Y_S
1	×	×	×	×	×	×	×	×	1	1	1	1	1
0	1	1	1	1	1	1	1	1	1	1	1	1	0
0	0	×	×	×	×	×	×	×	0	0	0	0	1
0	1	0	×	×	×	×	×	×	0	0	1	0	1
0	1	1	0	×	×	×	×	×	0	1	0	0	1
0	1	1	1	0	×	×	×	×	0	1	1	0	1
0	1	1	1	1	0	×	×	×	1	0	0	0	1
0	1	1	1	1	1	0	×	×	1	0	1	0	1
0	1	1	1	1	1	1	0	×	1	1	0	0	1
0	1	1	1	1	1	1	1	0	1	1	1	0	1

74LS148 中，需编码的 8 个输入信号为 $\overline{I_0} \sim \overline{I_7}$，允许有多个同时输入，但电路只对优先级别最高的进行编码。设输入信号角标越大优先级别越高，即 $\overline{I_7}$ 级别最高、$\overline{I_6}$ 次之，$\overline{I_5}$ 再次之，…，$\overline{I_0}$ 最低。

由功能表可见，输入 $\overline{I_0} \sim \overline{I_7}$ 低电平有效，$\overline{I_7}$ 为最高级，$\overline{I_0}$ 为最低优先级。编码输出信号 $\overline{Y_2}$、$\overline{Y_1}$、$\overline{Y_0}$ 为反码输出。当 $\overline{I_7}=0$ 时，不管其他输入是什么，都是对 $\overline{I_7}$ 编码，$\overline{Y_2}\,\overline{Y_1}\,\overline{Y_0}=000$

($\overline{I_7}$的反码)。$\overline{S}$为选通输入端,当$\overline{S}=0$时,编码器处于工作状态;当$\overline{S}=1$时,输出$\overline{Y_2}$、$\overline{Y_1}$、$\overline{Y_0}$和$\overline{Y_{EX}}$、Y_S均被封锁,编码器不工作,输出$\overline{Y_2}$、$\overline{Y_1}$、$\overline{Y_0}$全为1。Y_S是选通输出端,当$\overline{S}=0$,但无有效信号输入时,$Y_S=0$。$\overline{Y_{EX}}$为扩展输出端,级联时使用,当$\overline{S}=0$,且有信号输入($\overline{I_0}\sim\overline{I_7}$至少有一个为0)时,$\overline{Y_{EX}}$才为0。其逻辑式为

$$Y_2=I_7+\overline{I_7}I_6+\overline{I_7}\,\overline{I_6}I_5+\overline{I_7}\,\overline{I_6}\,\overline{I_5}I_4=I_7+I_6+I_5+I_4$$

$$\begin{aligned}Y_1&=I_7+\overline{I_7}I_6+\overline{I_7}\,\overline{I_6}\,\overline{I_5}\,\overline{I_4}I_3+\overline{I_7}\,\overline{I_6}\,\overline{I_5}\,\overline{I_4}\,\overline{I_3}I_2\\&=I_7+I_6+\overline{I_5}\,\overline{I_4}I_3+\overline{I_5}\,\overline{I_4}I_2\end{aligned}$$

$$\begin{aligned}Y_0&=I_7+\overline{I_7}\,\overline{I_6}I_5+\overline{I_7}\,\overline{I_6}\,\overline{I_5}\,\overline{I_4}I_3+\overline{I_7}\,\overline{I_6}\,\overline{I_5}\,\overline{I_4}\,\overline{I_3}\,\overline{I_2}I_1\\&=I_7+\overline{I_6}I_5+\overline{I_6}\,\overline{I_4}I_3+\overline{I_6}\,\overline{I_4}\,\overline{I_2}I_1\end{aligned}$$

图4.40给出了优先编码器74LS148的逻辑电路图,图4.41是它的图形符号。输入的小圆圈表示低电平有效,$Y_0\sim Y_2$输出的小圆圈表示输出反码。

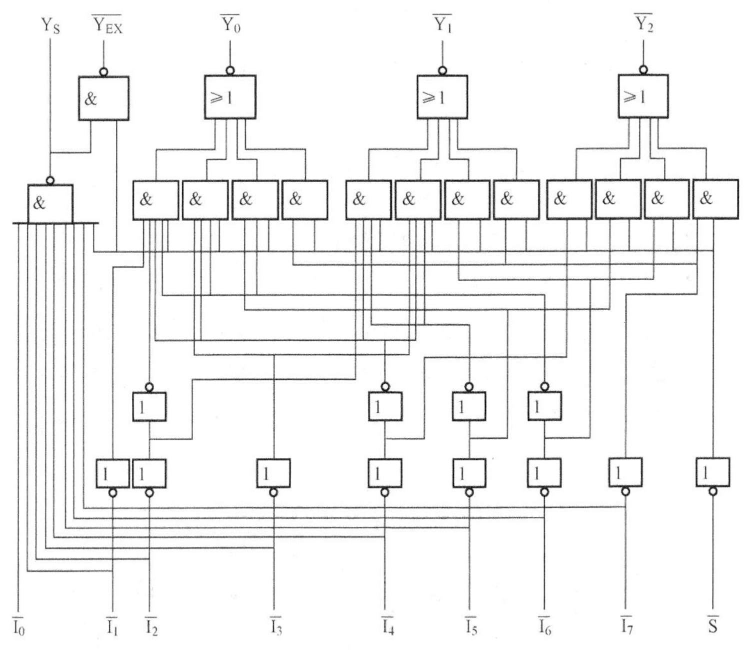

图4.40 74LS148优先编码器逻辑图

3. 优先编码器应用

(1)74LS148编码器的级联应用。将两片74LS148级联起来,就构成了16线—4线优先编码器。其电路图如图4.42所示。$\overline{A_{15}}\sim\overline{A_0}$为16个编码信号输入端,$\overline{Z_3}\sim\overline{Z_0}$为4个编码输出端。第一片74LS148的编码信号输入端作为$\overline{A_{15}}\sim\overline{A_8}$输入;第二片的编码输入端作为$\overline{A_7}\sim\overline{A_0}$输入。第一片的$\overline{S}$固定接0,保证编码器处于工作状态,$Y_S$接第二片的$\overline{S}$,控制第二片的工作。第一片的$\overline{Y_{EX}}$作为输出$\overline{Z_3}$。

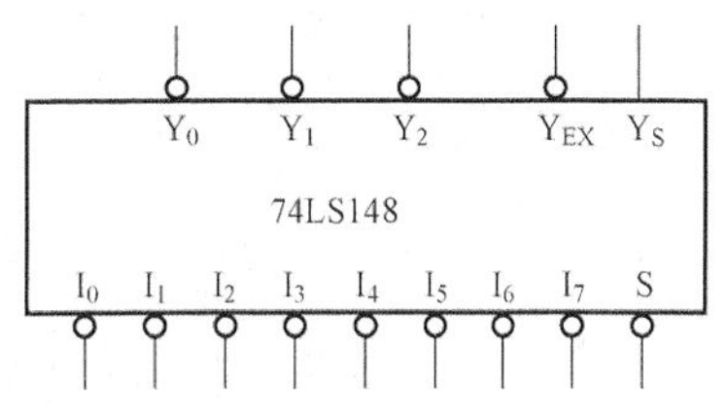

图4.41 74LS148图形符号

当第一片有输入时,由于第一片的$Y_S=1$,使第二片的$\overline{S}=1$,所以第二片74LS148不工作,

且输出为 $\overline{Y_2}\ \overline{Y_1}\ \overline{Y_0}=111$。此时级联编码器的输出就是$\overline{Y_{EX}}=0$ 以及第一片 $\overline{Y_2}\ \overline{Y_1}\ \overline{Y_0}$ 的输出，即 $\overline{Z_3}\ \overline{Z_2}\ \overline{Z_1}\ \overline{Z_0}=\overline{Y_{EX}}\ \overline{Y_2}\ \overline{Y_1}\ \overline{Y_0}=0\ \overline{Y_2}\ \overline{Y_1}\ \overline{Y_0}$。

当第一片没有输入信号时，$\overline{Y_{EX}}=1$，$Y_S=0$，使第二片的$\overline{S}=0$，所以第二片 74LS148 处于工作状态。此时级联编码器的输出就是$\overline{Y_{EX}}=1$ 以及第二片 $\overline{Y_2}\ \overline{Y_1}\ \overline{Y_0}$ 的输出，即 $\overline{Z_3}\ \overline{Z_2}\ \overline{Z_1}\ \overline{Z_0}=\overline{Y_{EX}}\ \overline{Y_2}\ \overline{Y_1}\ \overline{Y_0}=1\ \overline{Y_2}\ \overline{Y_1}\ \overline{Y_0}$。

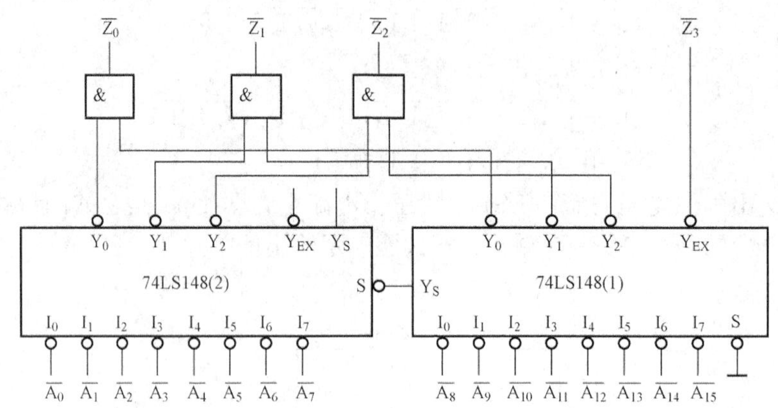

图 4.42　74LS148 的级联应用

（2）74LS148 编码器构成 8421BCD 码编码器。用优先编码器 74LS148 构成 8421BCD 码编码器的电路图如图 4.43 所示。当输入端$\overline{A_8}$或$\overline{A_9}$为低电平时，与非门输出为 1，使得$\overline{S}=1$，编码器不工作，$\overline{Y_2}\ \overline{Y_1}\ \overline{Y_0}=111$。此时如果$\overline{A_8}=0$，BCD 编码器输出 $Z_3Z_2Z_1Z_0$ 为 1000。如果此时$\overline{A_9}=0$，BCD 编码器输出 $Z_3Z_2Z_1Z_0$ 为 1001。当输入端$\overline{A_9}$和$\overline{A_8}$同为高电平时，与非门输出为 0，使得$\overline{S}=0$，编码器处于工作状态，74LS148 对输入的$\overline{A_7}\sim\overline{A_0}$进行编码。此时如果$\overline{A_5}=0$，编码器输出 $\overline{Y_2}\ \overline{Y_1}\ \overline{Y_0}=010$，BCD 编码器输出 $Z_3Z_2Z_1Z_0$ 为 0101，即为 5 对应的 8421BCD 码。

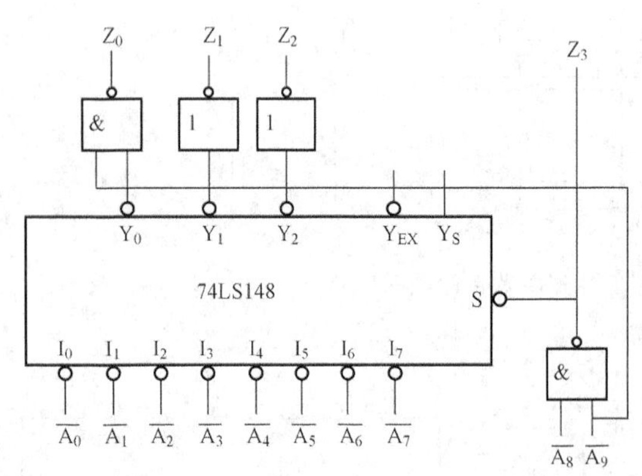

图 4.43　74LS148 构成的 8421BCD 码编码器

4.7.2　译码器

译码是编码的逆过程。译码是将输入代码转换成特定的输出信号，实现译码的电路称为译码器。

假设译码器有 n 个输入信号和 N 个输出信号，如果 $N=2^n$，就称为全译码器。常见的全译码器有 2 线—4 线译码器、3 线—8 线译码器、4 线—16 线译码器等。如果 $N<2^n$，称为部分译码器，如二—十进制译码器（也称作 4 线—10 线译码器）等。

1. 二进制译码器

把不同的二进制代码“翻译”成为原来对应信息的组合逻辑电路称为二进制译码器。

假设二进制译码器有 n 个输入端，则有 2^n 个输出端，且对应于输入代码的每一种状态，2^n 个输出中只有一个有效为 1（或为 0），其余全都无效为 0（或为 1）。二进制译码器可以译出输入变量的全部状态，故又称为变量译码器。

(1) 2线—4线译码器。表4.14是2位二进制译码器的真值表，A_1、A_0为输入端，$Y_3 \sim Y_0$为输出状态译码。

写出各输出函数的表达式

$$Y_0 = \overline{A_1}\,\overline{A_0} \quad Y_1 = \overline{A_1}A_0 \quad Y_2 = A_1\overline{A_0} \quad Y_3 = A_1A_0$$

2线—4线译码器的逻辑电路图如图4.44所示。

表4.14　　2位二进制译码器真值表

A_1	A_0	Y_0	Y_1	Y_2	Y_3
0	0	1	0	0	0
0	1	0	1	0	0
1	0	0	0	1	0
1	1	0	0	0	1

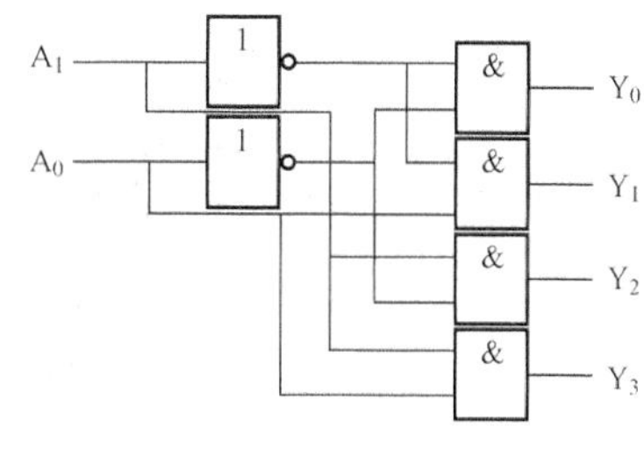

图4.44　两位二进制译码器电路图

(2) 3线—8线译码器图形。下面给出的是常用中规模集成电路3线—8线译码器74LS138的功能表、逻辑电路图和图形符号，见表4.15、如图4.45所示。输入A_2、A_1、A_0为二进制码，$\overline{Y_7} \sim \overline{Y_0}$为译码输出（低电平有效）。$S_1$、$\overline{S_2}$、$\overline{S_3}$为使能控制端，当$S_1=1$、$\overline{S_2}+\overline{S_3}=0$时，译码器处于工作状态；当$S_1=0$或$\overline{S_2}+\overline{S_3}=1$时，译码器处于禁止状态，所有输出全为高电平。

表4.15　　74LS138译码器功能表

输入					输出							
S_1	$\overline{S_2}+\overline{S_3}$	A_2	A_1	A_0	$\overline{Y_7}$	$\overline{Y_6}$	$\overline{Y_5}$	$\overline{Y_4}$	$\overline{Y_3}$	$\overline{Y_2}$	$\overline{Y_1}$	$\overline{Y_0}$
×	1	×	×	×	1	1	1	1	1	1	1	1
0	×	×	×	×	1	1	1	1	1	1	1	1
1	0	0	0	0	1	1	1	1	1	1	1	0
1	0	0	0	1	1	1	1	1	1	1	0	1
1	0	0	1	0	1	1	1	1	1	0	1	1
1	0	0	1	1	1	1	1	1	0	1	1	1
1	0	1	0	0	1	1	1	0	1	1	1	1
1	0	1	0	1	1	1	0	1	1	1	1	1
1	0	1	1	0	1	0	1	1	1	1	1	1
1	0	1	1	1	0	1	1	1	1	1	1	1

2. 二—十进制译码器

把二—十进制代码翻译成10个十进制数字信号的电路，称为二—十进制译码器。

二—十进制译码器的输入是十进制数的4位二进制编码（8421BCD码），分别用A_3、A_2、A_1、A_0表示；输出是与10个十进制数字相对应的10个信号，用$Y_9 \sim Y_0$表示。由于

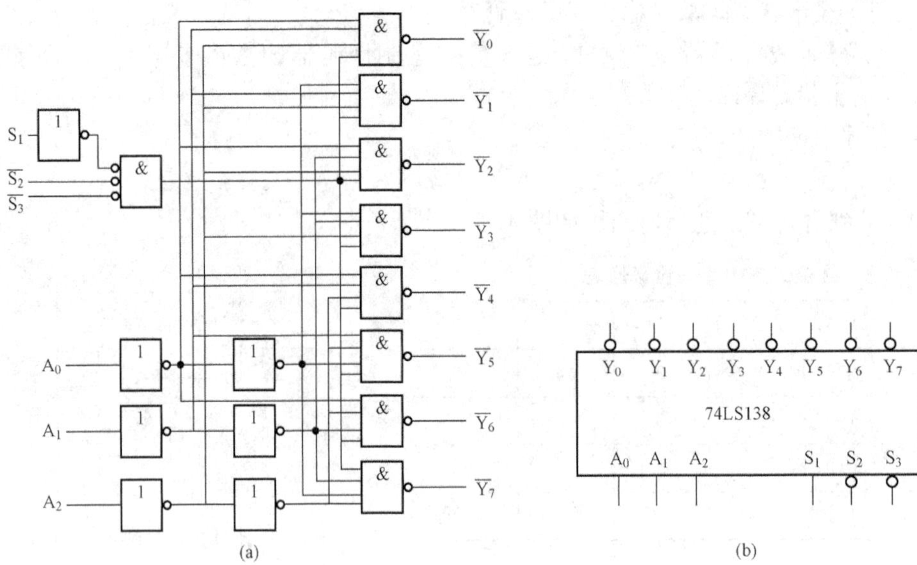

图 4.45 74LS138 译码器

(a) 电路图；(b) 图形符号

二—十进制译码器有 4 根输入线，10 根输出线，所以又称为 4 线—10 线译码器。二—十进制译码器的真值表见表 4.16。

表 4.16 **4 线—10 线译码器真值表**

输入				输出									
A_3	A_2	A_1	A_0	Y_0	Y_1	Y_2	Y_3	Y_4	Y_5	Y_6	Y_7	Y_8	Y_9
0	0	0	0	1	0	0	0	0	0	0	0	0	0
0	0	0	1	0	1	0	0	0	0	0	0	0	0
0	0	1	0	0	0	1	0	0	0	0	0	0	0
0	0	1	1	0	0	0	1	0	0	0	0	0	0
0	1	0	0	0	0	0	0	1	0	0	0	0	0
0	1	0	1	0	0	0	0	0	1	0	0	0	0
0	1	1	0	0	0	0	0	0	0	1	0	0	0
0	1	1	1	0	0	0	0	0	0	0	1	0	0
1	0	0	0	0	0	0	0	0	0	0	0	1	0
1	0	0	1	0	0	0	0	0	0	0	0	0	1

编码 1010～1111 为无关项。用卡诺图利用无关项对输出函数进行化简，可得二—十进制译码器的最简输出表达式

$$Y_0 = \overline{A_3}\,\overline{A_2}\,\overline{A_1}\,\overline{A_0} \qquad Y_1 = \overline{A_3}\,\overline{A_2}\,\overline{A_1}A_0$$

$$Y_2 = \overline{A_2}A_1\overline{A_0} \qquad Y_3 = \overline{A_2}A_1A_0$$

$$Y_4 = A_2\overline{A_1}\,\overline{A_0} \qquad Y_5 = A_2\overline{A_1}A_0$$

$$Y_6 = A_2A_1\overline{A_0} \qquad Y_7 = A_2A_1A_0$$

$$Y_8 = A_3\overline{A_0} \qquad Y_9 = A_3A_0$$

3. 显示译码器

数字显示器件是用来显示数字、文字或者符号的器件。能把数字量翻译成数字显示器所能识别的信号的译码器称为数字显示译码器。

常用的数字显示器有多种类型。按显示方式分，有字型重叠式、点阵式、分段式等。按发光物质分，有半导体显示器，又称发光二极管（LED）显示器、荧光显示器、液晶显示器、场效发光数字板、气体放电管显示器、等离子体显示板等。目前应用最广泛的是由发光二极管构成的七段数字显示器。

（1）七段数字显示器。七段数字显示器（七段显示数码管）就是将7个发光二极管（加小数点为8个）按一定的方式排列起来，七段a、b、c、d、e、f、g、dp（小数点）各对应一个发光二极管，利用不同发光段的组合，显示不同的阿拉伯数字。

按内部连接方式不同，七段数字显示器有共阴极和共阳极两种。图4.46给出了七段数字显示器的外形图以及共阴极和共阳极的内部结构图。

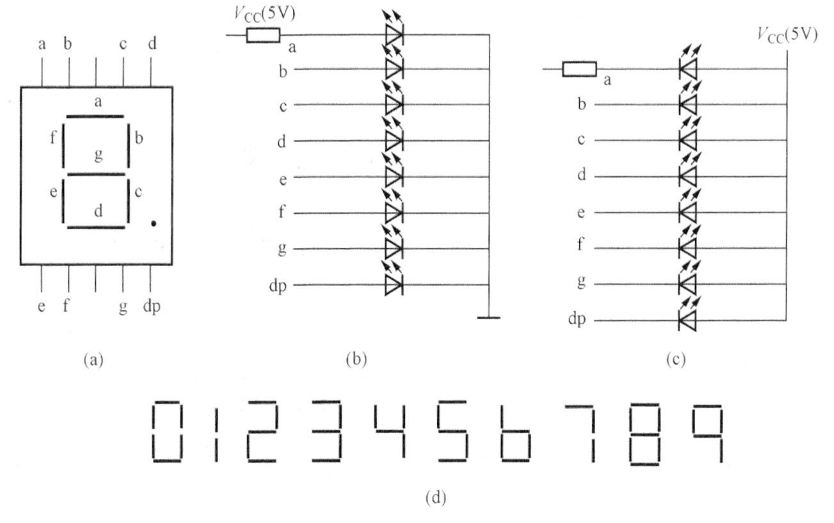

图4.46 七段数字显示器

（a）外形图；（b）共阴极；（c）共阳极；（d）七段数字显示器的发光组合

半导体显示器的优点是工作电压较低（1.5～3V）、体积小、寿命长、亮度高、响应速度快、工作可靠性高。缺点是工作电流大，每个字段的工作电流约为10mA。

（2）集成七段译码器。七段显示数码管的信号a～g来自4线—7线译码器。常用的中规模显示译码器有74LS46～74LS49。它们的使用特性基本相同。下面以74LS48为例进行介绍。七段显示译码器74LS48是一种与共阴极数字显示器配合使用的集成译码器，它的功能是将输入的4位二进制代码转换成显示器所需要的7个段信号。表4.17是它的逻辑功能表。A_3～A_0用来输入一组8421BCD码，a～g为译码输出端。例如当A_3～A_0=0110时，a和b输出为0，其他输出为1，对应c、d、e、f和g段点亮，显示数字6。另外，它还有3个控制端：试灯输入端$\overline{LT}$、灭零输入端$\overline{RBI}$、特殊控制端$\overline{BI}/\overline{BRO}$。

表 4.17　　74LS48 逻辑功能表

功能（输入）	输入						输入/输出	输出						
	$\overline{LT}$	$\overline{RBI}$	A_3	A_2	A_1	A_0	$\overline{BI}/\overline{BRO}$	a	b	c	d	e	f	g
0	1	1	0	0	0	0	1	1	1	1	1	1	1	0
1	1	×	0	0	0	1	1	0	1	1	0	0	0	0
2	1	×	0	0	1	0	1	1	1	0	1	1	0	1
3	1	×	0	0	1	1	1	1	1	1	1	0	0	1
4	1	×	0	1	0	0	1	0	1	1	0	0	1	1
5	1	×	0	1	0	1	1	1	0	1	1	0	1	1
6	1	×	0	1	1	0	1	0	0	1	1	1	1	1
7	1	×	0	1	1	1	1	1	1	1	0	0	0	0
8	1	×	1	0	0	0	1	1	1	1	1	1	1	1
9	1	×	1	0	0	1	1	1	1	1	0	0	1	1
灭灯	×	×	×	×	×	×	0	0	0	0	0	0	0	0
灭零	1	0	0	0	0	0	0	0	0	0	0	0	0	0
试灯	0	×	×	×	×	×	1	1	1	1	1	1	1	1

由功能表看出，为了增强器件的功能，74LS48 中还设置了一些辅助端。这些辅助端的功能如下。

熄灯信号输入端$\overline{BI}$。当$\overline{BI}=0$时，无论其他输入端状态如何，输出 a～g 全为 0，七段都处于熄灯状态，不显示数字。

试灯信号输入端$\overline{LT}$。当$\overline{BI}=1$，$\overline{LT}=0$时，无论 A_3～A_0 状态如何，输出 a～g 全为 1，使七段显示管全部点亮。利用$\overline{LT}$可以检查七段显示器是否能正常显示。

灭“0”信号输入端$\overline{RBI}$。当$\overline{LT}=1$，$\overline{RBI}=0$时，且有输入 A_3～A_0 为 0000 时，输出 a～g 全为 0，七段都熄灭，不显示数字 0。只有当$\overline{RBI}=1$时，才能产生 0 的七段译码，因此$\overline{RBI}$称为灭 0 输入端。

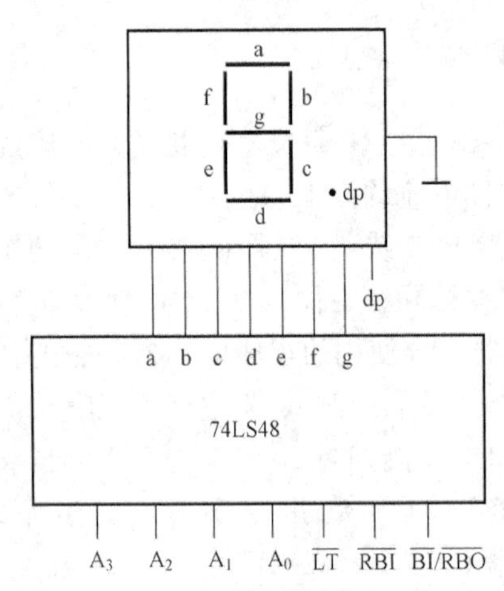

图 4.47　七段显示译码器系统框图

$\overline{RBO}$为灭 0 输出端。当$\overline{LT}=1$，$\overline{RBI}=0$且输入A_3～A_0 为 0000 时，本显示器熄灭，同时输出$\overline{RBO}=0$。在多级译码显示系统中，这个 0 送到另一片译码器的$\overline{RBI}$端，就可以使对应这两片译码器的数码管的 0 都不显示。在 74LS48 中，熄灯信号$\overline{BI}$和灭 0 输出信号$\overline{RBO}$共用一条引出线，称为$\overline{BI}/\overline{BRO}$。

正常译码显示。$\overline{LT}=1$，$\overline{BI}/\overline{BRO}=1$时，对输入为十进制数 0～9 的二进制码（0000～1001）进行译码，产生对应的七段显示码。如果输入 A_3～A_0 出现非法组合 1010～1111 时，则显示管会出现一些特殊符号，借助于它们可以判定输入 8421BCD 码是否发生错误。

图 4.47 是译码显示系统框图。它由 74LS48 和共阴极数码管 BS201A 构成。

4. 译码器的应用

（1）译码器扩展使用。译码器的应用非常广泛。在计算机系统中，各种外部设备和接口电路如存储器、A/D和D/A转换器、并行输入/输出接口、键盘等都是通过地址总线、数据总线和控制总线与CPU进行数据交换。当CPU向某一设备或接口传递数据时，可以通过译码器选择该设备或接口。例如，利用3线—8线译码器74LS138实现对8个外部设备或接口的选通。

当译码器的容量不能满足实际工作需要时，可利用其使能控制端，方便地将若干个芯片级联成更多位的译码器。图4.48是用两片74LS138级联构成的4线—16线译码器。A_3～A_0为译码器输入端，$\overline{Y_0}$～$\overline{Y_{15}}$为译码器输出端。当$A_3=0$时，第二片74LS138不工作，第一片74LS138工作，实现3线—8线译码器的功能；当$A_3=1$时，第二片74LS138处于工作状态，实现4线—16线译码器的功能。

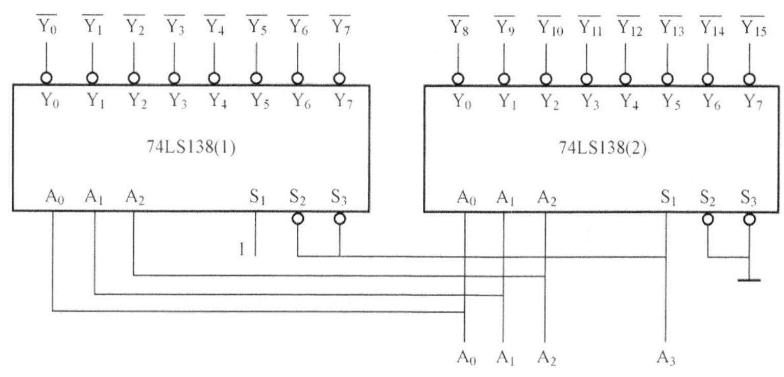

图4.48　74LS138级联构成的4线—16线译码器

（2）利用译码器实现组合逻辑电路。由以上对二进制译码器的分析可知，输出高电平有效的二进制译码器是一个最小项发生器，即其输出为输入变量的全部最小项，而且每一个输出函数为一个最小项，$Y_i=m_i$。

因为任何一个逻辑函数都可变换为最小项之和的标准式，因此，利用二进制译码器再辅以门电路，可用于实现组合逻辑函数。

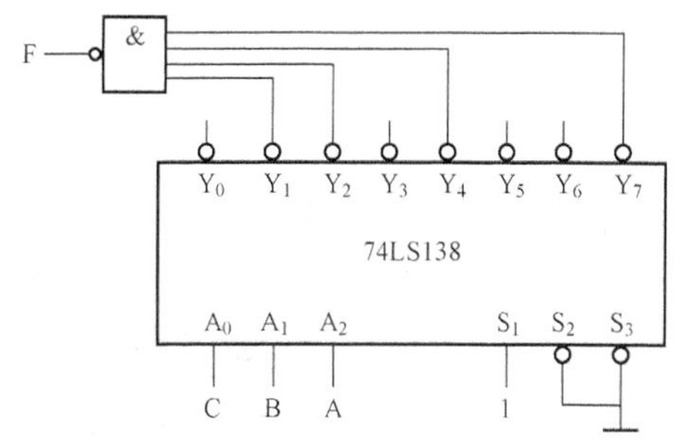

图4.49　［例4.22］电路图

【例4.22】　试用74LS138译码器实现逻辑函数：$F(A,B,C)=\sum m(1,2,4,7)$。

解　$F(A,B,C)=\sum m(1,2,4,7)=Y_1+Y_2+Y_4+Y_7=\overline{\overline{Y_1}\,\overline{Y_2}\,\overline{Y_4}\,\overline{Y_7}}$

实现电路图如图4.49所示。

4.8　数据选择器与数据分配器

4.8.1　数据选择器

数据选择器是一种多输入、单输出的组合逻辑电路，即从多路输入信号中选择其中一路进行输出。如果一个数据选择器有 2^n 个输入端，则要有 n 个输入选择控制端。它可以实现时分多路传输电路中发送端电子开关的功能，故又称为复用器（Multiplexer），简称 MUX。下面介绍几种常用的数据选择器。

表 4.18　4 选 1 数据选择器真值表

A_1	A_0	Y
0	0	D_0
0	1	D_1
1	0	D_2
1	1	D_3

1. 数据选择器

4 选 1 数据选择器的真值表见表 4.18。其中 D_0、D_1、D_2、D_3 是四路输入数据，A_1、A_0 为地址选择输入，Y 为数据选择器的输出。由地址码决定从 4 路输入中选择哪一路输出。根据真值表可得到输出函数表达式为

$$Y = \overline{A_1}\,\overline{A_0}D_0 + \overline{A_1}A_0D_1 + A_1\overline{A_0}D_2 + A_1A_0D_3$$

4 选 1 数据选择器的示意图和逻辑电路图如图 4.50 所示。

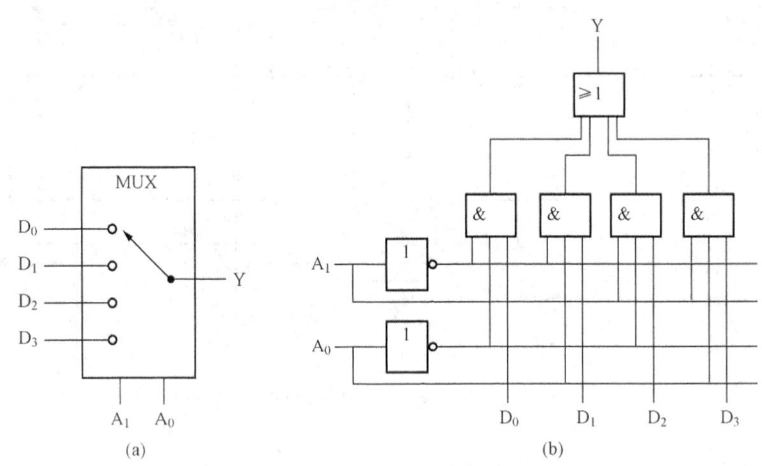

图 4.50　4 选 1 数据选择器
(a) 示意图；(b) 逻辑电路图

2. 集成数据选择器

下面以 74LS151 8 选 1 数据选择器为例，介绍集成数据选择器。

74LS151 8 选 1 数据选择器的图形符号如图 4.51 所示，表 4.19 是它的功能表。

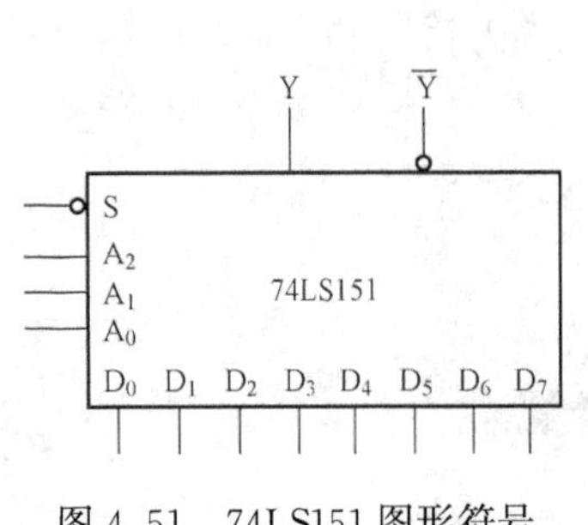

图 4.51　74LS151 图形符号

表 4.19　74LS151 功能表

输入					输出	
D	A_2	A_1	A_0	$\overline{S}$	Y	$\overline{Y}$
×	×	×	×	1	0	1
D_0	0	0	0	0	D_0	$\overline{D_0}$
D_1	0	0	1	0	D_1	$\overline{D_1}$
D_2	0	1	0	0	D_2	$\overline{D_2}$
D_3	0	1	1	0	D_3	$\overline{D_3}$
D_4	1	0	0	0	D_4	$\overline{D_4}$
D_5	1	0	1	0	D_5	$\overline{D_5}$
D_6	1	1	0	0	D_6	$\overline{D_6}$
D_7	1	1	1	0	D_7	$\overline{D_7}$

$\overline{S}=1$ 时，选择器被禁止，Y 总是等于 0，与地址码无关；$\overline{S}=0$ 时，选择器工作。

$$Y=\overline{A_2}\,\overline{A_1}\,\overline{A_0}D_0+\overline{A_2}\,\overline{A_1}A_0D_1+\overline{A_2}A_1\overline{A_0}D_2+\overline{A_2}A_1A_0D_3$$
$$+A_2\overline{A_1}\,\overline{A_0}D_4+A_2\overline{A_1}A_0D_5+A_2A_1\overline{A_0}D_6+A_2A_1A_0D_7=\sum_{i=0}^{7}m_iD_i$$
$$\overline{Y}=\overline{A_2}\,\overline{A_1}\,\overline{A_0}\,\overline{D_0}+\overline{A_2}\,\overline{A_1}A_0\overline{D_1}+\cdots+A_2A_1A_0\overline{D_7}=\sum_{i=0}^{7}m_i\overline{D_i}$$

由数据选择器的输出表达式可以看出，当地址选择输入使某一个最小项 m_i 为 1 时，数据选择器的输出端 Y 变为对应的数据 D_i，即实现了数据选择的功能。

常用的数据选择器还有双 4 选 1 数据选择器 74LS153、16 选 1 数据选择器 74LS150 等。

3. 数据选择器的应用

数据选择器的基本功能就是从多路数据中选择一路输出。故数据选择器可用做多路数据开关，实现多路数据通信和路由选择。利用数据选择器的选通控制端还可以很方便地实现数据选择器的扩展，例如利用两片 74LS151 可以扩展为 16 选 1 数据选择器。下面主要介绍利用数据选择器实现组合逻辑函数。

假设数据选择器有 n 个地址选择端，其输出表达式为 $Y=\sum_{i=0}^{2^n-1}(m_i\cdot D_i)$。可知数据选择器的输出具有标准与或表达式的形式，提供了地址变量的全部最小项，而一般情况下，D_i 可以当成一个变量处理。

因为任何组合逻辑函数总可以用最小项之和的标准形式构成。所以，利用数据选择器的输入 D_i 来选择地址变量组成的最小项 m_i，可以实现任何所需的组合逻辑函数。n 个地址变量的数据选择器，不需要增加门电路，最多可实现 $n+1$ 个变量的逻辑函数。

【例 4.23】 利用 4 选 1 数据选择器实现逻辑函数。

$$F(A,B,C,D)=\overline{A}\,\overline{B}C+\overline{A}\,\overline{B}D+\overline{A}B\overline{C}+ABD+A\overline{B}$$

解 对此式作变换，可得

$$F(A,B,C,D)=\overline{A}\,\overline{B}\cdot(C+D)+\overline{A}B\overline{C}+A\overline{B}\cdot 1+ABD$$

令 $A=A_1$，$B=A_0$，对比 4 选 1 输出逻辑表达式，可得

$$D_0=C+D,\quad D_1=\overline{C},\quad D_2=1,\quad D_3=D$$

其实现的电路如图 4.52 所示。

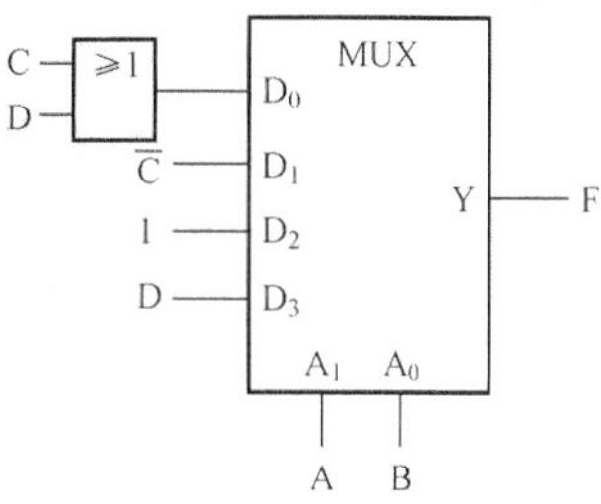

图 4.52 ［例 4.23］电路图

【例 4.24】 利用 74LS151 实现逻辑函数 $F(A,B,C)=\overline{A}\,\overline{C}+AB+AC$。

解 用数据选择器实现组合逻辑函数可以利用真值表法。表 4.20 为该表达式的真值表。可以将真值表中的输入变量作为数据选择器的地址端输入，将真值表的输出数据作为数据选择器的数据输入，可得到用 74LS151 实现的该逻辑函数的电路图如图 4.53 所示。

4.8.2 数据分配器

数据分配器和数据选择器实现的功能相反，数据分配器将一组输入数据根据地址选择码分配给多路数据输出中的某一路输出。它实现的是时分多路传输系统中接收端电子开关的功

能，故又称为解复器（Demultiplexer），用DMUX表示。下面介绍4路数据分配器。

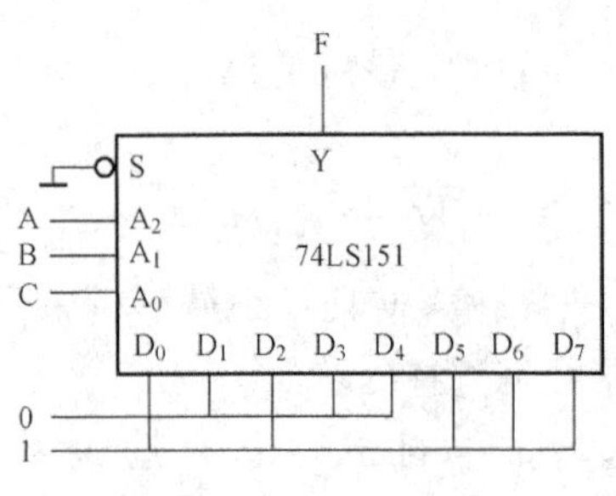

图4.53 ［例4.24］的电路图

表4.20　［例4.24］的真值表

A	B	C	F
0	0	0	1
0	0	1	0
0	1	0	1
0	1	1	0
1	0	0	0
1	0	1	1
1	1	0	1
1	1	1	1

4路数据分配器的真值表见表4.21，电路图及示意图如图4.54所示。其中D是一路数据输入，Y_0～Y_3为4路数据输出，A_1、A_0为地址选择码输入端。其输出函数表达式为

$$Y_0=\overline{A_1}\,\overline{A_0}\cdot D\quad Y_1=\overline{A_1}A_0\cdot D\quad Y_2=A_1\overline{A_0}\cdot D\quad Y_3=A_1A_0\cdot D$$

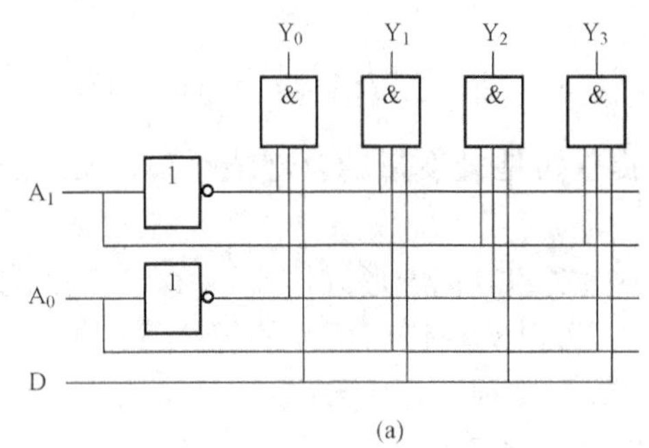

(a)

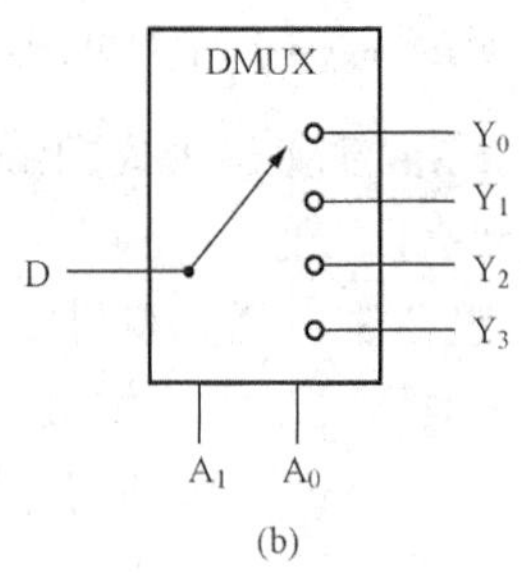

(b)

图4.54　4路数据分配器
(a) 电路图；(b) 示意图

表4.21　　4路分配器真值表

输　入			输　出			
D	A_1	A_0	Y_0	Y_1	Y_2	Y_3
	0	0	D	0	0	0
	0	1	0	D	0	0
	1	0	0	0	D	0
	1	1	0	0	0	D

在数字系统和计算机中，为了减少传输线，经常采用总线技术，即在同一条线上对多路数据进行接收或发送。用来实现这种逻辑功能的数字电路就是数据选择器和数据分配器。

4.9　奇偶校验器

在数字设备中，数据的传输是大量的，传输的数据都是由0和1构成的二进制数字组成。在数据传输或数字通信中，由于存在噪声和干扰，二进制信息的传输可能会出现差错

(0 变为 1，或者 1 变为 0)。为了检验这种错误，常采用奇偶校验的方法。即在原二进制信息码组后添加一位检验位（监督码元），使得添加校验位码元后整个码组中 1 码元的个数为奇数或偶数。若为奇数，称为奇校验；若为偶数，则称为偶校验。在数据发送端用来产生奇（或偶）校验位的电路称为奇（或偶）校验发生器；在接收端，对接收的代码进行检验的电路称为奇（或偶）校验器。奇偶发生器和校验器框图如图 4.55 所示。

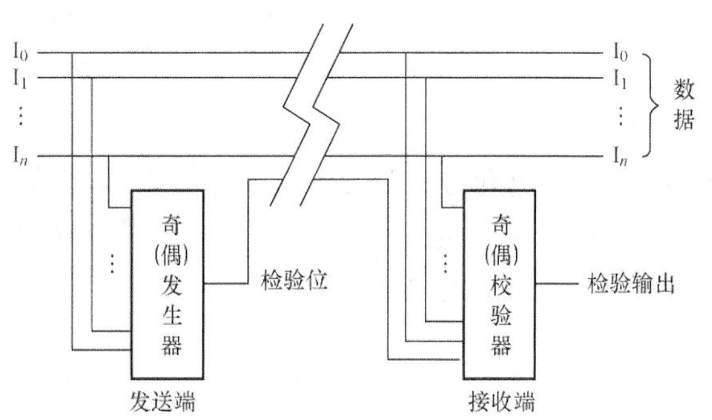

图 4.55 奇偶发生器和校验器框图

若原信息码为 4 位 8421BCD 码，则奇偶校验码的编码方式见表 4.22。表中 $I_3 \sim I_0$ 为 8421BCD 码的各个信息位，Z 为发生器产生的奇（偶）校验码，S 为校验和。

表 4.22　　8421BCD 码的奇偶校验位

信息位					校验码 Z/校验和 S	
十进制数	I_3	I_2	I_1	I_0	奇校验	偶校验
0	0	0	0	0	1/1	0/0
1	0	0	0	1	0/1	1/0
2	0	0	1	0	0/1	1/0
3	0	0	1	1	1/1	0/0
4	0	1	0	0	0/1	1/0
5	0	1	0	1	1/1	0/0
6	0	1	1	0	1/1	0/0
7	0	1	1	1	0/1	1/0
8	1	0	0	0	0/1	1/0
9	1	0	0	1	1/1	0/0

由真值表可得奇偶校验器校验位的输出函数表达式，对奇校验，有

$$Z = I_3 \oplus I_2 \oplus I_1 \oplus I_0 \oplus 1, \quad 且\ S = I_3 \oplus I_2 \oplus I_1 \oplus I_0 \oplus Z = 1$$

对偶校验有

$$Z = I_3 \oplus I_2 \oplus I_1 \oplus I_0 \oplus 0, \quad S = I_3 \oplus I_2 \oplus I_1 \oplus I_0 \oplus Z = 0$$

常用的集成奇偶校验器是 9 位奇偶发生器/校验器 74LS280，其功能表见表 4.23。F_{OD}、F_{EV}分别对应奇校验位和偶校验位。容易推出

$$F_{OD} = I_8 \oplus I_7 \oplus I_6 \oplus I_5 \oplus I_4 \oplus I_3 \oplus I_2 \oplus I_1 \oplus I_0$$
$$F_{EV} = \overline{I_8 \oplus I_7 \oplus I_6 \oplus I_5 \oplus I_4 \oplus I_3 \oplus I_2 \oplus I_1 \oplus I_0}$$

表 4.23　74LS280 功能表

输　入	输　出	
$I_8 \sim I_0$ 中 1 的个数	F_{EV}	F_{OD}
奇数	0	1
偶数	1	0

74LS280 既可用做奇/偶发生器，也可用做奇/偶校验器。

图 4.56 是利用 74LS280 进行奇校验的 8 位数据传送电路。当 8 位信息码中 1 的总个数为偶数时，由于 I_8 为 1，故 F_{OD} 为 1，这便是奇校验位。当 8 位信息码中 1 的总个数为奇数时，F_{OD} 为 0。因此信息码和奇校验位中 1 的总个数为奇数，经传送后，若数据无差错，则接收端奇偶校验器的 F_{EV} 输出为 0；若为 1，则有奇数个数据出错，使接收端的 9 个数据中有偶数个 1，从而 F_{EV} 为 1，发出出错信号。

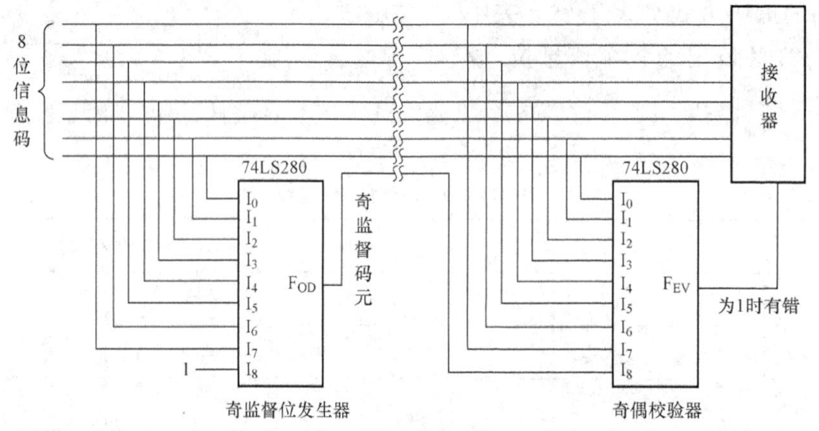

图 4.56　利用 72LS280 进行奇校验的电路图

说明，在上述奇偶校验系统中，如果在传输码中有偶数位同时产生误传，这样的系统就无法进行校验了。

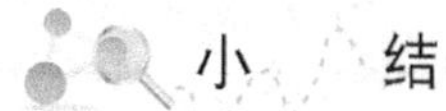

小　结

组合逻辑电路是由各种门组合而成的逻辑电路。该电路的输出只与当时的输入有关，而与电路原来所处的状态无关。

组合电路的逻辑功能可用逻辑图、真值表、逻辑表达式、卡诺图和波形图等 5 种方法来描述，它们在本质上是相通的，可以互相转换。组合电路的分析步骤：根据逻辑图→写出逻辑表达式→逻辑表达式化简→列出真值表→逻辑功能描述。组合电路的设计是分析的逆过程，就是根据逻辑功能要求，得到实现该功能的最优逻辑电路。

对常用中规模集成电路如加法器、译码器、比较器、数据选择器等部件在了解其工作原理、实现电路及图形符号的基础上，通过输入/输出信号、控制信号的连接，正确使用这些部件以实现系统所要求的功能或增加一些芯片和少量的门实现系统功能扩展的要求。

习题

4.1 分析图 4.57 所示的逻辑电路，写出逻辑表达式并进行化简。

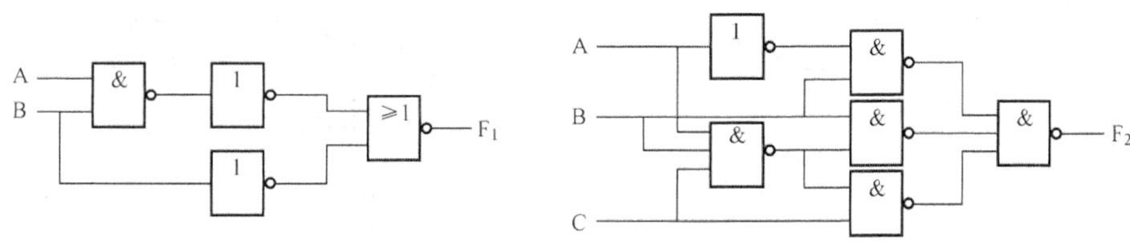

图 4.57 习题 4.1 图

4.2 写出图 4.58 所示电路 F 的逻辑表达式并进行化简。

4.3 分析在图 4.59 所示逻辑电路中，当 A、B、C 为何种组合时，输出 F_1 和 F_2 相等。

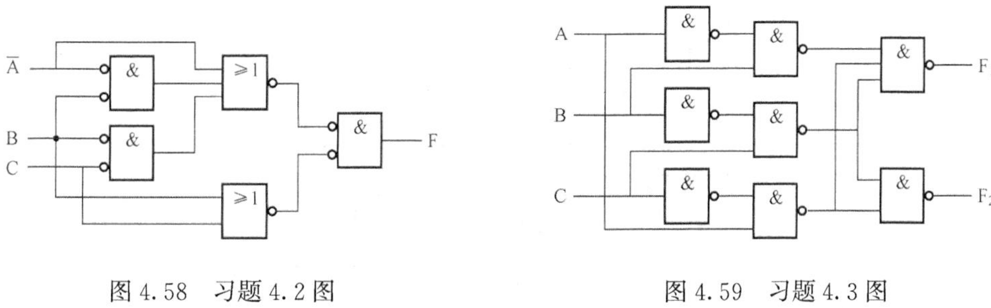

图 4.58 习题 4.2 图　　图 4.59 习题 4.3 图

4.4 图 4.60 所示为数据总线上的一种判零电路，写出 F 的逻辑表达式，说明该电路的逻辑功能。

4.5 分析图 4.61 的逻辑电路，列出真值表，说明其逻辑功能。

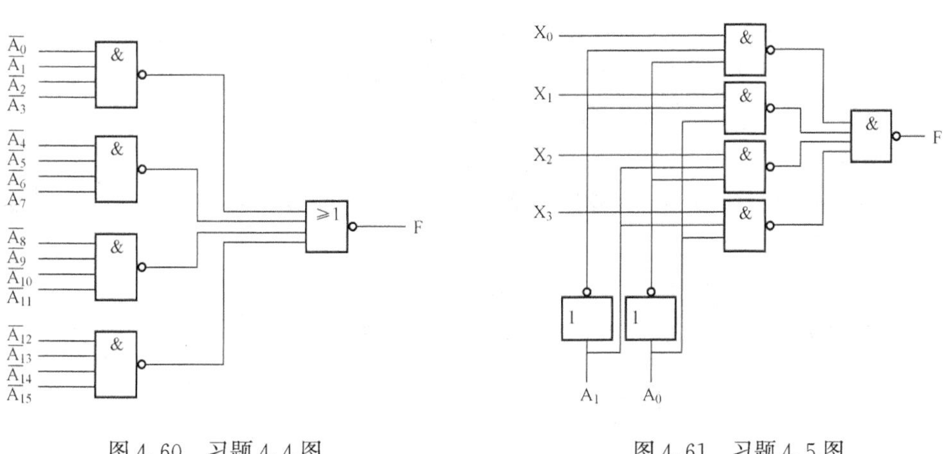

图 4.60 习题 4.4 图　　图 4.61 习题 4.5 图

4.6 图 4.62 为两种十进制数代码转换器，输入为余 3 码，分析输出是什么代码。

4.7 图 4.63 是一个受 M 控制的 4 位二进制码和格雷码的相互转换电路。M=1 时，完成何种转换？M=0 时，完成何种转换？请分析。

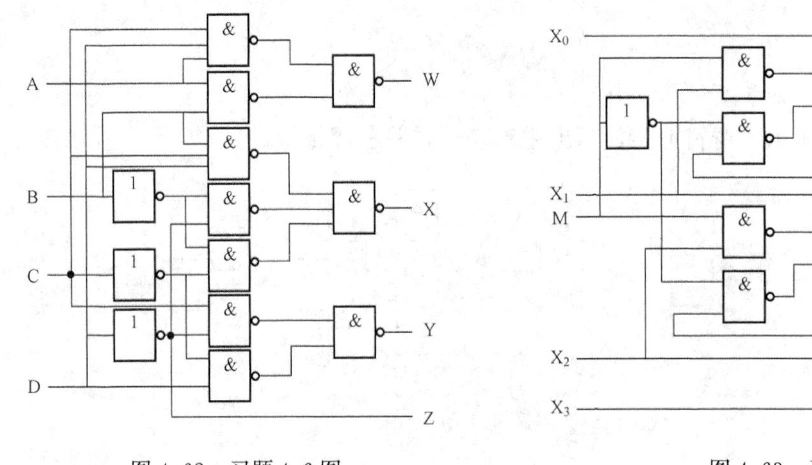

图 4.62　习题 4.6 图　　　　图 4.63　习题 4.7 图

4.8　已知输入信号 A、B、C、D 的波形如图 4.64 所示，选择适当的集成逻辑门电路，设计产生输出 F 波形的逻辑电路。

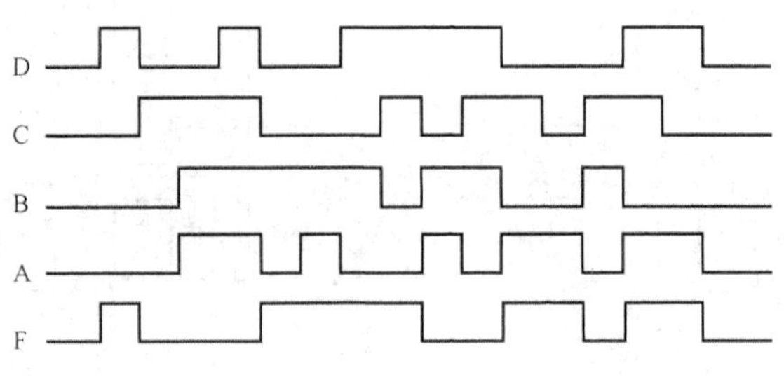

图 4.64　习题 4.8 图

4.9　化简以下函数，并用与非门组成的电路实现之。

(1) $F(A,B,C) = A\overline{B} + A\overline{C} + \overline{B}C$

(2) $F(A,B,C,D) = \sum m(0,1,2,4,6,10,14,15)$

4.10　化简以下函数，并用或非门组成的电路实现之。

(1) $F(A,B,C) = \sum m(0,2,3,7)$

(2) $F(A,B,C,D) = \sum m(0,2,8,10,14,15)$

4.11　试用与非门设计一个电路，以实现下列多输出函数。

(1) $F_1(A,B,C,D) = \sum m(5,7,8,9,10,11,13)$

(2) $F_2(A,B,C,D) = \sum m(1,6,7,8,9,10,11)$

4.12　判断下列逻辑函数所描述的电路是否存在险象。如果存在，试增加冗余项消除险象。

(1) $F(A,B,C) = \overline{A}B + \overline{B}C + \overline{A}BC$

(2) $F(A,B,C) = (A + \overline{B})(\overline{A} + \overline{C})$

4.13　有三台炼钢炉，它们的工作信号为 A、B、C。必须有两台，也只允许有两台炉炼钢同时工作，且 B 与 C 不能同时炼钢，否则发出中断信号。试用与非门组成反映上述要求的逻辑电路。

4.14 用与非门分别设计如下逻辑电路：

(1) 三变量的多数表决电路（三个变量中有多数个1时，输出为1）

(2) 三变量的判奇电路（三个变量中有奇数个1时，输出为1）

(3) 四变量的判偶电路（四个变量中有偶数个1时，输出为1）

4.15 试用与非门设计一个将8421BCD码转换为余3码的电路。

4.16 试用两个74LS283 4位二进制加法器构造一个8位二进制加法器。

4.17 试用一个4位二进制加法器实现余3码转换为8421BCD码。

4.18 已知ABCD为4个二进制数码，且$X=8A+4B+2C+D$，分别给出下列问题的判别条件。

(1) $3\leqslant X\leqslant 8$

(2) $6\leqslant X\leqslant 14$

4.19 已知$X=X_3X_2X_1X_0$和$Y=Y_3Y_2Y_1Y_0$是两个二进制正整数，分别给出下列问题的判别条件。

(1) $X>Y$

(2) $X=Y$

4.20 用与或非门设计一个按键输入编码器，将0～9的按键输入编码为相应的8421BCD码。

4.21 设计一个电话机信号控制电路。电路有I_0（火警）、I_1（盗警）和I_2（日常业务）三种输入信号，通过排队电路分别从L_0、L_1、L_2输出，在同一时间只能有一个信号通过。如果同时有两个以上信号出现时，应首先接通火警信号，其次为盗警信号，最后是日常业务信号。试按照上述轻重缓急设计该信号控制电路。

4.22 用74LS138和与非门实现下列逻辑函数。

(1) $F(A,B,C)=AB\overline{C}+\overline{A}C$

(2) $F(A,B,C)=\sum m(0,2,4,6,7)$

4.23 分别用4选1和8选1数据选择器实现下列逻辑函数。

(1) $F(A,B,C)=\sum m(2,3,5,7)$

(2) $F(A,B,C,D)=\sum(0,3,5,8,11,14)$

第5章 触 发 器

在数字系统中，为了存储数字信息，实现更复杂的逻辑功能，常常需要具有记忆功能的单元电路。这类电路在某一时刻的输出不仅取决于当时的输入信号，而且和电路以前的状态有关。触发器（Flip-Flop）就是具有这种记忆功能的基本单元电路。触发器的种类较多，本章主要介绍SR触发器、D触发器和JK触发器的电路结构、逻辑功能及其工作特性。

5.1 概 述

在数字电路中，基本的工作信号只有0和1，触发器是存放这些信号的单元电路。

1. 触发器的功能

(1) 具有两个稳定的状态——0状态和1状态，以正确表征其存储的内容。

(2) 可以根据输入信号的变化改变输出状态。

(3) 具有接收、保持和输出信号的能力。

改变触发器状态的输入信号称为激励信号或触发信号（Trigger），可以是脉冲的边沿，也可以是某个电平信号。

2. 触发器的分类

(1) 按照电路结构和工作特点的不同，可分为基本触发器、电平（或电位）触发器、主从触发器和边沿触发器。

基本触发器：在这种电路中，输入信号是直接加到输入端的。它是触发器的基本电路结构形式，是构成其他类型触发器的基础。

电平触发器：在这种电路中，输入信号是经过控制门输入的，而管理控制门的则是时钟脉冲CP（Clock Pulse）信号，只有在CP信号的有效电平到来时，输入信号才能进入触发器从而影响输出。

主从触发器：这种触发器由主触发器和从触发器两部分组成，输入信号先进入主触发器，之后由主触发器的输出触发从触发器输出。整个过程分两步进行，具有主从控制的特点。

边沿触发器：在这种触发器中，只有在时钟脉冲有效边沿（上升沿或下降沿）时刻，输入信号才会被接收并影响输出。

(2) 按照逻辑功能的不同，触发器可分成SR触发器、D触发器、JK触发器和T触发器等。当激励信号有效时，各触发器的功能如下：

1) SR触发器具有保持、置0和置1的功能。

2) D触发器具有置0和置1的功能。

3) JK触发器具有保持、置0、置1和翻转的功能。

4) T触发器具有保持和翻转的功能。

下面对各类触发器进行详细介绍。

5.2　基本SR触发器

基本SR触发器也是最简单的触发器。将两个多输入与非门或者多输入或非门的输出交叉反馈到输入，就构成了基本SR触发器。

5.2.1　用与非门构成的基本SR触发器

1. 电路组成及图形符号

（1）电路组成。图5.1（a）所示是用两个与非门交叉耦合构成的基本SR触发器。触发器的两个输入分别是$\overline{S}$和$\overline{R}$，字母上边的“－”号表示低电平有效。$\overline{S}$称为置1或置位（Set）输入端，$\overline{R}$称为置0或复位（Reset）输入端。触发器的输出Q称为原码输出端，$\overline{Q}$为反码输出端。通常用Q端状态来表示触发器的状态。

（2）图形符号。图5.1（b）所示是基本SR触发器的图形符号，输入端处的小圆圈表示低电平为有效电平，两个输出端上有小圆圈的为$\overline{Q}$端，无小圆圈的为Q端，在正常工作情况下，两者是互补的。

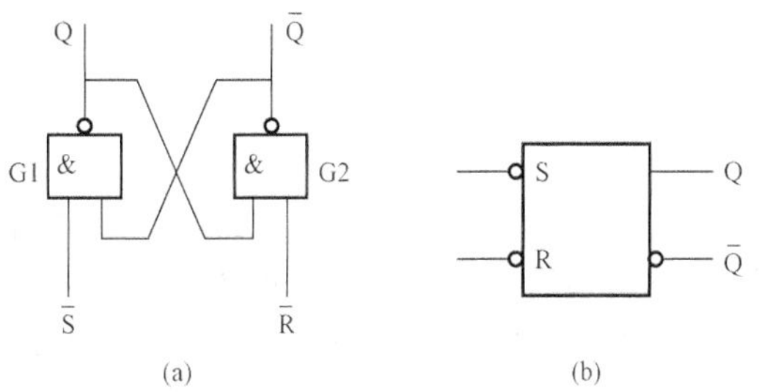

图5.1　由与非门构成的基本SR触发器
（a）逻辑电路图；（b）图形符号

2. 工作原理

（1）置1功能。当$\overline{S}$=0、$\overline{R}$=1时，触发器置1，如图5.1（a）所示。由于$\overline{S}$=0，必将使门G1输出Q=1，而门G2的两个输入都为1，所以$\overline{Q}$=0，触发器输出为1状态。

（2）置0功能。当$\overline{S}$=1、$\overline{R}$=0时，触发器置0。分析方法同上。Q=0，触发器输出为0状态。

（3）保持功能。当$\overline{S}$=1、$\overline{R}$=1时，触发器保持原状态。如原状态Q=0，由于门G1的两个输入都为1，则触发器保持原状态Q=0；如原状态Q=1，由于门G2的两个输入都为1，$\overline{Q}$=0，则触发器保持Q=1的原状态。

（4）禁用态。$\overline{S}$=0、$\overline{R}$=0，禁用的输入状态。在该输入作用期间，Q和$\overline{Q}$端均为1。但是当输入信号被同时撤销时，触发器的状态是不确定的，因为门G1和门G2延迟时间的差异无法预先确定，这时的输出用不定态表示。

3. 触发器逻辑功能的表示方法

描述触发器的逻辑功能通常有五种方法：功能表、卡诺图、特征方程、状态图和波形图。

（1）功能表。功能表描述触发器的功能，具体直观地表达了次态与现态以及输入信号间的逻辑关系。根据基本SR触发器的工作原理，得出其功能表见表5.1。其中，Q^n表示触发器的现态，Q^{n+1}表示触发器的次态。

由表5.1可以看出，当$\overline{S}$=$\overline{R}$=0时，触发器输出不定态，用“ϕ”表示。此时的输入属于不被使用的组合；而$\overline{S}$和$\overline{R}$的其他组合分别使触发器处于置1、置0和保持功能。

（2）卡诺图与特征方程。卡诺图能直观地表达构成次态的各个最小项在逻辑上的相邻性，利用卡诺图可以直接得到次态对于输入和现态的最简与或表达式。基本SR触发器的卡诺图如图5.2所示。

表 5.1 基本 SR 触发器功能表

$\overline{S}$	$\overline{R}$	Q^{n+1}	功能说明
0	0	ϕ	不定态
0	1	1	置 1
1	0	0	置 0
1	1	Q^n	保持

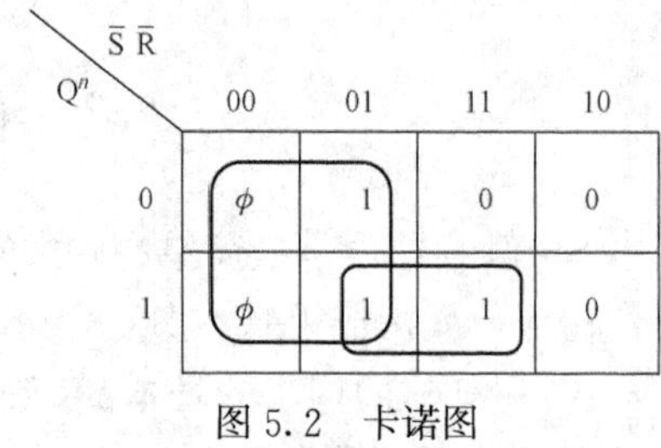

图 5.2 卡诺图

该卡诺图表示的是逻辑函数 $Q^{n+1}=f(\overline{S},\ \overline{R},\ Q^n)$。其中，$\overline{S}=\overline{R}=0$ 在正常情况下属于不会出现的输入组合，故可看成无关项。由前面的知识可以得到次态方程：

$$Q^{n+1}=S+\overline{R}Q^n \quad (\overline{S}+\overline{R}\neq 0) \tag{5.1}$$

式（5.1）描述了触发器的次态与其现态和输入信号之间的逻辑关系，被称为触发器的特征方程或状态方程。

需要注意的是基本 SR 触发器的输入具有一定的限制条件：$\overline{S}$端和$\overline{R}$端不能同时为 0，即 $\overline{R}+\overline{S}\neq 0$ 或 SR=0。在遵守约束条件的前提下，可根据输入信号$\overline{S}$、$\overline{R}$的取值和现态 Q^n，利用特征方程计算出次态输出 Q^{n+1}。

（3）状态图。状态图具有形象、直观的特点，它是把触发器的状态转换关系及转换条件用几何图形表示出来。基本 SR 触发器的状态图如图 5.3 所示，图中填有 0 和 1 的两个圆圈代表触发器的两个状态，箭头代表状态转换方向，箭头线旁边标注的是转换条件。

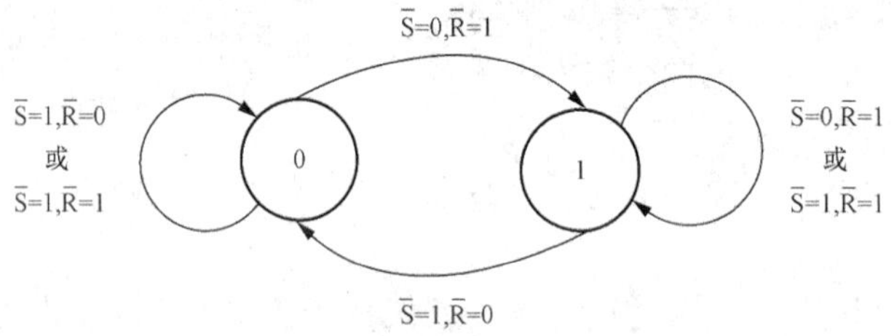

图 5.3 状态图

（4）工作波形图。工作波形图能具体反映触发器在置 1 和置 0 过程中各信号变化间的时序关系。图 5.4 就是基本 SR 触发器翻转过程波形图。

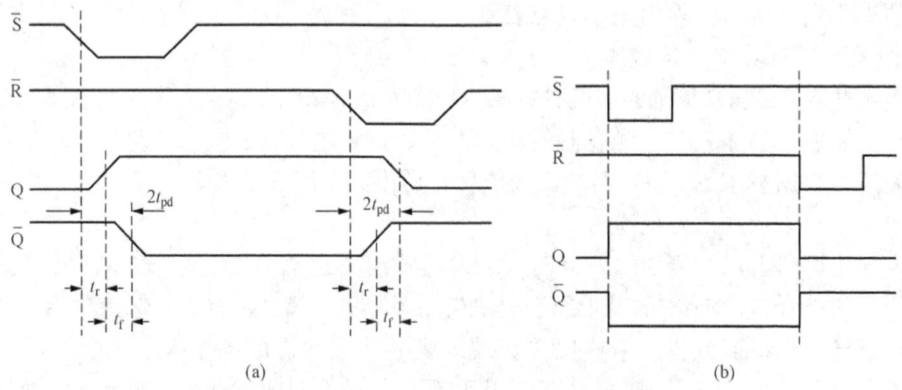

图 5.4 基本 SR 触发器的工作波形图

图 5.4（a）中，触发器的初始状态为 0 状态，t_r 是输出端由低电平变为高电平时的平均传输延迟时间，t_f 是输出端由高电平变为低电平时的平均传输延迟时间，一般用 t_{pd} 来代表一级门的平均延迟时间。波形图告诉我们，触发器完成一次状态转换大约需要两级与非门的传输延迟时间 $2t_{pd}$。而且在置 1 时，Q 端状态的改变领先于 $\overline{Q}$ 端；在置 0 时，$\overline{Q}$ 端状态的改变领先于 Q 端。

图 5.4（b）是简化后的工作波形图。由于在实际工作中，输入脉冲的宽度很宽，周期很长，上升、下降时间很短，而触发器的翻转过程又进行得非常快，所以在画波形图时常采用简化形式，即各种延迟均不表示出来。今后在本书中除特殊说明之外，凡画波形图都采用简化形式，至于各个信号变化在时间上的先后关系，则需从电路的具体特性去判断。

4. 应用电路

基本 SR 触发器电路简单，是构成各种性能完善的集成触发器的基础电路，而且单独应用也很广泛。只要注意它的工作限制（置位、复位端不能同时为有效电平），它可以用于多种场合。下面以无震颤开关电路为例。

机械开关的共同特性是当开关从一个位置扳到另一个位置时，在静止到新的位置之前，它的机械触头将要震颤几次。为了避免震颤影响，可以采用基本 SR 触发器和机械开关组成图 5.5（a）所示的无震颤开关电路。当开关 SB 的刀扳向 $\overline{S}$ 端时，$\overline{S}$=0，$\overline{R}$=1，触发器置 1。$\overline{S}$ 端由于开关 SB 的震颤而断续接地几次时，也没有影响，触发器置 1 后将保持 1 状态不变。因为 SB 震颤只是使 $\overline{S}$ 端离开地，而不至于使 $\overline{R}$ 端接地，触发器可靠置 1。

当开关 SB 从 $\overline{S}$ 端扳向 $\overline{R}$ 端时，有同样的效果，触发器可靠置 0。Q 端或 $\overline{Q}$ 端反映开关的动作，输出电平是稳定的，图 5.5（b）所示为无震颤开关电路工作时的波形图（忽略开关转换延迟时间）。该电路又可作为手动单脉冲发生器，如可应用在逻辑实验仪中。

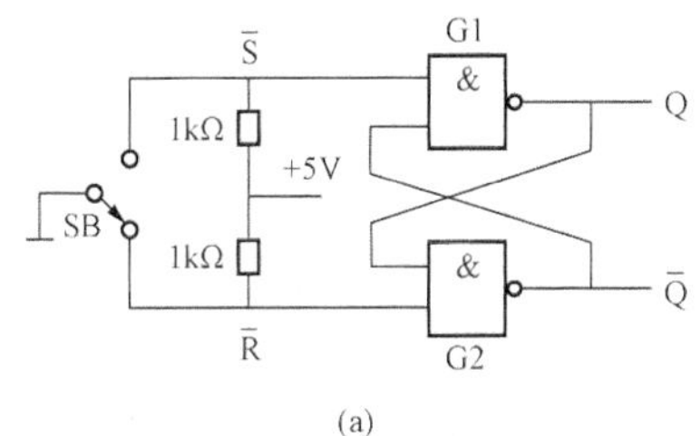

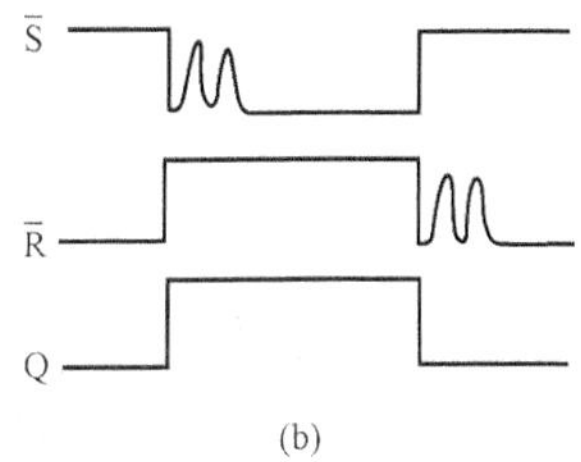

图 5.5 无震颤开关电路及波形图

5.2.2 用或非门构成的基本 SR 触发器

除了与非门之外，也可以使用或非门构成 SR 触发器。图 5.6 为两个或非门构成的基本 SR 触发器电路，表 5.2 为其功能表。不同之处在于 S、R 为高电平有效，当 S、R 同为高电平时触发器的 Q 和 $\overline{Q}$ 同时为 0，处于不定态。从电路及功能表可知，S=1、R=0 使触发器置 1（Q=1）；S=0、R=1 使触发器置 0（Q=0）。当 S、R 同时为 0 时，触发器处于保持状态。

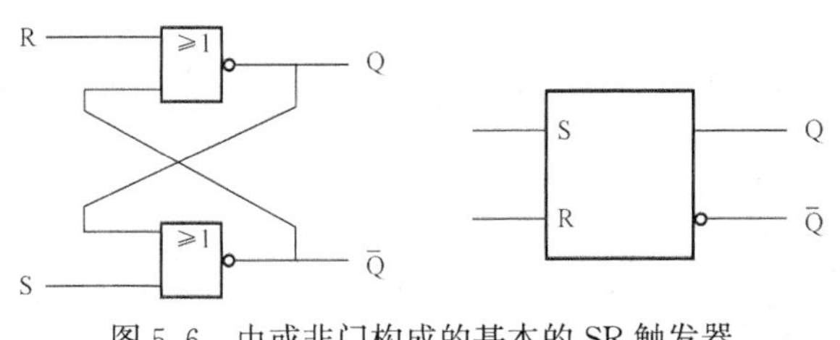

图 5.6 由或非门构成的基本的 SR 触发器

表 5.2 基本 SR 触发器功能表

S	R	Q^{n+1}	功能说明
0	0	Q^n	保持
0	1	0	置 0
1	0	1	置 1
1	1	ϕ	不定态

5.3 钟控触发器

由于基本 SR 触发器的输入信号是直接加在输出门的输入端的，在其存在期间直接控制着 Q、$\overline{Q}$端的状态，因此被称为直接置位、复位触发器，这不仅会使电路的抗干扰能力下降，而且也不便于多个触发器同步工作，于是出现了钟控触发器，又称同步触发器或电平触发器。这种触发器，只有在时钟脉冲的有效电平期间，其输出状态才随输入信号变动。本节主要介绍钟控 SR 触发器和钟控 D 触发器。

5.3.1 钟控 SR 触发器

1. 电路组成及图形符号

图 5.7（a）是由四个与非门构成的钟控 SR 触发器的电路图，图 5.7（b）为其图形符号。与非门 G1、G2 构成基本 SR 触发器，与非门 G3、G4 是控制门，输入信号 S、R 通过控制门进行传送，CP 为时钟脉冲，是输入控制信号。

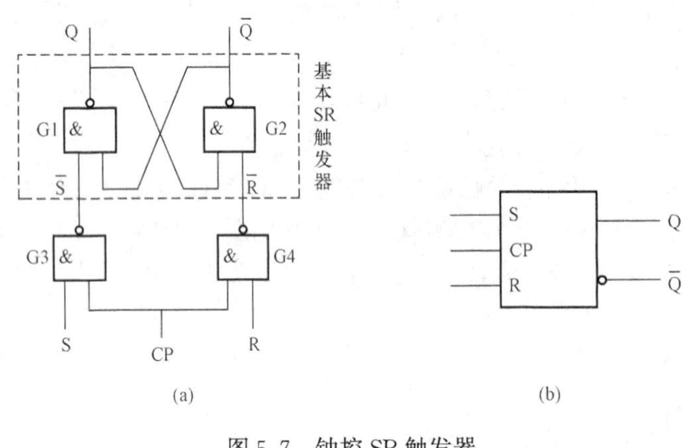

图 5.7 钟控 SR 触发器

（a）逻辑电路；（b）图形符号

2. 工作原理

（1）当 CP=0 时，电路具有保持功能。

从图 5.7（a）可以看出：当 CP=0 时，不论 S、R 端输入何种信号，与非门 G3、G4 均被封锁输出为 1，即基本 SR 触发器的输入端为$\overline{S}=\overline{R}=1$，触发器维持原状态不变。

（2）当 CP=1 期间，触发器状态取决于输入信号。

当 CP=1 期间，与非门 G3、G4 被打开，钟控 SR 触发器可以接收 S、R 端的输入信号，其工作过程同或非门构成的基本 SR 触发器。

当 CP=1，S=1、R=0 时，G3 门输出为 0，G4 门输出为 1，基本 SR 触发器的输入端$\overline{S}=0$、$\overline{R}=1$ 使基本 SR 触发器置 1；同理，当 CP=1，S=0、R=1 时触发器置 0。

当 CP=1，S=R=0 时，与非门 G3、G4 均被封锁输出为 1，即基本 SR 触发器的输入端$\overline{S}=\overline{R}=1$ 触发器维持原状态不变，电路具有保持功能。

在 CP=1 期间，不允许 S=R=1。

由上述分析可知，钟控 SR 触发器与基本 SR 触发器不仅具有同样的功能：保持、置 0 和置 1，而且具有同样的输入约束条件：SR=0。

此外，在正常的工作条件下，在 S 端加上逻辑 1 信号时，将触发器置成 1 状态，故称 S 端为置 1 端，高有效；同理，R 端为置 0 端，高有效。

3. 钟控 SR 触发器逻辑功能的表示方法

（1）功能表。根据上述工作原理的分析，可以得出钟控 SR 触发器的功能表见表 5.3。图中“×”代表任意值，可为 0 也可为 1。

（2）卡诺图卡与特征方程。钟控 SR 触发器的卡诺图如图 5.8 所示。

表 5.3　　钟控 SR 触发器功能表

CP	S	R	Q^{n+1}	功能说明
0	×	×	Q^n	保持
1	0	0	Q^n	保持
1	0	1	0	置 0
1	1	0	1	置 1
1	1	1	ϕ	不定态

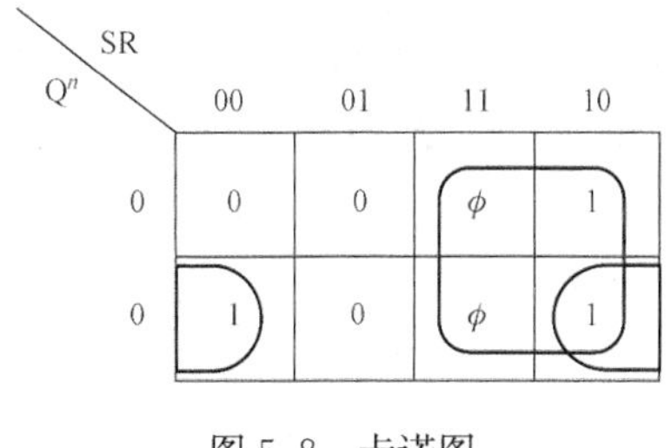

图 5.8　卡诺图

因为 S=R=1 在正常情况下属于不会出现的输入组合，所以利用卡诺图化简时可看成无关项。由此得钟控 SR 触发器的特征方程如下

$$\begin{cases} Q^{n+1} = S + \overline{R}Q^n \\ SR = 0 \end{cases} \quad CP = 1 \text{ 期间有效}$$

钟控 SR 触发器的输入同样具有一定的限制条件：SR=0。在遵守约束条件的前提下，可根据输入信号 S、R 的取值和现态 Q^n，利用特征方程计算出次态输出 Q^{n+1}。

（3）状态图。根据功能表，画出钟控 SR 触发器的状态图如图 5.9 所示。

（4）波形图。钟控 SR 触发器的波形图如图 5.10 所示，从中可进一步体会其突出特点：触发器的状态改变受控于时钟信号 CP，当 CP=1 时，按基本 SR 触发器的规律变化，不同的是输入信号高电平有效。

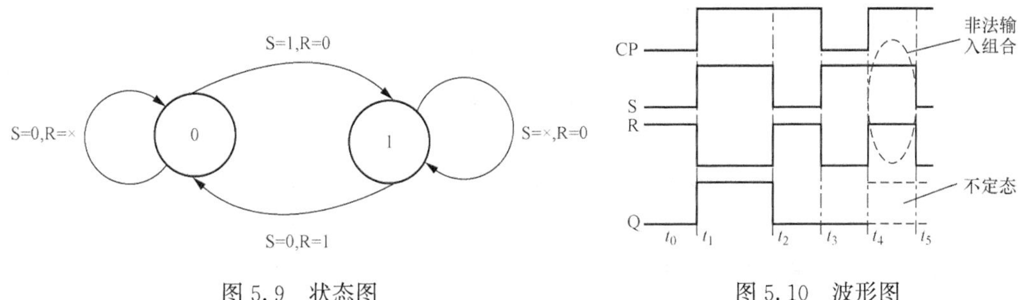

图 5.9　状态图　　　　图 5.10　波形图

分析图 5.10，设触发器初始态 Q=0。

（1）$t_0 \sim t_1$ 期间 CP=0，Q 保持 0 状态不变。

（2）$t_1 \sim t_3$ 期间 CP=1，Q 随着输入的变化而变化。在 $t_1 \sim t_2$ 期间，SR=10，触发器置 1，即 Q=1；$t_2 \sim t_3$ 期间，SR=01，触发器置 0，即 Q=0。

（3）$t_3 \sim t_4$ 期间，CP=0，不论 SR 端如何变化，触发器保持原态。在 t_3 时刻 CP 下降沿到来之前 Q=0，故在 $t_3 \sim t_4$ 期间触发器输出保持为 0 状态。

（4）$t_4 \sim t_5$ 期间 CP=1，出现非法组合 SR=11，触发器输出状态无法确定。

5.3.2　钟控 D 触发器

S、R 之间有约束限制了钟控 SR 触发器的使用，为了解决该问题便出现了电路的改进形式——钟控 D 触发器。

1. 电路组成及图形符号

图 5.11（a）是钟控 D 触发器的电路图。钟控 D 触发器是在钟控 SR 触发器的基础上，

将 S、R 两输入端通过反相器相连，将 S 端的信号取反后送给 R 端，使之成为一个 D 输入端，SR 触发器就变成了 D 触发器。

图 5.11（b）为其简化电路，输入端 R 的信号取自于与非门 G3 的输出，这样就可省去一个反相器。因为当 CP=1 期间，与非门 G3 的作用就相当于一个反相器。图 5.11（c）为其图形符号。

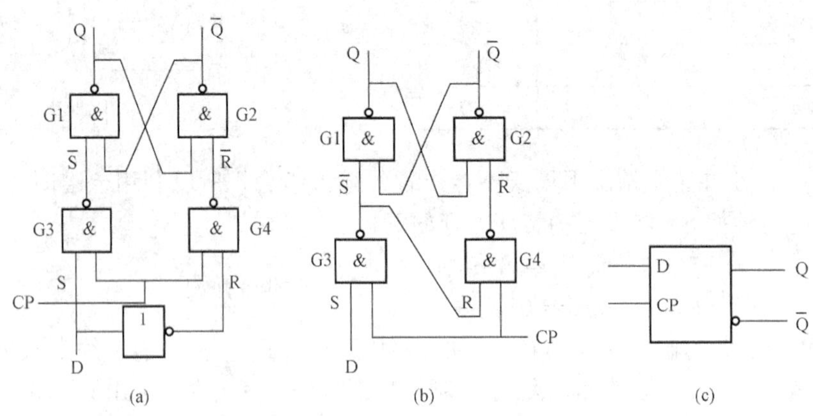

图 5.11　钟控 D 触发器

（a）逻辑电路；（b）简化电路；（c）图形符号

2. 工作原理

与钟控 SR 触发器类似，其工作原理读者自行分析，现以代入法求其特征方程。由图 5.11 可知，S=D，R=$\overline{D}$，将其代入钟控 SR 触发器的特征方程，可得

$$\begin{aligned} Q^{n+1} &= S + \overline{R}Q^n \\ &= D + \overline{\overline{D}}Q^n \qquad CP = 1\ \text{期间有效} \qquad (5.2) \\ &= D \end{aligned}$$

式（5.2）即是钟控 D 触发器的特征方程。显然，钟控 SR 触发器中输入约束问题不存在了。

根据钟控 D 触发器的特征方程列出其功能表见表 5.4。图 5.12、图 5.13 分别给出了钟控 D 触发器的状态图和波形图。

表 5.4　D 触发器功能表

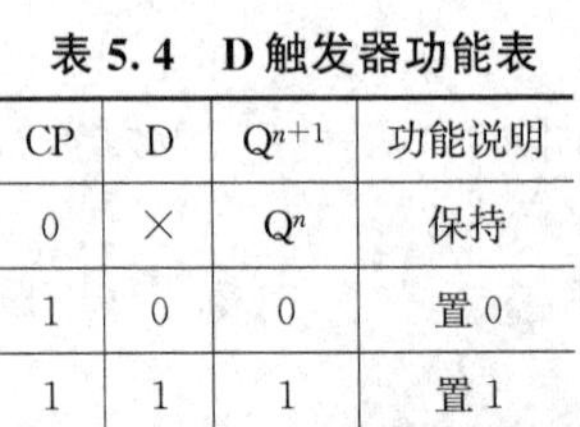

CP	D	Q^{n+1}	功能说明
0	×	Q^n	保持
1	0	0	置 0
1	1	1	置 1

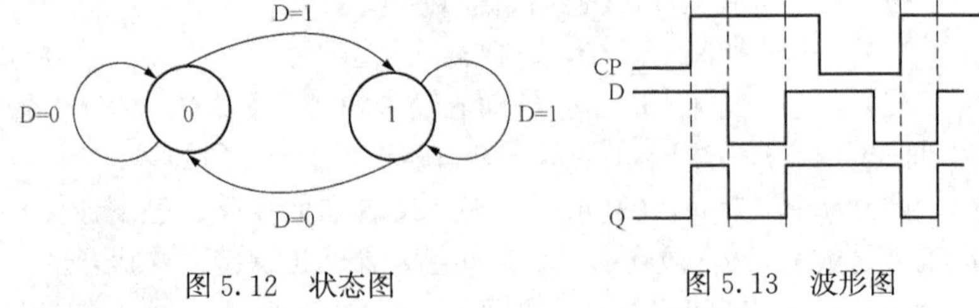

图 5.12　状态图　　图 5.13　波形图

3. 主要特点

（1）时钟电平控制，无输入限制条件。

（2）CP=1 时跟随，下降沿到来时才锁存。

在 CP=1 期间，输出 Q 跟随输入 D 变化，Q^{n+1}=D。只有当 CP 脉冲下降沿到来时才锁存，锁存的内容是 CP 下降沿瞬间 D 的值。在 CP=0 期间，触发器一直保持锁存的内容不变。

5.4 主从触发器

钟控触发器在CP为低电平时，不接受输入信号，状态保持不变；当CP为高电平时，触发器接受输入信号，状态发生改变。这种控制方式称为电平或电位触发方式。

电平触发方式的触发器，在CP=1且脉冲宽度较宽时，将随着输入信号的变化出现连续不停的多次翻转。如果要求每来一个CP脉冲触发器仅翻转一次，则对钟控信号电平的宽度有极其苛刻的要求。

希望提高触发器的工作稳定性，避免多次翻转，并且在整个时钟脉冲周期内输出状态最好保持不变。为了达到这个目的，先后发展了主从触发器（Master-Slave Flip-Flop）和边沿触发器（Edge-triggered Flip-Flop）。本节和下一节主要介绍这两种触发器。

5.4.1 主从D触发器

1. 电路组成及图形符号

图5.14（a）是主从D触发器的电路图，（b）为其结构示意图，（c）为其图形符号。由图可知，主从D触发器的结构是将两个钟控D触发器串联起来构成的。其中上边的为从触发器，下边的为主触发器，主触发器和从触发器使用同一时钟源，从触发器的时钟为主触发器的反相。图（c）中方框内的符号“¬”为延迟输出符号，表示触发器在CP=1时就把输入信号接收，但要推迟到CP从1变为0时，输出才会发生动作。

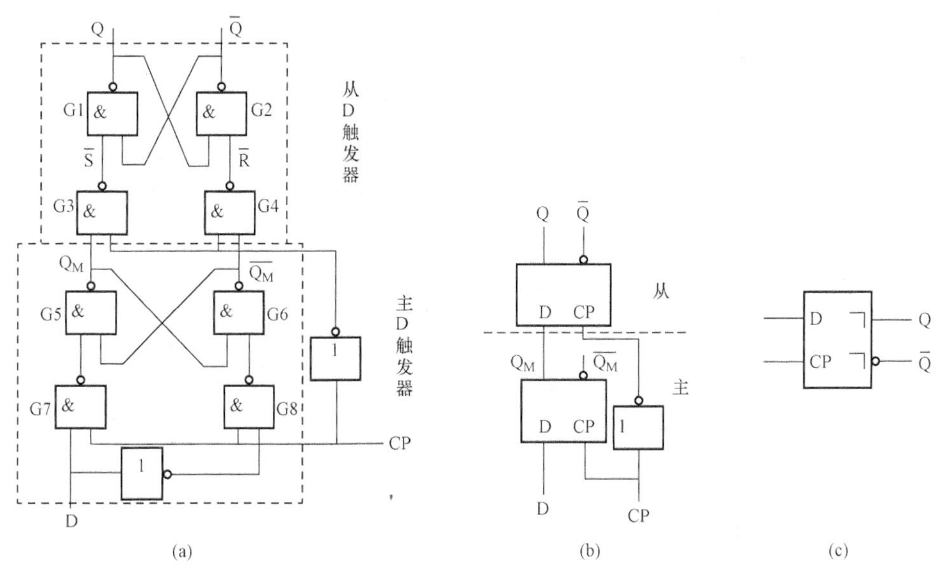

图5.14 主从D触发器

（a）逻辑电路；（b）结构示意图；（c）图形符号

2. 工作原理

在主从触发器中，接收输入信号和输出最终状态是分两步进行的。

（1）接收输入信号过程。在CP=1期间，主触发器接收输入信号，从触发器保持原来状态不变。

CP=1时$\overline{CP}$=0，主触发器控制门G7、G8被打开，可以把输入信号D接收进去，即有

$Q_M^{n+1}=D$；此时，从触发器控制门 G3、G4 被封锁，所以从触发器保持原态。

（2）输出信号过程。当 CP 下降沿到来时，主触发器控制门 G7、G8 被封锁，此时输入端 D 的内容被锁存起来。同时，从触发器控制门 G3、G4 被打开，主触发器将其锁存的内容送入从触发器，从触发器的状态随之改变，即主从 D 触发器的输出端改变。

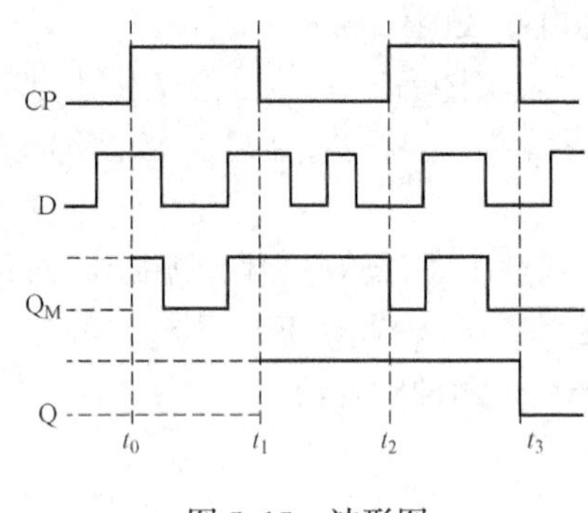

图 5.15　波形图

在 CP=0 期间，主触发器保持锁存时的状态，因此受其激励的从触发器的状态即 Q、$\overline{Q}$的值保持不变。主从触发器的波形图如图 5.15 所示。

分析图 5.15 中的时序关系：t_0 时刻之前，主触发器的输出 Q_M 与从触发器的输出（即主从 D 触发器的输出）Q 的初始状态可能是 1，也可能是 0，在此未作假设。在 t_0 时刻 CP 脉冲上升沿到来之后，主触发器接收输入信号，Q_M 跟随输入 D 变化；而从触发器仍为原来状态。在 t_1 时刻 CP 下降沿到来时，主触发器锁存此时 D 的值，并在 CP=0 期间保持不变；同时，从触发器接收此时刻的 Q_M，并在 CP=0 期间保持不变（因 Q_M 不变）。

3. 主要特点

主从控制，时钟脉冲触发。即在 CP=1 期间，主触发器按照钟控 D 触发器的工作原理，接收输入信号；CP 下降沿到来时，从触发器按照主触发器锁存的内容更新状态。

5.4.2　主从 JK 触发器

1. 电路组成及图形符号

图 5.16（a）是主从 JK 触发器的电路图，（b）为其图形符号。由图（a）可以看出，主从 JK 触发器同样由主触发器和从触发器组成，从触发器是钟控 D 触发器，主触发器类似于钟控 SR 触发器。所不同的是，在 SR 触发器基础上增加两条反馈线，并将输入 S 改为 J，R 改为 K，组成了主从 JK 触发器。

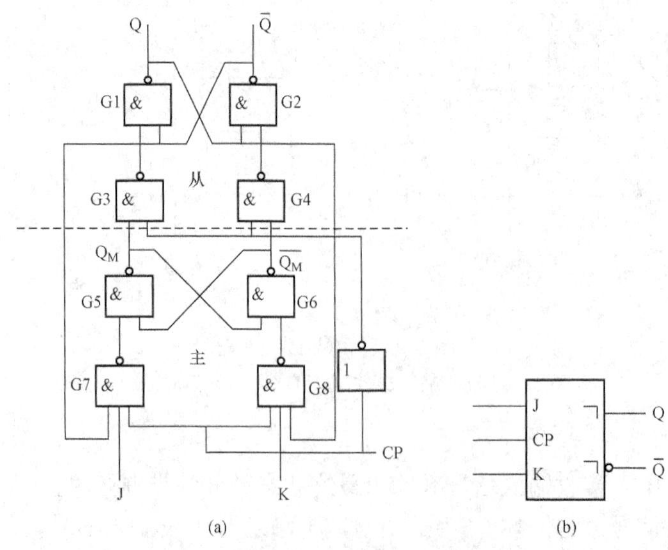

图 5.16　主从 JK 触发器

（a）逻辑电路图；（b）图形符号

2. 工作原理

主从 JK 触发器的工作过程与主从 D 触发器相同，接收输入信号和输出最终状态同样是分两步进行的，这是主从触发器的共有特点。

(1) 接收输入信号过程。在 CP=1 期间，从触发器控制门 G3、G4 被封锁，故从触发器保持原状态，即主从 JK 触发器的状态维持不变。

同时，主触发器控制门 G7、G8 被打开，可以接收输入信号 J、K。令 $S=J\overline{Q^n}$，$R=KQ^n$ 代入钟控 SR 触发器的特征方程，可得主触发器的特征方程

$$Q_M^{n+1}=S+\overline{R}Q^n=J\overline{Q^n}+\overline{K}Q^n$$

(2) 输出信号过程。当 CP 下降沿到来时，主触发器的输出激励从触发器，从触发器的状态变化符合钟控 D 触发器的特征方程，即 $Q^{n+1}=Q_M^n$。具体工作过程同主从 D 触发器，读者自行分析。

在 CP=0 期间，主触发器保持锁存时的状态，故受其激励的从触发器的状态也保持不变。

综上所述，可知从触发器就相当于一个具有一定延迟的传输门，其传输的内容由主触发器决定。故主从 JK 触发器的特征方程为

$$Q^{n+1}=J\overline{Q^n}+\overline{K}Q^n \quad \text{CP 下降沿到来时有效}$$

根据主从 JK 触发器的特征方程可列出表 5.5 所示的功能表。

3. 主要特点

主从 JK 触发器是主从触发器的一种，具有主从触发器的特性：主从控制，脉冲触发，信号的接收与输出分两步进行，这提高了触发器的可靠性和抗干扰能力。但是因主从触发器的最后输出状态是由输入信号在整个 CP=1 期间的情况决定的，若在 CP=1 期间受到干扰出现虚假信号，输出将受到严重地破坏，图 5.17 就显示了这种情况。

表 5.5　主从 JK 触发器功能表

J	K	Q^{n+1}	功能说明
0	0	Q^n	保持
0	1	0	置 0
1	0	1	置 1
1	1	$\overline{Q^n}$	翻转

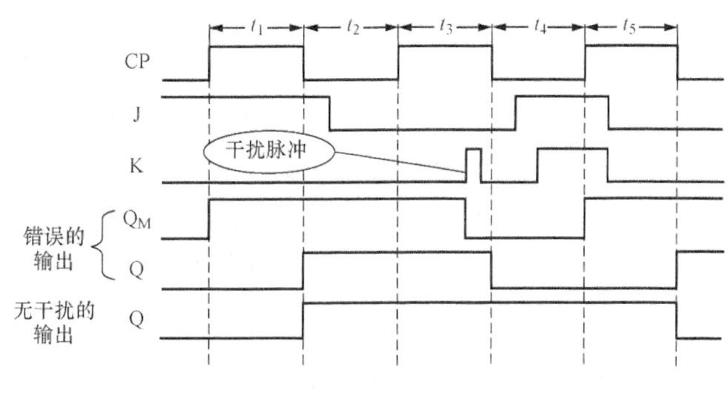

图 5.17　主从 JK 触发器的时序关系

图 5.17 中 t_3 期间激励输入 K 受到干扰，出现了一个短暂的逻辑 1。由于这个干扰使得主触发器的输出 Q_M 发生改变，结果在第二个 CP 脉冲的下降沿，整个触发器的输出发生了错误的翻转，并且这个错误还影响了后续的输出，使得整个输出逻辑发生混乱。

综上所述可知：如果干扰信号在 CP=1 期间引起一次变化，则该变化结果在 CP 下降沿到来时将被送入从触发器，造成永久性错误。所以，一般情况下，主从 JK 触发器要求在 CP=1 期间输入信号的取值保持不变。

由于存在上述缺陷，主从触发器已经不像过去那样被广泛使用，在新的设计中，边沿触

发器正逐渐代替主从触发器。

5.5 边沿触发器

在边沿触发器中，输出状态在时钟的上升或下降沿到来时才发生变化，并且只有该时刻的激励输入才能对触发器的输出产生影响，在时钟脉冲的其他时刻触发器的输出保持不变，从而大大提高了触发器的工作可靠性。

5.5.1 负边沿 JK 触发器

边沿 JK 触发器的电路结构形式较多，现以图 5.18 所示的负边沿（下降沿）JK 触发器电路结构为例，说明其工作原理与特点。

1. 电路组成及图形符号

图 5.18（a）是负边沿 JK 触发器的电路图，图 5.18（b）为其等效电路，图 5.18（c）为其图形符号。图 5.18（c）中 CP 端的小圆圈和三角标表示只有在 CP 下降沿时刻，触发器的输出端才会改变状态。由图 5.18（a）可以看出，负边沿触发器由两部分组成，上边部分是由两个与或非门通过交叉反馈构成的基本 SR 触发器，下边是用两个与非门来接收输入信息。

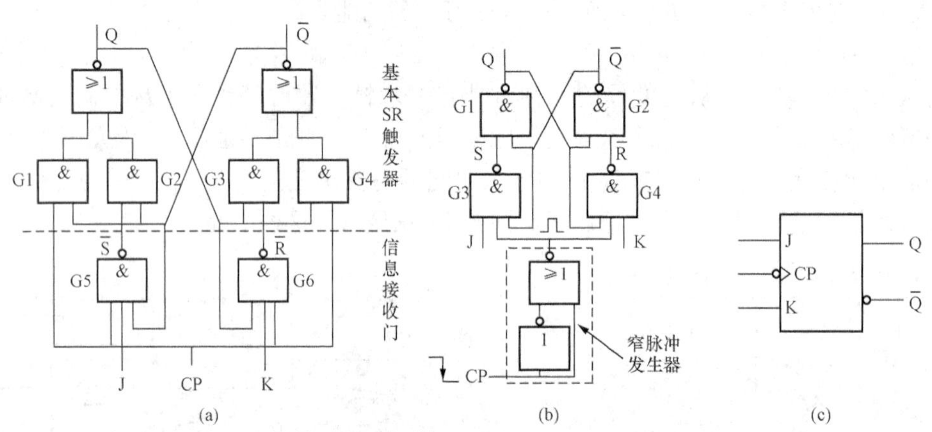

图 5.18 负边沿 JK 触发器

（a）逻辑电路图；（b）等效电路；（c）图形符号

2. 工作原理

（1）当 CP=0 时，两输入门被封锁，触发器状态不变。

当 CP=0 时，两个输入与非门封锁，其输出$\overline{S}=\overline{R}=1$，即上部分基本 SR 触发器的输入端无有效输入，所以其输出 Q、$\overline{Q}$保持原来状态不变。

（2）当 CP=1 时，触发器处于“自锁”状态，输出也不变。

当 CP=1 时，根据两与或非门的输入输出，可得到以下两式

$$Q^{n+1}=\overline{\overline{Q^n}\,\overline{S}+\overline{Q^n}}=\overline{\overline{Q^n}}=Q^n$$

$$\overline{Q^{n+1}}=\overline{Q^n\,\overline{R}+Q^n}=\overline{Q^n}$$

所以在 CP=1 期间，不管输入信号 J、K 如何变化，触发器都仍旧维持原来的状态不变。

（3）当 CP 由 1 变为 0 时，触发器解除自锁，开始接纳输入信号，并按 JK 触发器的规

律变化。

电路中CP信号是直接加到与门G1、G4的输入端的，即CP的变化直接影响与门G1、G4的输出；但与门G2、G3的输入端$\overline{S}$、$\overline{R}$是经过一个与非门G5、G6与CP相连的，故CP的变化需经过一个与非门的延时才能改变$\overline{S}$、$\overline{R}$，进而影响与门G2、G3的输出，如图5.19所示。假设在CP脉冲下降沿到达时与门G3、G4分别输出0和1，与门G4被封锁，经一个与门延迟t_{pd}后，输出变为0，对电路不再起作用；而此时$\overline{S}$、$\overline{R}$仍旧维持在CP下降沿到来前的值

$$\overline{R}=\overline{KQ^n},\quad \overline{S}=\overline{J\,\overline{Q^n}}$$

代入基本SR触发器的特征方程，得

$$Q^{n+1}=S+\overline{R}Q^n=J\,\overline{Q^n}+\overline{KQ^n}Q^n=J\,\overline{Q^n}+\overline{K}Q^n \quad \text{CP下降沿时刻有效} \tag{5.3}$$

由式（5.3）可以看出，在CP的下降沿期间，整个触发器将按照JK触发器的变化规律改变输出。之后，由于CP=0，G5、G6门输出1，电路保持了变化后的状态，故称此为负边沿JK触发器。表5.6给出了负边沿JK触发器的功能表。

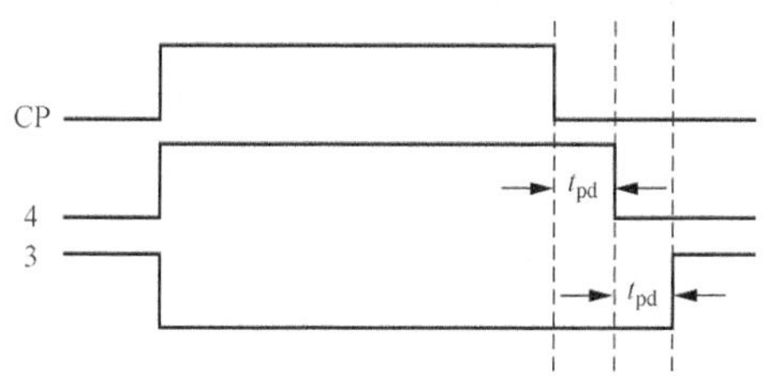

图5.19　CP下降沿到来时与门3、4的变化

表5.6　负边沿JK触发器的功能表

J	K	CP	Q^{n+1}	功能说明
0	0	×	Q^n	保持
0	1	↓	0	置0
1	0	↓	1	置1
1	1	↓	$\overline{Q^n}$	翻转

图5.18（b）所示的等效电路，上边部分构成一个钟控JK触发器，下边虚线中的框为窄脉冲发生器。根据组合逻辑中有关竞争冒险知识知此电路将时钟脉冲的下降沿变换为供电路翻转的窄脉冲。在时钟脉冲下降沿到来之后的很短时间内，触发器接受输入信号，输出按JK触发器的规律发生状态改变，之后电路保持其改变了的状态。

3. 主要特点

简而言之，负边沿JK触发器的特点：边沿采样，边沿触发。即负边沿JK触发器翻转的时刻是在CP下降沿，并且触发器更新的状态取决于CP下降沿到来前瞬间的J、K信号值。图5.20示出了负边沿JK触发器工作的状态转换图，图5.21是其波形图。

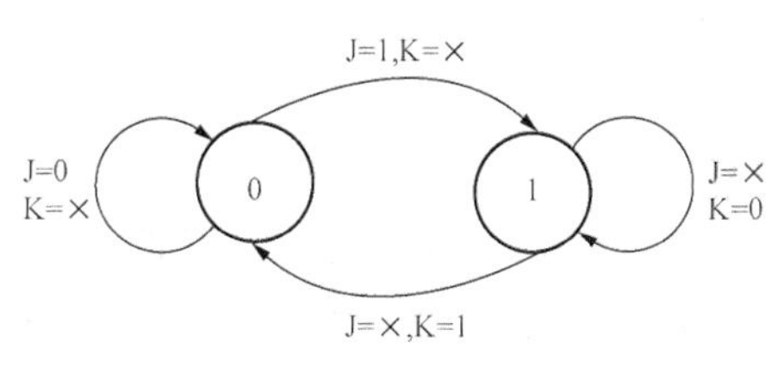

图5.20　负边沿JK触发器的状态图

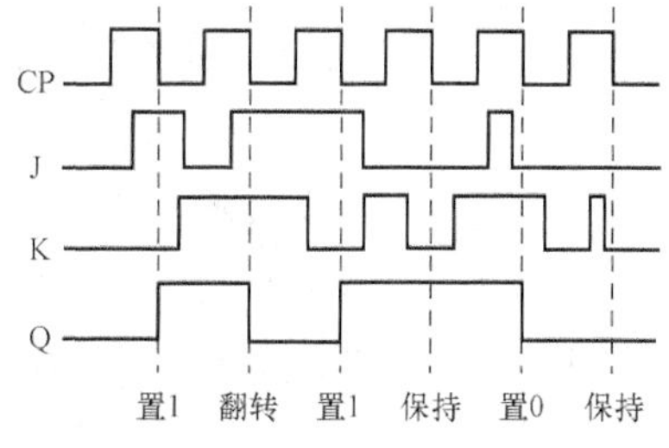

图5.21　波形图

5.5.2　维持—阻塞D触发器

维持—阻塞D触发器也是边沿触发器的一种，现以正边沿（上升沿）触发的维持—阻塞D触发器为例。

1. 电路组成及图形符号

图 5.22（a）是维持—阻塞 D 触发器的电路图，图 5.22（b）为其等效电路，图 5.22（c）为其图形符号。由图 5.22（a）可以看出，该触发器由 6 个与非门构成，其中与非门 G1、G2 构成了基本 SR 触发器，而与非门G1～G4 又构成了钟控 SR 触发器，与非门 G5、G6 用来接收输入信号并将形成的互补输出$\overline{D'}$、D′送入钟控 SR 触发器。图 5.22 中 D 为数据输入端。图 5.22（b）的等效电路说明上半部分是一个钟控 D 触发器，而虚线表示的下半部分用来产生当时钟上升沿到来时的窄脉冲。

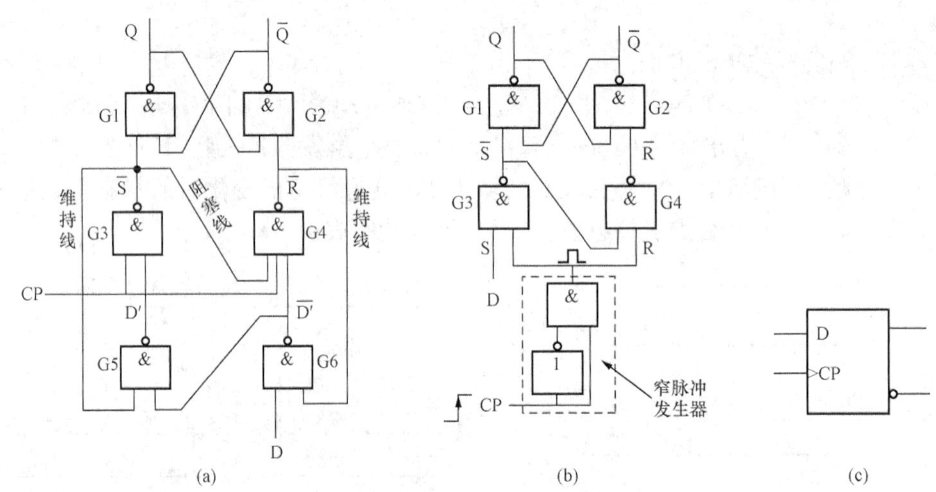

图 5.22 维持—阻塞 D 触发器

（a）逻辑电路图；（b）等效电路；（c）图形符号

2. 工作原理

维持—阻塞 D 触发器是利用内部反馈来保证边沿触发功能的。

（1）当 CP=0 时，触发器状态不变。

当 CP=0 时，与非门 G3、G4 被封锁，其输出$\overline{S}=\overline{R}=1$，即上部分基本 SR 触发器的输入端无有效输入，故不论激励输入 D 如何变化，最终的输出 Q、$\overline{Q}$保持原来状态不变。

（2）当 CP 由 0 变为 1 时，触发器开始接纳输入信号，并按 D 触发器的规律变化。

当 CP 上升沿到来时，与非门 G3、G4 将被打开，这时触发器的状态有可能发生变化。为了说明这种结构的触发器的动作特点，我们来讨论一下在 CP 上升沿时刻不同激励下的输出情况。

假设在 CP 从 0 跳变为 1 瞬间前后的一个很短时间内 D=1，通过与非门 G6 输出$\overline{D'}=0$，与非门 G5 输出 D′=1（在 CP 上升沿到来之前，反馈信号$\overline{S}=\overline{R}=1$），使与非门 G3、G4 的输出$\overline{S}=0$、$\overline{R}=1$。这个输出同时成为基本 SR 触发器的输入，故触发器的最终输出状态为 Q=1、$\overline{Q}=0$。

此外，$\overline{S}=0$ 通过维持线反馈到与非门 G5 的输入端，故即使随后的输入 D 发生变化，与非门 G5、与非门 G3 的输出 D′、$\overline{S}$也不会改变，这就是维持线名称的由来。这样，$\overline{S}$在 CP=1 期间始终为 0，并通过与非门 G3 输出到与非门 G4 的阻塞线，使得与非门 G4 始终处于封锁状态，输出$\overline{R}=1$。这样，就避免了基本 SR 触发器的输入端出现同时为 0 的禁止状态，阻塞线的作用由此可见。

至于在 CP 从逻辑 0 跳变为逻辑 1 瞬间前后的一个很短时间内 D=0 的情况，触发器的最终输出状态为 Q=0、$\overline{Q}$=1，其工作过程读者自行分析。

（3）当 CP=1 时，触发器状态不变。

假设经过 CP 上升沿后，触发器的状态为 0：Q=0、$\overline{Q}$=1，则$\overline{S}$=1、$\overline{R}$=0。$\overline{R}$通过反馈维持线使得不论激励 D 为何值，$\overline{D'}$的值始终为 1；$\overline{D'}$、$\overline{S}$的值送入与非门 G5，使得 D′的值为 0，故封锁与非门 G3，使$\overline{S}$锁定为 1；同时，$\overline{D'}$、$\overline{S}$的值送入与非门 G4，使得$\overline{R}$的值为 0。即由维持线构成的反馈及阻塞线的存在，使$\overline{S}$=1、$\overline{R}$=0 不随激励 D 的变化而变化，从而保证触发器在 CP=1 期间维持原态不变。

在 CP=1 期间，触发器的状态为 1 时的情况，读者自行分析。

综上所述可以得出，维持—阻塞 D 触发器是一种靠 CP 脉冲的上升沿触发的边沿触发器。在 CP=0 或 CP=1 期间，触发器维持原态不变；在 CP 脉冲上升沿到来的瞬间，维持—阻塞 D 的规律变化为

$$Q^{n+1} = D \quad \text{CP 上升沿有效}$$

考虑到使用的方便，在实际的维持—阻塞 D 型触发器中一般还设有异步置位端和异步复位端，通过这些输入可以将触发器强行置位或强行复位。图 5.23 所示是带异步置位和异步复位功能的维持—阻塞 D 触发器的电路图和图形符号，表 5.7 为其功能表，图 5.24 为其波形图。

表 5.7　带异步置位和异步复位的维持阻塞 D 触发器的功能表

$\overline{S_D}$	$\overline{R_D}$	CP	D	Q^{n+1}	功能说明
0	1	×	×	1	异步置 1
1	0	×	×	0	异步置 0
1	1	↑	0	0	置 0
1	1	↑	1	1	置 1
1	1	非↑	×	Q^n	保持

3. 异步输入端

$\overline{S_D}$、$\overline{R_D}$端称为异步输入端，也称为直接复位和置位端。当$\overline{S_D}$=0 时，触发器就被置位到 1 状态；当$\overline{R_D}$=0 时，触发器就被复位到 0 状态。其作用与输入和时钟脉冲 CP 无关，故称为异步输入端。

异步输入端是用来预置触发器的初始状态，或者在工作过程中强行置位或复位触发器。

（1）$\overline{S_D}$端的工作原理。当$\overline{S_D}$=0、$\overline{R_D}$=1 时，由于$\overline{S_D}$接到了门 G5 的输入端，使门 G5 输出为 1；在 CP=1 时门 G3 输出 0 封锁了输入 D 的改变，使门 G4 输出为 1，触发器置 1；而在 CP=0 时，门 G4 输出为 1。因此不管 D 及 CP 为何种信息 Q 输出恒为 1，触发器可靠置位。

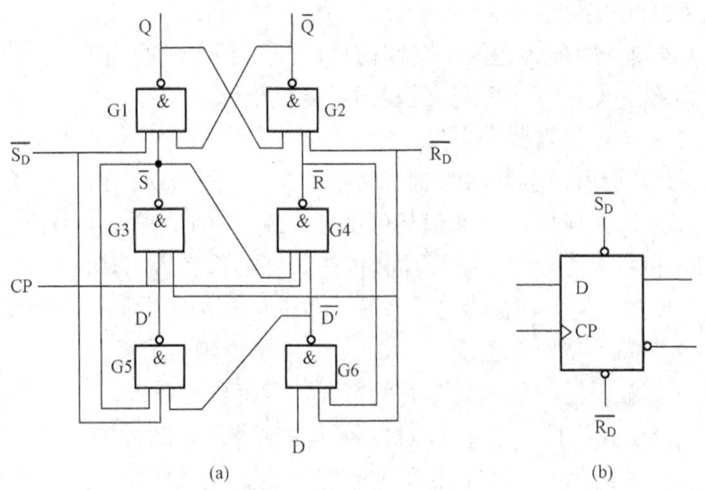

图 5.23 带异步置位和复位功能的维持—阻塞 D 触发器

(a) 逻辑电路图；(b) 图形符号

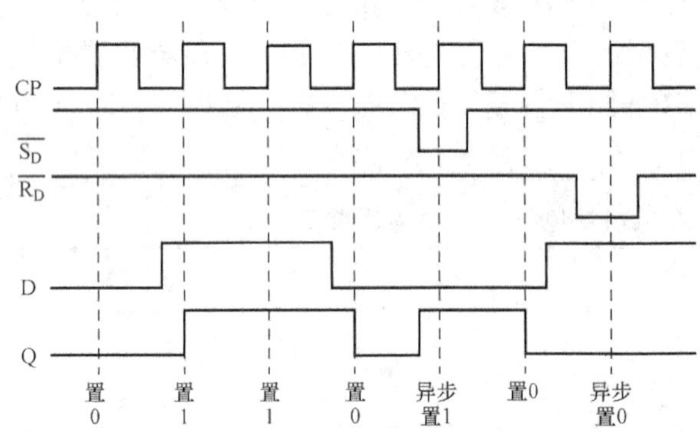

图 5.24 带异步置位和异步复位的维持阻塞 D 触发器的波形图

(2) $\overline{R_D}$端的工作原理。在图 5.23 (a) 所示的电路中，$\overline{R_D}$接到了门 G2、门 G3、门 G6 输入端，当$\overline{R_D}=0$、$\overline{S_D}=1$时，门 G6、门 G3 被封锁，不管 D 及 CP 为何种信息，输出为 1；又门 G2 输出为 1，因此 Q 输出恒为 0，触发器复位。

注意，$\overline{S_D}$、$\overline{R_D}$端不能同时为 0。

5.5.3 T 触发器

由 JK 触发器的功能表 5.5 可以看出，当 J=K=0 时，触发器具有保持功能；当 J=K=1 时，触发器具有翻转功能。其实，将输入端 J 和输入端 K 连接在一起用信号 T 来表示，则 JK 触发器便变成了 T 触发器。T 触发器的图形符号如图 5.25 所示，其功能表见表 5.8。

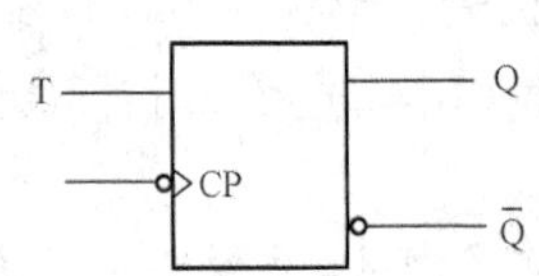

图 5.25 T 触发器的图形符号

表 5.8 T 触发器的功能表

T	Q^{n+1}	功能说明
0	Q^n	保持
1	$\overline{Q^n}$	翻转

特征方程为

$$Q^{n+1}=T\overline{Q^n}+\overline{T}Q^n=T\oplus Q^n \quad \text{CP 下降沿时刻有效}$$

5.6 集成触发器的参数

集成触发器的输入、输出结构与相应集成门电路的输入输出结构基本相似，所以两者的输入特性和输出特性也相似，描述这些特性的直流参数也大体相同。本节着重说明集成触发器的交流参数，如下所示。

（1）建立时间 t_{set}。在某些触发器中，输入信号必须先于CP信号到来，电路才能可靠地翻转，而输入信号必须提前到来的这段时间就称为建立时间，用 t_{set} 表示。

（2）保持时间 t_h。为了保证触发器可靠翻转，输入信号的状态在CP信号到来后还必须保持足够长的时间不变，这段时间称为保持时间，用 t_h 表示。

图5.26所示是边沿D触发器接收1时的情况，D=1先于CP上升沿到来，提前的时间不得小于建立时间 t_{set}；而CP上升沿到来后，D=1的维持时间不得小于保持时间 t_h。只有这样，边沿D触发器才能可靠翻转。

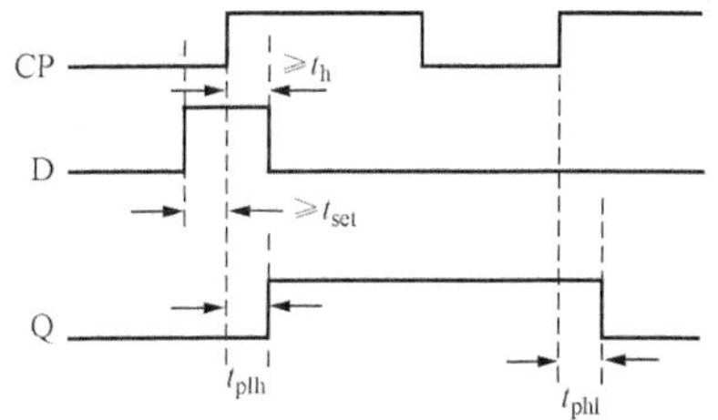

图5.26 边沿D触发器的建立和保持时间

（3）传输延迟时间 t_{plh}、t_{phl}。从CP触发沿到达开始到输出端建立起稳定的新状态为止，期间所经历的时间称为传输延迟时间。其中，t_{plh} 是从CP触发沿到来开始到输出由低电平变到高电平的传输延时时间；t_{phl} 则是从CP触发沿到来开始到输出由高电平变到低电平的传输延时时间，见图5.26。

（4）最高时钟频率 f_{max}。由于时钟触发器中每一级门电路都有传输延迟，因此电路状态的改变总是需要一定时间才能完成。当时钟信号频率升高到一定程度后，触发器就来不及翻转了。显然，在保证触发器能正常翻转的条件下，时钟信号频率有一个上限值，此上限值即为触发器的最高时钟频率 f_{max}。

小 结

触发器是最简单的时序电路，同时也是数字电路中极其重要的基本单元，它具有信息存储的功能。本章首先概述了触发器的概念、功能和分类。其次，着重讲述了基本SR触发器、钟控触发器、主从触发器和边沿触发器。其中，具体讲述了由两个与非门交叉反馈构成的基本SR触发器（是构成其他触发器的基础）；信号的接收由时钟脉冲控制的钟控SR触发器和钟控D触发器；信号的接收和输出状态的改变分两步进行的主从D触发器和主从JK触发器；以及具有高抗干扰性的边沿JK触发器和维持—阻塞D触发器等。每种触发器均从电路结构入手，讲解其工作过程和所具有的功能。并从功能表、特征方程、状态图和时序图等各种角度对触发器的功能进行描述。最后，简单介绍了集成触发器的参数。

习 题

5.1 试述 SR 触发器、D 触发器、JK 触发器和 T 触发器的逻辑功能。

5.2 输入信号$\overline{S}$、$\overline{R}$的波形如图 5.27 所示，试画出由与非门构成的基本 SR 触发器输出端 Q、$\overline{Q}$端的波形。

5.3 由非或门构成的基本 SR 触发器电路如图 5.28 所示，分析其电路结构，做出功能表并推导出特征方程。

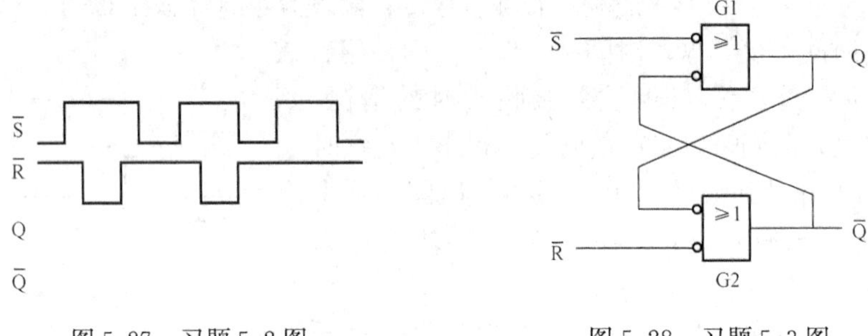

图 5.27 习题 5.2 图　　图 5.28 习题 5.3 图

5.4 钟控 SR 触发器与基本 SR 触发器有何不同？图 5.29 给出了钟控 SR 触发器的激励信号 S、R 的波形图，试画出其输出端 Q 的波形。

5.5 在初态为 0 的钟控 D 触发器的输入如图 5.30 所示的波形，试画出 Q 和$\overline{Q}$端的波形。

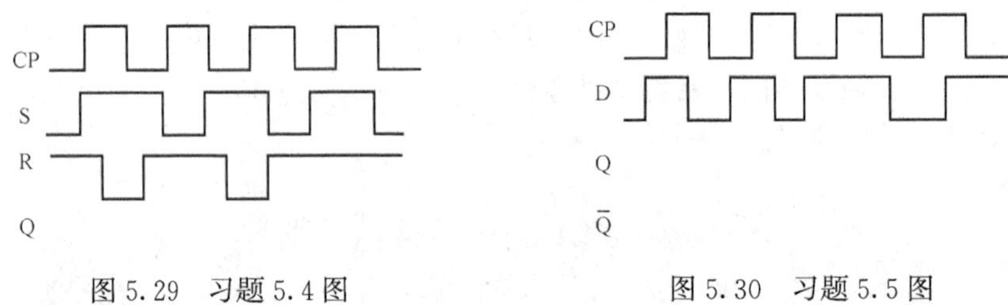

图 5.29 习题 5.4 图　　图 5.30 习题 5.5 图

5.6 图 5.31 为四个初始状态为 0 的正边沿 D 触发器，试根据各个触发器的输入信号 D 画出其输出信号 Q（设初态为 0）。

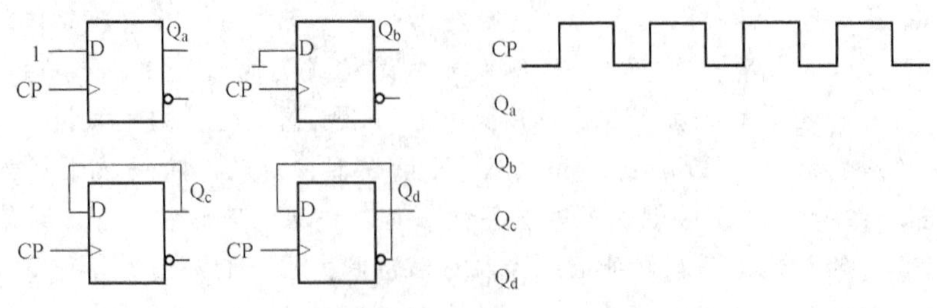

图 5.31 习题 5.6 图

5.7 设图 5.32 中各个负边沿 JK 触发器初始状态均为 0，试画出 Q 输出端波形。

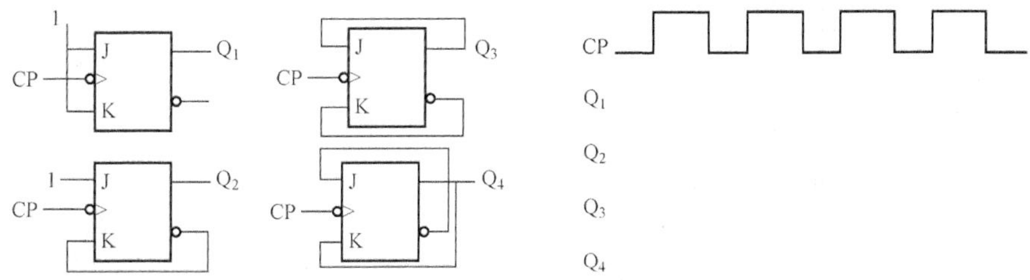

图 5.32 习题 5.7 图

5.8 在图 5.33（a）所示各电路中，CP、A、B 的波形如图 5.33（b）所示：

（1）写出触发器次态 Q^{n+1} 的函数表达式。

（2）假设各触发器起始状态均为 0，画出 Q 的波形图。

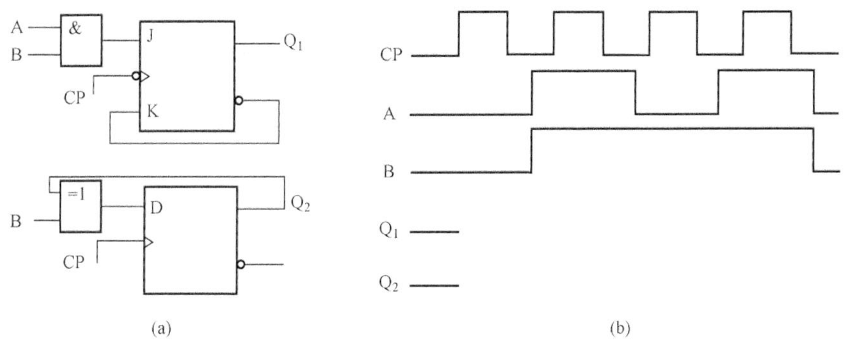

图 5.33 习题 5.8 图

5.9 已知 J、K 信号如图 5.34 所示，试画出负边沿 JK 触发器的输出波形。设触发器的初始状态为 0。

5.10 带有异步置位和异步复位端的主从 JK 触发器的输入波形如图 5.35 所示。试画出 Q 端的波形。

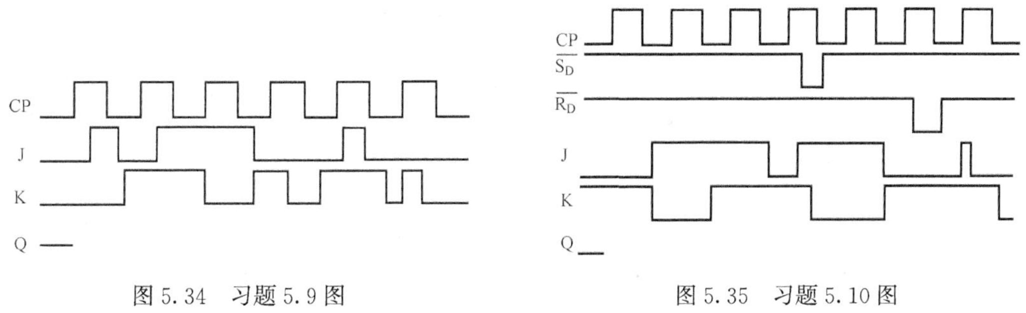

图 5.34 习题 5.9 图　　图 5.35 习题 5.10 图

5.11 表 5.9 为 XY 触发器的功能表。试写出 XY 触发器的特征方程，并画出其状态转换图。

5.12 图 5.36 为 XY 触发器的状态转换图。根据状态图写出它的特征方程，并画出其功能表。

表 5.9 习题 5.11 表

Q^n	X	Y	Q^{n+1}	Q^n	X	Y	Q^{n+1}
0	0	0	0	1	0	0	1
0	0	1	0	1	0	1	1
0	1	0	1	1	1	0	1
0	1	1	0	1	1	1	0

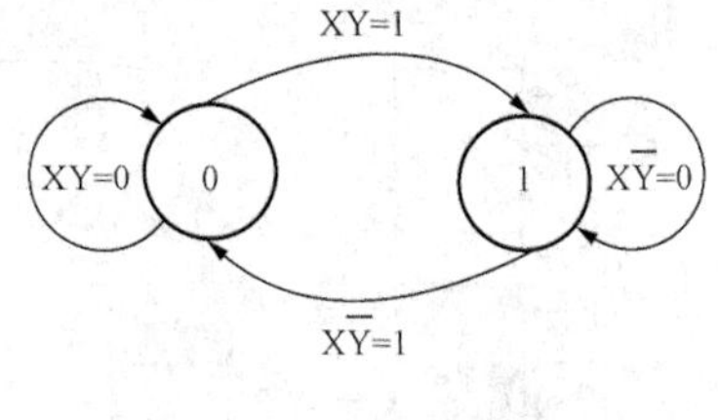

图 5.36 习题 5.12 图

5.13 已知 XY 触发器的特征方程为 $Q^{n+1} = (\overline{Y}+\overline{X})\overline{Q^n}+(Y+X)Q^n$，试根据特征方程，画出其状态转换图和功能表。

第6章 时序逻辑电路

本章描述了时序逻辑电路结构上的特点及分析方法，介绍了常用时序逻辑电路及其中规模集成组件——寄存器、移位寄存器、计数器和序列信号发生器等部件的结构、工作原理和应用，并在此基础上讨论了时序逻辑电路的设计方法。

6.1 概 述

时序逻辑电路简称时序逻辑或时序电路。构成时序电路的基本单元电路是触发器。按触发方式将时序电路分成两类：一类是同步时序电路，另一类是异步时序电路。同步时序电路中的所有触发器共用一个时钟信号，即所有触发器的状态转换发生在同一时刻。而异步时序电路则不同，所有触发器不再共用一个时钟信号，有的触发器的时钟信号是另一个触发器的输出，即所有触发器的状态转换不一定发生在同一时刻。按输出方式时序电路还可以分为米里（Mealy）型和摩尔（Moore）型两类，时序电路的输出状态与现态和输入有关的电路称为米里型；而输出状态只与现态有关的电路称为摩尔型。

6.1.1 时序逻辑电路的描述

时序逻辑电路，是指其任一时刻的输出状态不仅取决于当时的输入信号，而且还与电路原来的状态有关的电路。因此，在时序电路中，除了有反映现在输入状态的组合电路之外，还应包含能记忆过去状态的存储电路。

时序电路组成框图如图6.1所示，它由组合逻辑电路和存储电路两部分组成。其中，X_1，X_2，…，X_n 为外部输入信号，Y_1，Y_2，…，Y_p 为存储电路的输入信号；Q_1，Q_2，…，Q_k 为存储电路的状态信号；Z_1，Z_2，…，Z_m 为时序电路的对外输出信号。因此时序逻辑电路可用以下三组逻辑表达式来描述

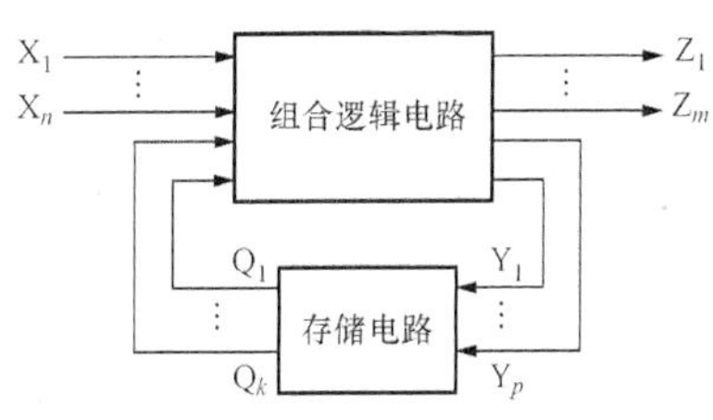

图6.1 时序逻辑电路框图

$$Z_i = g_i(X_1, X_2, \cdots, X_n; Q_1^n, Q_2^n, \cdots, Q_k^n) \quad i = 1, \cdots, m \tag{6.1}$$

$$Y_i = f_i(X_1, X_2, \cdots, X_n; Q_1^n, Q_2^n, \cdots, Q_k^n) \quad i = 1, \cdots, p \tag{6.2}$$

$$Q_i^{n+1} = h_i(X_1, X_2, \cdots, X_n; Q_1^n, Q_2^n, \cdots, Q_k^n) \quad i = 1, \cdots, k \tag{6.3}$$

由于 Z_1，Z_2，…，Z_m 是电路的输出信号，故式（6.1）称为输出方程；Y_1、Y_2、…、Y_p 是存储电路的激励或驱动信号，因而式（6.2）称为激励方程或驱动方程；Q_1、Q_2、…、Q_k 表示的是存储电路的状态，即状态变量，所以式（6.3）称为状态方程。

6.1.2 时序逻辑电路功能的表示方法

时序逻辑电路的功能主要有4种表示方法。

（1）逻辑方程式。时钟方程 CP：在时序电路中，各触发器的时钟脉冲 CP 的表达式

（一般同步时序电路的时钟方程可不写，异步时序电路要写）。

激励方程：也称驱动方程，在时序电路中各触发器的输入表达式。

状态方程：把激励方程代入到相应触发器的特征方程中，得到各触发器的状态方程（存储电路次态与现态的关系）。

输出方程：时序电路输出信号的逻辑表达式。

（2）状态转移表（状态表，状态转移真值表）。用表格的形式将时序电路在时钟脉冲 CP 的作用下，电路所有的输出状态、存储电路次态与时序电路输入信号、存储电路现态之间的关系表示出来。状态转移表应包括所有可能出现的状态。

（3）状态转换图（状态图）。用图形反映时序电路所有状态的转换条件和转换规律。

（4）波形图（时序图）。时序电路在时钟脉冲和输入信号作用下，电路的输出随时间变化的波形。

这 4 种方法从不同的方面突出了时序电路的功能特点，它们可以互相转换。方程式可用于计算机辅助设计，时序图可用于示波器观察，状态图更直观形象，因此可根据需要选用不同的方法。

6.2 时序逻辑电路分析

时序逻辑电路分析，就是研究一个给定的时序电路在输入序列和时钟脉冲作用下的输出序列，进而确定电路的逻辑功能。时序电路分析方法分为同步时序电路分析方法和异步时序电路分析方法。它们的基本分析方法是一致的，不同之处在于分析异步时序电路时，把时钟信号当成输入信号来处理。本书只讨论同步时序电路的分析方法。

同步时序电路的分析步骤如下：

（1）分析电路的组成，包括确定电路的输入、输出信号，触发器的类型等。

（2）根据给定时序逻辑电路写出各个触发器的激励方程，即写出触发器输入信号的逻辑表达式。

（3）将各触发器的激励方程代入各自的特征方程中，求出状态方程。

（4）写出时序逻辑电路的输出方程。

（5）列出在 CP 作用下给定逻辑电路的状态转移表或状态转换图或波形图。将输入变量和电路的初始状态的取值代入状态方程和输出方程，便可求出电路的次态和输出值；然后以求得的次态作为新的现态，与这个时刻的输入变量一起，代入状态方程和输出方程，计算新的次态和输出值。如此继续，直到列出所有组态对应的次态和输出值。把计算结果列成表的形式，就得到状态转移表。进而还可以画出状态图或波形图。

（6）说明时序电路的功能。

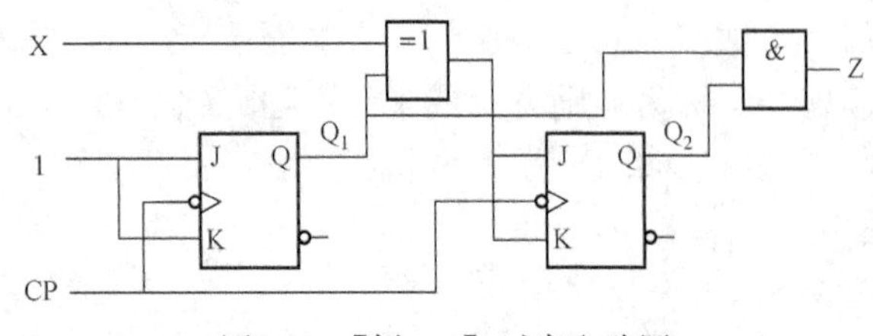

图 6.2 ［例 6.1］时序电路图

下面通过例题进一步说明同步时序电路的分析方法。

【例 6.1】 分析图 6.2 所示同步时序电路，列出其状态转移表，画出状态图和波形图，进而确定电路的逻辑功能（设触发器的初始状态为 0）。

解 (1) 分析电路组成。存储电路由两个负边沿触发的 JK 触发器组成。电路中的 X 为外部输入、CP 为时钟输入，Z 为输出。从图 6.2 可知电路的输出 Z 与输入 X 无关，因而是摩尔型同步时序电路。

(2) 写出电路的激励方程。从图 6.2 可知触发器 Q_1、Q_2 的激励方程为

$$\begin{aligned} J_1 &= K_1 = 1 \\ J_2 &= K_2 = X \oplus Q_1^n \end{aligned} \tag{6.4}$$

(3) 写出电路的状态方程。

将式 (6.4) 代入 JK 触发器的特征方程 $Q^{n+1}=J\,\overline{Q^n}+\overline{K}Q^n$，得到电路的状态方程为

$$\begin{aligned} Q_1^{n+1} &= 1 \cdot \overline{Q_1^n} + \overline{1} \cdot Q_1^n = \overline{Q_1^n} \\ Q_2^{n+1} &= X \oplus Q_1^n \cdot \overline{Q_2^n} + \overline{X \oplus Q_1^n} \cdot Q_2^n = X \oplus Q_1^n \oplus Q_2^n \end{aligned} \tag{6.5}$$

(4) 电路的输出方程为 $Z=Q_2^nQ_1^n$

(5) 列出其状态转移表，画出状态图和波形图。

设电路的初态 $Q_2^nQ_1^n=00$，输入 X=0，代入方程式 (6.4)、式 (6.5) 和输出方程，得第一个 CP 脉冲信号作用后电路的次态为 $Q_2^{n+1}Q_1^{n+1}=01$，输出 Z=0；再将这一结果作为新的现态，代入上述方程，求得第二个 CP 脉冲作用后一组新的次态值。如此继续，直至求得的次态返回到最初设置的状态为止。同理可对 X=1 的情况进行分析，并将计算结果填入表 6.1，得到完整的状态转移表。

表 6.1　　　　[例6.1] 状态转移表

输入信号		现态		次态		输出
CP	X	Q_2^n	Q_1^n	Q_2^{n+1}	Q_1^{n+1}	Z
1	0	0	0	0	1	0
2	0	0	1	1	0	0
3	0	1	0	1	1	0
4	0	1	1	0	0	1
5	1	0	0	1	1	0
6	1	0	1	0	0	0
7	1	1	0	0	1	0
8	1	1	1	1	0	1

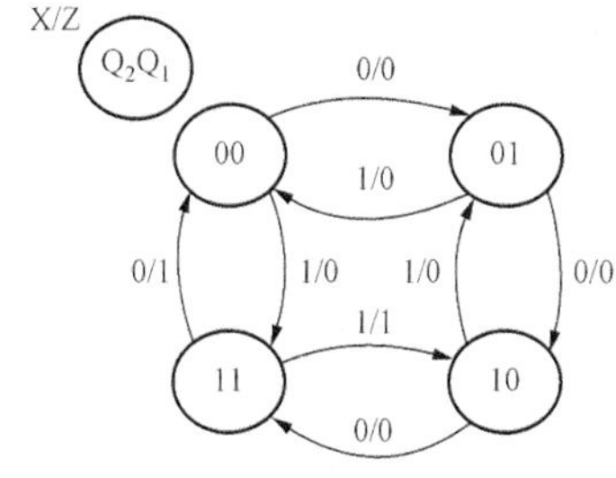

图 6.3 [例 6.1] 状态图

由状态转移表画出状态图，如图 6.3 所示。状态图是一种有向图，某个状态用一个圆圈表示，状态转换用有向线段表示。若在某个状态时电路有输出，输出就写在表示该状态的圆圈内或圆圈外。

(6) 确定逻辑功能。根据状态图可看出图 6.2 所示的同步时序电路是一个可逆计数器，当电路输入 X=0 时，可逆计数器进行加 1 计数，其计数序列为

00 ⟶ 01 ⟶ 10 ⟶ 11（11 返回 00）

当 X=1 时，可逆计数器进行减 1 计数，其计数序列为

00 ⟶ 11 ⟶ 10 ⟶ 01（01 返回 00）

电路中的输出 Z 可理解为加法计数时向高位的进位和在减法计数时向高位的借位输出，其计数波形图如图 6.4 所示。

【例 6.2】 分析图 6.5 所示的时序电路，列出状态转移表、状态图，并确定电路的逻辑功能。

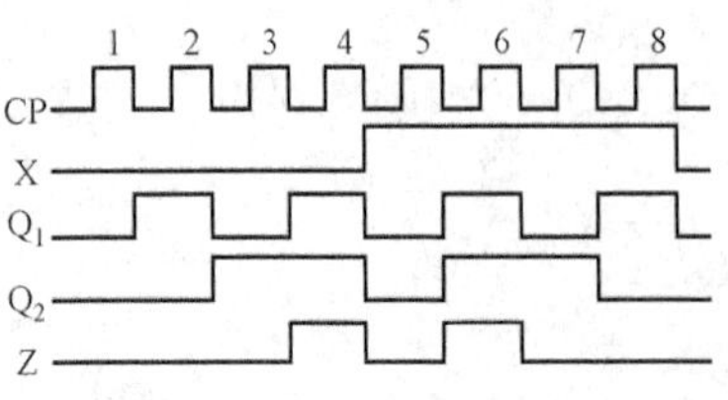

图 6.4 ［例 6.1］时序电路波形图

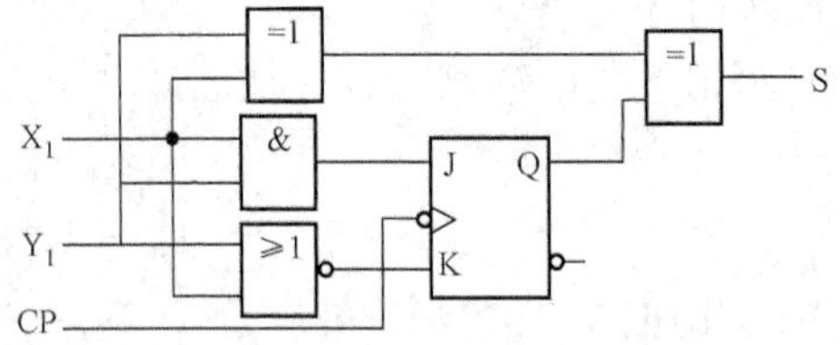

图 6.5 ［例 6.2］时序电路图

解 （1）分析电路组成。从图 6.5 可知输入信号有 X_1、Y_1 和 CP 时钟，输出为 S，触发器为负边沿触发的 JK 触发器。

（2）JK 触发器 Q 的激励方程为

$$\begin{aligned} J &= X_1 Y_1 \\ K &= \overline{X_1 + Y_1} \end{aligned} \qquad (6.6)$$

（3）求触发器的状态方程。将式（6.6）代入 JK 触发器的特征方程 $Q^{n+1}=J\,\overline{Q^n}+\overline{K}Q^n$，可求得其状态方程为

$$\begin{aligned} Q^{n+1} &= X_1 Y_1 \overline{Q^n} + \overline{\overline{X_1 + Y_1}} \cdot Q^n \\ &= X_1 Y_1 \overline{Q^n} + X_1 Q^n + Y_1 Q^n \\ &= X_1 Y_1 + X_1 Q^n + Y_1 Q^n \end{aligned}$$

（4）电路的输出方程为

$$S = X_1 \oplus Y_1 \oplus Q^n$$

（5）状态转移真值表见表 6.2。

表 6.2 **［例 6.2］状态转移真值表**

输入信号			现 态	输入信号		次 态	输 出
CP	X_1	Y_1	Q^n	J	K	Q^{n+1}	S
1	0	0	0	0	1	0	0
2	0	1	0	0	0	0	1
3	1	0	0	0	0	0	1
4	1	1	0	1	0	1	0
5	0	0	1	0	1	0	1
6	0	1	1	0	0	1	0
7	1	0	1	0	0	1	0
8	1	1	1	1	0	1	1

于是，可列出电路状态转移表见表 6.3，状态图如图 6.6 所示。

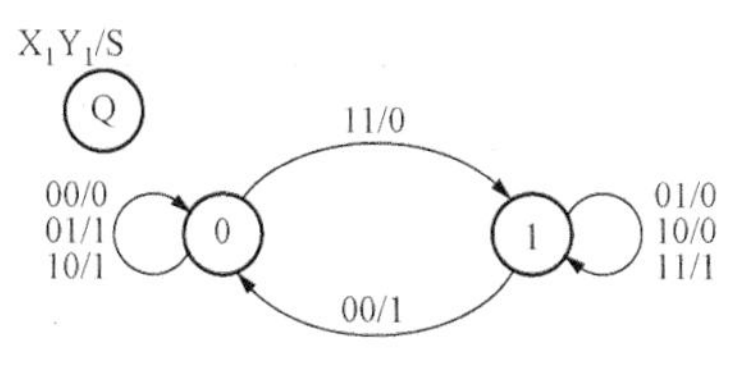

图 6.6 ［例 6.2］时序电路状态图

表 6.3　［例 6.2］电路状态转移表

Q^n	Q^{n+1}/S			
	$X_1Y_1=00$	$X_1Y_1=01$	$X_1Y_1=10$	$X_1Y_1=11$
0	0/0	0/1	0/1	1/0
1	0/1	1/0	1/0	1/1

（6）确定电路的逻辑功能。根据状态图分析可看出电路是一个一位串行加法器。X_1、Y_1 分别为被加数和加数，触发器 Q 用来保存本位的进位。X_1、Y_1 和 Q^n（低位的进位）相加的和由 S 端输出，产生的进位由 Q 保存。串行加法器的两个加数在时钟脉冲作用下，以先低后高的顺序串行地加到 X_1、Y_1 输入端，与 Q^n 相加其“和”数也是由低到高位串行输出，每位相加产生的进位由触发器 Q 保存，以便参与下一个高位的相加。由于电路的输出 S 与输入 X_1、Y_1 有关，因而此电路是米里型时序电路。

【例 6.3】 分析图 6.7 所示的时序电路。

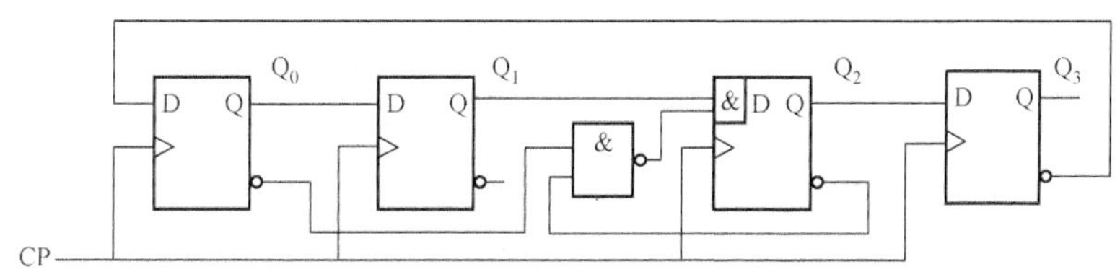

图 6.7 ［例 6.3］时序电路图

解 由图 6.7 可知，该电路属于摩尔型时序电路，并且是没有输入信号的自主电路。

（1）电路的激励方程为

$$D_0=\overline{Q_3} \quad D_1=Q_0 \quad D_2=\overline{\overline{Q_0}\cdot\overline{Q_2}}\cdot Q_1 \quad D_3=Q_2$$

（2）D 触发器的特征方程为

$$Q^{n+1}=D$$

（3）电路的状态方程为

$$Q_0^{n+1}=\overline{Q_3^n} \quad Q_1^{n+1}=Q_0^n \quad Q_2^{n+1}=Q_1^nQ_0^n+Q_2^nQ_1^n \quad Q_3^{n+1}=Q_2^n$$

（4）电路有 4 个触发器，可存在 16 种状态，依次命名为 0、1、2、…、15。根据电路的状态方程求出每种状态的次态，便可得到电路的状态转移表，见表 6.4，继而画出状态图，如图 6.8 所示。

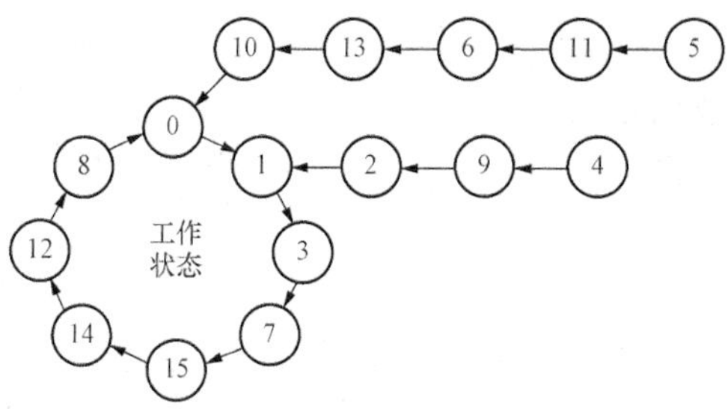

图 6.8 ［例 6.3］时序电路状态图

表 6.4 ［例6.3］状态转移表

现态					次态				
现态名	Q_3^n	Q_2^n	Q_1^n	Q_0^n	次态名	Q_3^{n+1}	Q_2^{n+1}	Q_1^{n+1}	Q_0^{n+1}
0	0	0	0	0	1	0	0	0	1
1	0	0	0	1	3	0	0	1	1
2	0	0	1	0	1	0	0	0	1
3	0	0	1	1	7	0	1	1	1
4	0	1	0	0	9	1	0	0	1
5	0	1	0	1	11	1	0	1	1
6	0	1	1	0	13	1	1	0	1
7	0	1	1	1	15	1	1	1	1
8	1	0	0	0	0	0	0	0	0
9	1	0	0	1	2	0	0	1	0
10	1	0	1	0	0	0	0	0	0
11	1	0	1	1	6	0	1	1	0
12	1	1	0	0	8	1	0	0	0
13	1	1	0	1	10	1	0	1	0
14	1	1	1	0	12	1	1	0	0
15	1	1	1	1	14	1	1	1	0

（5）分析状态表和状态图可知，该电路是一个自启动的扭环计数器，它的任何一个不用状态最终都可自行转入工作状态。

6.3 寄存器、锁存器和移位寄存器

6.3.1 寄存器

在数字系统中，经常需要暂时存放数据或运算结果，以供后续数据处理或运算。能存放一组二进制代码的逻辑电路称为寄存器。一个触发器能存储一位二值代码，要存储 n 位代码需用 n 个触发器组成电路。一般寄存器除了有寄存、输出逻辑功能之外，还有异步清 0 功能。74LS175 是由 4 个上升沿触发的 D 触发器构成的寄存器，逻辑图如图 6.9 所示。当送数命令到来（即时钟脉冲 CP 到来）时，数码 $D_0 \sim D_3$ 便送到寄存器保存起来。根据边沿 D 触发器的动作特点可知，触发器输出端的状态仅取决于 CP 上升（或下降）沿到来时刻 D 端的状态。图中的$\overline{CR}$为异步清零端，当$\overline{CR}=0$ 时，进行异步清零，只有$\overline{CR}=1$ 时，才能进行送数。

6.3.2 锁存器

锁存器是具有“透明”特性的一种寄存器。如图 6.10 给出的是 74LS373 八 D 锁存器逻辑图。其中的触发器采用钟控 D 触发器。在使能信号 G 有效（高电平）期间，各触发器的状态跟随输入信号变化，当使能信号结束（G=0）时，其跳变前那一时刻的输入数据被锁存。

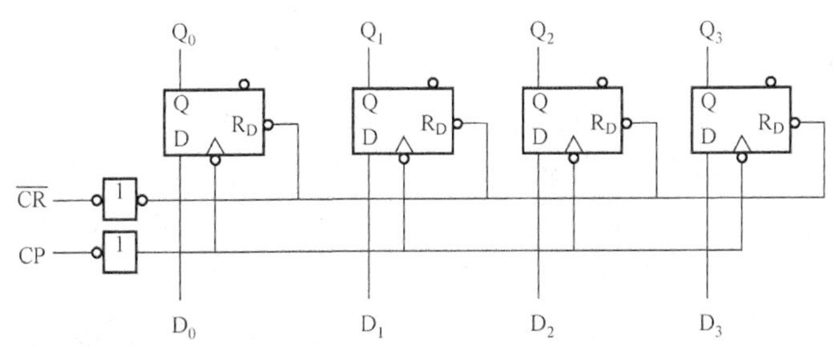

图 6.9　74LS175 4 位寄存器逻辑图

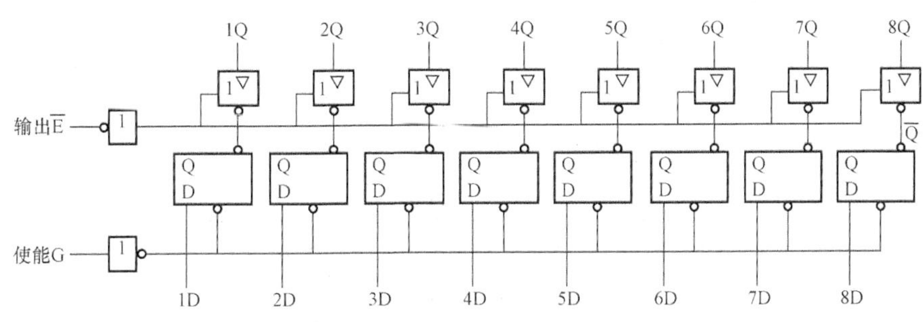

图 6.10　74LS373 八 D 锁存器

74LS373 的输出级为三态非门。只有当控制信号$\overline{E}=0$时，锁存器中信息被输出；而$\overline{E}=1$时，输出被禁止。

从数据寄存的角度来看，锁存器和寄存器的功能是相同的，但两者是有区别的：锁存器是电位信号控制，而寄存器是同步时钟边沿信号控制。因此，两者有不同的使用场合，这取决于控制方式，以及控制信号和数据之间的时间关系。若数据有效滞后于控制信号有效，则只能使用锁存器。若数据提前于控制信号，并要求同步操作，则要求用寄存器来存放数据。

6.3.3　移位寄存器

移位寄存器除了具有存储代码的功能以外，还具有移位功能。移位功能，是指寄存器里存储的代码能在移位脉冲的作用下依次左移或右移。应用移位寄存器可实现数据的串行—并行转换、数值运算以及数据处理等。

图 6.11 所示电路是由边沿 D 触发器组成的 4 位右移寄存器。其中左边第一个触发器的输入端接收输入信号 X，其余的每一个触发器输入端均与前边一个触发器的输出端 Q 相连。由图可直接写出各个触发器的状态方程

$$Q_0^{n+1}=X \quad Q_1^{n+1}=Q_0^n \quad Q_2^{n+1}=Q_1^n \quad Q_3^{n+1}=Q_2^n$$

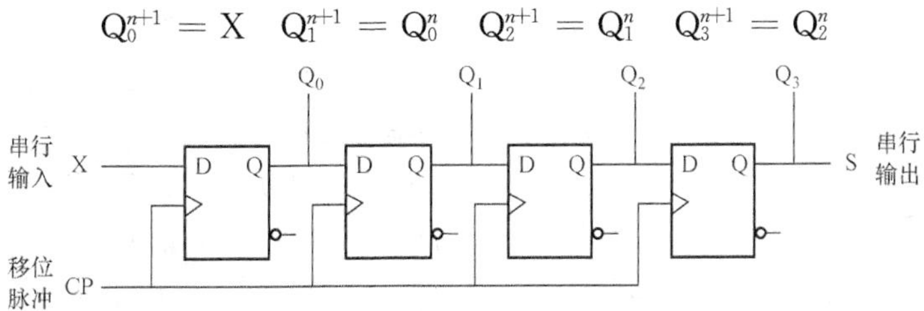

图 6.11　4 位右移寄存器逻辑图

实际应用中常常采用中规模通用移位寄存器，它将触发器和逻辑门集成在一块芯片上，从而为用户带来很大的方便。

图 6.12（a）是 74LS194 通用移位寄存器的逻辑电路图，图 6.12（b）为其图形符号。内部电路是由 4 个正边沿触发的 SR 触发器和各自的输入控制电路组成。由 4 选 1 数据选择器构成的输入控制电路，其互补输出接至触发器的 S、R 输入端，因此实际上接成了 D 触发器。D_{IR}为数据右移串行输入端，D_{IL}为数据左移串行输入端，$D_3 \sim D_0$ 为数据并行输入端，$Q_3 \sim Q_0$ 为数据并行输出端。移位寄存器功能选择由 S_1 和 S_0 的状态决定，$S_1S_0=00$，保持；$S_1S_0=01$，右移；$S_1S_0=10$，左移；$S_1S_0=11$，并行输入。图中的$\overline{CR}$为异步复位信号，即低电平时，各触发器被清 0。74LS194 通用移位寄存器功能表见表 6.5。

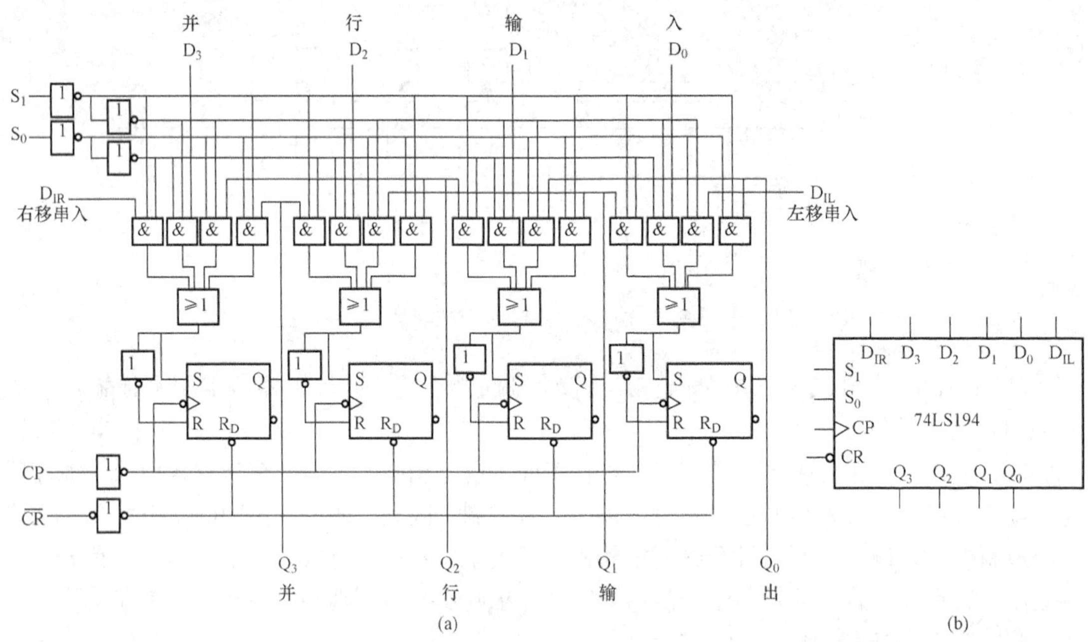

图 6.12　通用移位寄存器 74LS194 逻辑图

（a）逻辑图；（b）图形符号

表 6.5　　74LS194　功　能　表

输	入			功　能
CP	$\overline{CR}$	S_1	S_0	
×	0	×	×	置 0
↑	1	0	0	保持
↑	1	0	1	右移
↑	1	1	0	左移
↑	1	1	1	并行输入

由于该通用移位寄存器可以实现数据双向（左移或右移）移位和并行输入。因此，用它可实现数据的串行输入—并行输出、并行输入—串行输出、串行输入—串行输出和并行输入—并行输出等各种功能。

用两片 74LS194 可构成 8 位通用移位寄存器，如图 6.13 所示。将左位片的最右位（低位）输出 Q_0 接到右位片的右移串行输入 D_{IR}端，右位片的最左位（高位）输出 Q_3 接到左位片的左移串行输入 D_{IL}端，两片的 CP、$\overline{CR}$、S_1 和 S_0 接在一起统一控制。两片的 8 位输出构成了 8 位移位寄存器的输出 $Q_7 \sim Q_0$，两片的 8 位数据并行输入构成了 8 位移位寄存器的数据并行输入 $D_7 \sim D_0$。

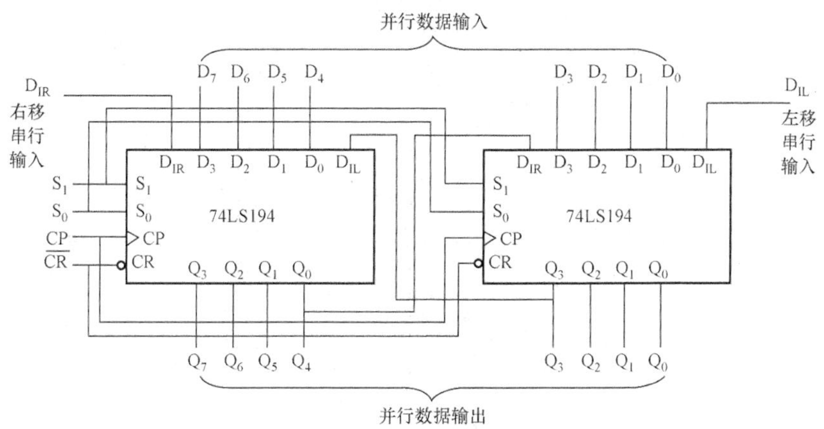

图 6.13 由两片 74LS194 构成的 8 位通用移位寄存器

6.4 计 数 器

计数器是最常用的一种时序逻辑部件，它的基本功能是累计输入脉冲的个数。计数器不仅用于时钟脉冲计数，还用于定时、分频、产生节拍脉冲以及数字运算等。计数器是应用最广泛的数字部件之一。

6.4.1 计数器的分类

计数器的种类很多，一般可按下列 3 种进行分类。

(1) 同步计数器和异步计数器。按计数脉冲输入方式，可分为同步和异步计数器。同步计数器的所有触发器共用一个时钟脉冲源，当计数脉冲到来时各个触发器同时翻转。在异步计数器中，计数脉冲不全作为计数器各触发器的时钟脉冲，当计数脉冲到来时各触发器不同时翻转，因此同步计数器工作速度快，异步计数器工作速度慢。

(2) 二进制计数器、十进制计数器和任意进制计数器。计数器计数时所经历的独立状态的总数称为计数器的模数 M。设计数器中有 n 位触发器，在计数脉冲的作用下，若计数器的模数 $M=2^n$，则称为 n 位二进制计数器（或模 2^n 计数器）；若计数器的模数 $M<2^n$，则称为 M 进制计数器；如 $M=10$，则称为十进制计数器。

(3) 加法计数器、减法计数器和可逆计数器。按计数过程中数字的增减规律可分为加法计数器、减法计数器和可逆计数器。若随着计数脉冲的输入，数字递增的计数器称为加法计数器；数字递减的计数器称为减法计数器；若在信号的控制下计数器可做加法，也可做减法，则称为可逆计数器。

6.4.2 同步计数器

1. 二进制计数器

表 6.6 给出的是 4 位二进制加法计数器的计数情况。初始化时，计数器置 0（即 $Q_3Q_2Q_1Q_0=0000$）；计至 15 后，计数器又回到置 0 时的全 0 状态。

表 6.6 二进制加法计数

计数脉冲个数	二进制输出				十进制数	计数脉冲个数	二进制输出				十进制数
	Q_3	Q_2	Q_1	Q_0			Q_3	Q_2	Q_1	Q_0	
0	0	0	0	0	0	8	1	0	0	0	8
1	0	0	0	1	1	9	1	0	0	1	9
2	0	0	1	0	2	10	1	0	1	0	10
3	0	0	1	1	3	11	1	0	1	1	11
4	0	1	0	0	4	12	1	1	0	0	12
5	0	1	0	1	5	13	1	1	0	1	13
6	0	1	1	0	6	14	1	1	1	0	14
7	0	1	1	1	7	15	1	1	1	1	15

从表 6.6 中可发现，每来一个脉冲，最低位触发器的状态变化一次（由 1 变 0 或由 0 变 1）；而其他位触发器在计数输入脉冲作用下是否翻转，取决于比它低的所有位（在计数脉冲到来之前）是否都处于 1 状态。当 $Q_0=1$ 时，下一个计数脉冲就应使 Q_1 发生翻转；当 $Q_1Q_0=11$ 时，下一个计数脉冲就应使 Q_2 发生翻转。当 $Q_2Q_1Q_0=111$ 时，下一个计数脉冲就应使 Q_3 发生翻转。根据这一特点，可用 JK 触发器构成 4 位同步二进制计数器。将各触发器的 CP 端连接在一起，接至计数输入脉冲，并令各触发器的输入方程为

$$
\begin{aligned}
J_0 &= 1 & K_0 &= 1 \\
J_1 &= Q_0 & K_1 &= Q_0 \\
J_2 &= Q_1Q_0 & K_2 &= Q_1Q_0 \\
J_3 &= Q_2Q_1Q_0 & K_3 &= Q_2Q_1Q_0
\end{aligned}
$$

于是，可画出 4 位同步二进制加法计数器的逻辑图，如图 6.14（a）所示。

同步计数器的特点：在计数过程中，应该翻转的触发器是同时开始翻转的，如图 6.14（b）所示的波形图。因此，同步计数器的稳定时间主要取决于单级触发器的翻转时间（与位数多少无关），计数速度较快。

2. 移位寄存器型计数器

在同步计数器中，有一类用移位寄存器构成的计数器，称这类计数器为移位寄存器型计数器或称移存型计数器。最简单的移存型计数器有环形计数器和扭环计数器两种。

（1）环形计数器。用 D 或 JK 触发器构成的移位寄存器都可以构成环形计数器。图 6.15（a）给出了由 D 触发器构成的 4 位环形计数器的逻辑图。假定各级触发器预置在 $Q_0Q_1Q_2Q_3=1000$ 状态，则在计数脉冲的作用下，电路的状态按图 6.15（c）所示的有效工作循环状态循环，于是有效循环状态数可以表示输入时钟的个数。4 位环形计数器有 16 个状态，其中只有 4 个状态是属于工作循环状态，其他都是非工作循环状态。状态图有 5 个循环，只有一个是工作循环，其他 4 个是非工作循环。假如因偶然原因使电路进入非工作循环，则电路不能回到正常的工作循环中。所以，这种环形计数器是非自启动的。图 6.15（b）给出的是当触

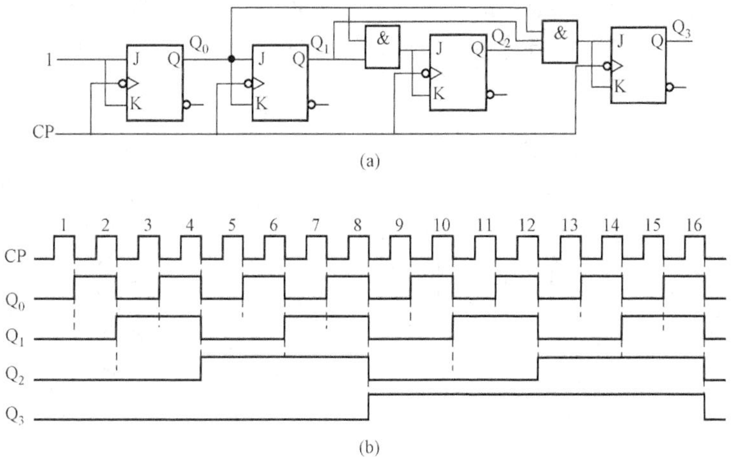

图 6.14 4 位同步二进制加法计数器

(a) 逻辑图；(b) 波形图

发器的状态预置为 1000 时，各触发器工作在有效循环时的波形。由此可以看出，图 6.15 (a) 所示的电路也是一个顺序脉冲发生器及 4 分频器。

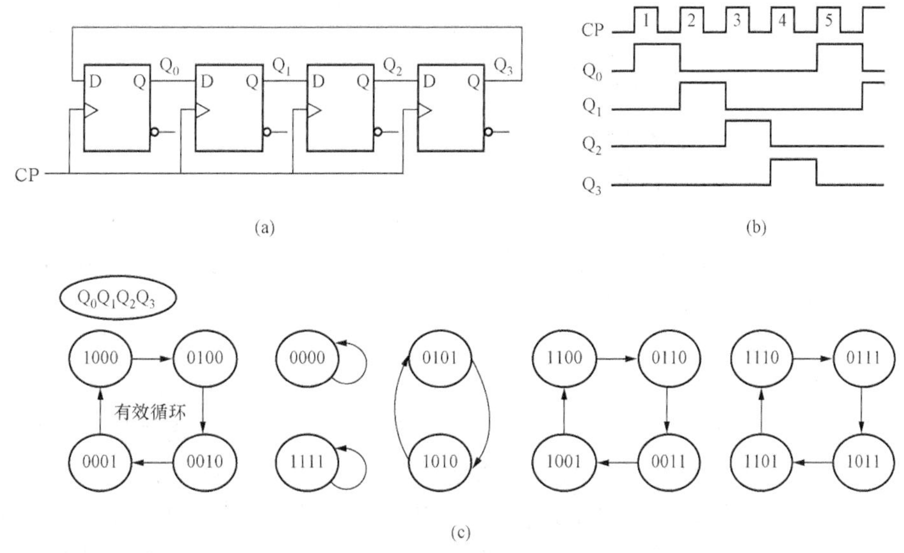

图 6.15 4 位环形计数器

(a) 逻辑图；(b) 波形图；(c) 状态图

(2) 扭环计数器。扭环计数器又称约翰逊计数器 (Johnson Counter)，它是将移位寄存器中最后一级的反变量输出端与第一级的输入端相连，便得到扭环计数器的电路，4 位扭环计数器的逻辑图如图 6.16 所示。由图可以看出，第一级的输入方程为 $D_0=\overline{Q_3^n}$，其他各级为 $D_i=Q_{i-1}^n(i=1，2，3)$。K 位移位寄存器构成的扭环计数器可以计 $2K$ 个数，即 $M=2K$。

表 6.7 给出了扭环计数器工作在有效循环时的计数变化。从中可以看出，任何相邻两个状态中只有一个变量发生改变，对其译码时，输出不会出现竞争冒险现象。但是

正常工作时，如果由于某种原因电路进入非工作循环，则电路就会进入如图 6.17 所示的无效循环。故此计数器也是不能自启动的（改进为能自启动的扭环计数器见本章例 6.3）。

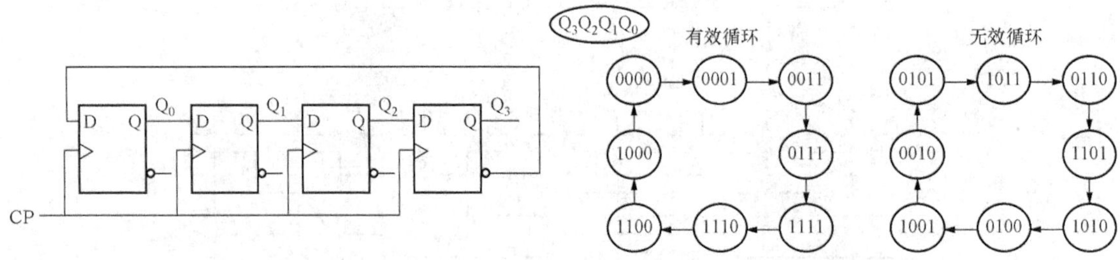

图 6.16 4 位扭环计数器　　　　图 6.17 4 位扭环计数器状态图

表 6.7　　扭环计数器计数顺序

计数脉冲	Q_3	Q_2	Q_1	Q_0	计数脉冲	Q_3	Q_2	Q_1	Q_0
0	0	0	0	0	4	1	1	1	1
1	0	0	0	1	5	1	1	1	0
2	0	0	1	1	6	1	1	0	0
3	0	1	1	1	7	1	0	0	0

移位寄存器型计数器电路的利用率低。4 位扭环计数器的有效循环有 8 个状态，4 位环形计数器的有效循环只有 4 个状态，其余状态均为无效状态。

6.4.3 异步计数器

异步计数器也称串行计数器。在异步计数器中，各级触发器的时钟信号并不是都来自同一个时钟脉冲源，其中一部分来自其他触发器的输出。因此一些触发器的变化会滞后一些时间，工作速度要受到影响。

1. 异步二进制计数器

图 6.18（a）为 4 位异步加法计数器的逻辑图。根据表 6.6 二进制加法计数器的计数规律，最低位 Q_0 是每来一个计数脉冲，状态变化一次（由 0 变 1，或由 1 变 0）；以后各位则是在它相邻低一位触发器的状态由 1 变 0 时，发生状态变化。例如 Q_1，在 Q_0 由 1 变 0 时，发生状态变化。因此图 6.18（a）所示的由 JK 触发器构成的计数器中，所有触发器 JK 输入端均悬空（接逻辑 1），即工作在计数翻转（或交替）方式。第一级输入时钟接时钟源，第二级触发器的输入脉冲来自第一级触发器 Q_0 的输出，用 Q_0 的从 1 到 0 的跳变（负边沿）信号作为 Q_1 的时钟输入；第三级触发器的输入脉冲来自 Q_1 的输出；依次类推。这种连接方式设计的计数器电路结构简单，但随之而来的是计数器的延时问题。从计数脉冲输入到最后一个触发器翻转到规定的状态，需要逐级推移，花费较长的时间。如加法计数计到 0111 时，再来一个脉冲，先使触发器 Q_0 翻转，触发器 Q_0 的翻转引起触发器 Q_1 的翻转，触发器 Q_1 的翻转又引起触发器 Q_2 的翻转，触发器 Q_2 的翻转再引起触发器 Q_3 的翻转。因此，计数器的位数越多，累计的翻转时间就越长。设从时钟下降沿开始到 Q_0 翻转结束所用的时间为 t_p，而从 Q_0 下降沿开始到 Q_1 翻转结束则需要 $2t_p$，依次类

推，到 Q_3 翻转需要 $4t_p$ 时间，如图 6.18（b）所示的波形图。若使用 n 个触发器，求得输入 CP 的最大时钟频率为

$$f_{\max}=\frac{1}{n\cdot t_p}$$

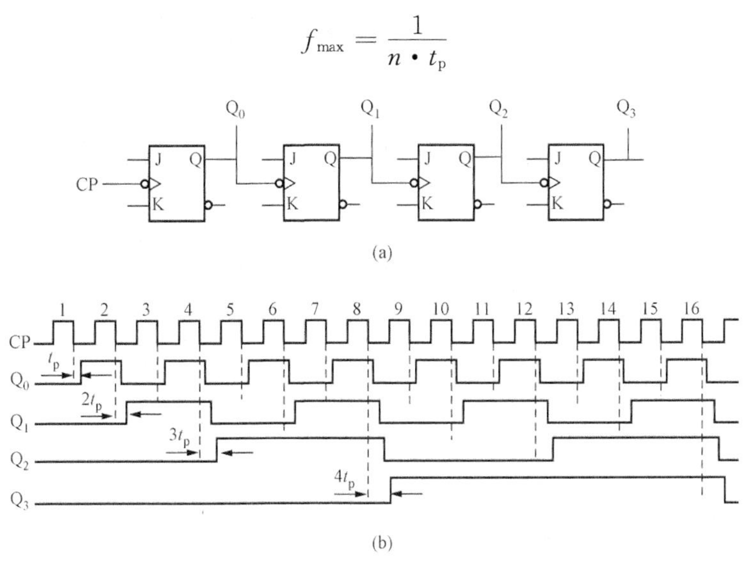

图 6.18　4 位异步二进制计数器

（a）逻辑图；（b）波形图

2. 异步十进制计数器

异步十进制计数器是在 4 位异步二进制计数器的基础上加以修改而得到的。修改时要解决的问题是如何使 4 位二进制计数器在计数过程中跳过从 1010 到 1111 这 6 个状态。

图 6.19 所示是异步十进制计数器的典型电路。选用 JK 触发器，J、K 端悬空时相当于接逻辑 1 电平，图中的 C 是进位输出。

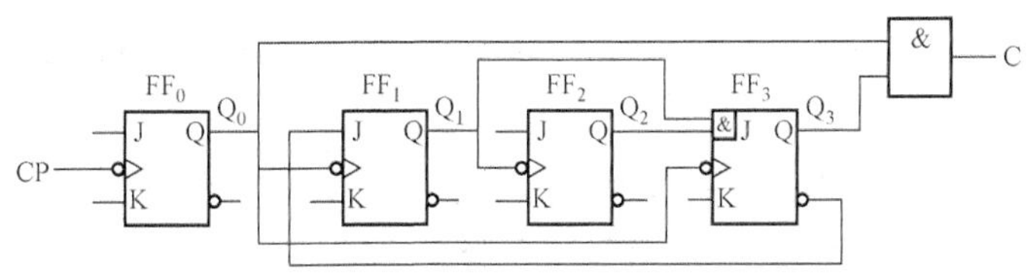

图 6.19　异步十进制计数器逻辑图

如果计数器从 $Q_3Q_2Q_1Q_0=0000$ 时开始计数，由图 6.19 可知在输入第 8 个计数脉冲以前 FF_0、FF_1 和 FF_2 的 J 和 K 始终为 1，即工作在交替方式，因而工作过程和异步二进制计数器相同。在此期间，虽然 Q_0 输出的脉冲也送给了 FF_3，但由于每次 Q_0 的下降沿到达时 $J_3=Q_2Q_1=0$，所以 FF_3 一直保持 0 状态不变。

当第 8 个脉冲输入时，由于 $K_3=1$，$J_3=Q_2Q_1=1$，所以 Q_0 的下降沿到达以后 FF_3 由 0 变为 1。同时 J_1 也随 $\overline{Q_3}$ 变为 0 状态。第 9 个计数脉冲输入以后，电路的状态变为 $Q_3Q_2Q_1Q_0=1001$，此时产生进位信号 $C=Q_3Q_0=1$。第 10 个计数脉冲输入后，FF_0 翻转成 0，同时 Q_0 的下降沿使 FF_3 置 0，于是电路从 1001 返回到 0000，跳过了 1010～1111 这 6 个状态，成为十进制计数器，其状态的变化见表 6.8，波形图如图 6.20 所示。

表 6.8 **异步十进制计数器状态转移表**

十进制数	现态				次态				进位
	Q_3^n	Q_2^n	Q_1^n	Q_0^n	Q_3^{n+1}	Q_2^{n+1}	Q_1^{n+1}	Q_0^{n+1}	C
0	0	0	0	0	0	0	0	1	0
1	0	0	0	1	0	0	1	0	0
2	0	0	1	0	0	0	1	1	0
3	0	0	1	1	0	1	0	0	0
4	0	1	0	0	0	1	0	1	0
5	0	1	0	1	0	1	1	0	0
6	0	1	1	0	0	1	1	1	0
7	0	1	1	1	1	0	0	0	0
8	1	0	0	0	1	0	0	1	0
9	1	0	0	1	0	0	0	0	1

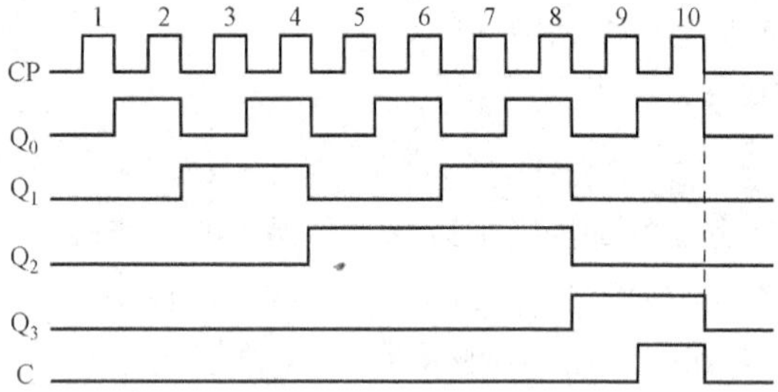

图 6.20 异步十进制计数器波形图

6.4.4 中规模集成计数器

实际应用中，可直接采用芯片厂商生产的中规模集成计数器，它有同步计数器和异步计数器两类。异步计数器具有电路结构简单和使用方便等优点，但工作速度慢；同步计数器的工作速度快，所以应用领域更广阔。常见的功能如下。

可逆计数。可逆计数也称为加/减计数。实现可逆计数的方法有两种：单时钟方式和双时钟方式。

单时钟方式是要设置工作模式控制信号。例如，74LS191 使用 M 作加减控制信号，当 M=1 时，作加法计数；当 M=0 时，作减法计数。

在双时钟方式中，计数器有两个外部时钟输入端。例如，74LS193 有 CP_+ 和 CP_-，当做加法计数时，计数脉冲从 CP_+ 加入；当做减法计数时，计数脉冲从 CP_- 加入。

预置。计数器有一个预置控制端$\overline{LD}$，当$\overline{LD}=0$ 时可使计数器的状态等于预先设定的状态，即 $Q_3Q_2Q_1Q_0=d_3d_2d_1d_0$，其中，$d_3d_2d_1d_0$ 为预置的输入数据。

预置有同步预置和异步预置两种方式。在同步预置中，$\overline{LD}$信号变为有效（$\overline{LD}=0$）之后并不立即实行预置，而是要等到下一个时钟有效边沿到来时才完成预置功能，即预置的实现与时钟同步。在异步预置中，$\overline{LD}$信号变为有效时，立即将预置数据送到各个触发器，而与此时的时钟信号无关，这类似于触发器的复位/置位。通常是把预置数据在$\overline{LD}$控制下直接加到触发器的置位端。

复位。大多数中规模同步计数器都有复位（清 0）功能。复位分为同步复位和异步复位，其含义与同步预置和异步预置相似。

时钟有效边沿。一般而言，中规模的同步计数器都是上升沿触发，而异步计数器则是下降沿触发。

其他功能。同步计数器还有进位（借位）输出功能和计数控制输入功能。后者可用来控制计数器是否工作，常用在多片计数器级联时，控制各级计数器的工作。

表 6.9 列出了几种同步计数器的主要特性。

表 6.9 同步计数器

型号	计数方式	清 0 方式	预置方式
74LS161	4 位二进制加法	异步（低电平）	同步
74LS163	4 位二进制加法	同步（上升沿）	同步
74LS191	单时钟 4 位二进制可逆	无	异步
74LS193	双时钟 4 位二进制可逆	异步（高电平）	异步
74LS160	十进制加法	异步（低电平）	同步
74LS162	十进制加法	同步（上升沿）	同步
74LS192	双时钟十进制可逆	异步（高电平）	异步
74LS190	单时钟十进制可逆	无	异步

1. 74LS163——4 位二进制同步计数器

图 6.21（a）是 74LS163 同步二进制计数器逻辑图，图 6.21（b）是它的工作波形图，图 6.21（c）是它的图形符号，表 6.10 是它的功能表。

74LS163 为 4 位二进制加法计数器，模为 16，时钟上升沿触发。功能如下：

（1）同步清 0。清 0 输入端$\overline{R_D}$的低电平将在下一个时钟脉冲正沿配合下，把 4 个触发器的输出置为低电平，而不管使能输入为何值。

（2）同步预置。当$\overline{LD}=0$时在时钟脉冲的作用下，计数器并行预置来自输入端 d_3、d_2、d_1、d_0 的 4 位二进制数。

（3）正常计数。当$\overline{LD}=1$时，两个计数器使能输入 E_P、E_T 同为高电平，在时钟脉冲的作用下，计数器正常计数。

计数器的进位输出 $CO=E_TQ_3Q_2Q_1Q_0$，可用来级联成多位同步计数器。

2. 用中规模集成计数器组成任意进制计数器

中规模集成计数器功能较强，只要改变外围电路的连接就可以很方便地改变计数器的模。下面讨论如何用这些集成计数器组成任意进制的方法。假定已有的集成计数器是 M 进制，而需要组成的是 N 进制计数器。那么，M 和 N 的关系有 $N<M$ 和 $N>M$ 两种情况。

（1）$N<M$ 的情况。利用 M 进制集成计数器得到 N 进制计数器的基本思想，就是设法使计数器跳过 $M-N$ 个状态。具体实现的方法有两种：反馈清 0 法和反馈置数法。反馈清 0 法是利用集成计数器清 0 输入端使电路计数到某一状态时产生清 0，清除 $M-N$ 个状态实现 N 进制计数器；而反馈置数法是利用计数器的置数功能，通过给计数器重复置入某个数码的方法减少 $M-N$ 个独立状态，实现 N 进制计数器。图 6.22（a）是采用反馈清 0 法实现

的六进制计数器逻辑图，图 6.22（b）则是用同步置数法实现的六进制计数器逻辑图。

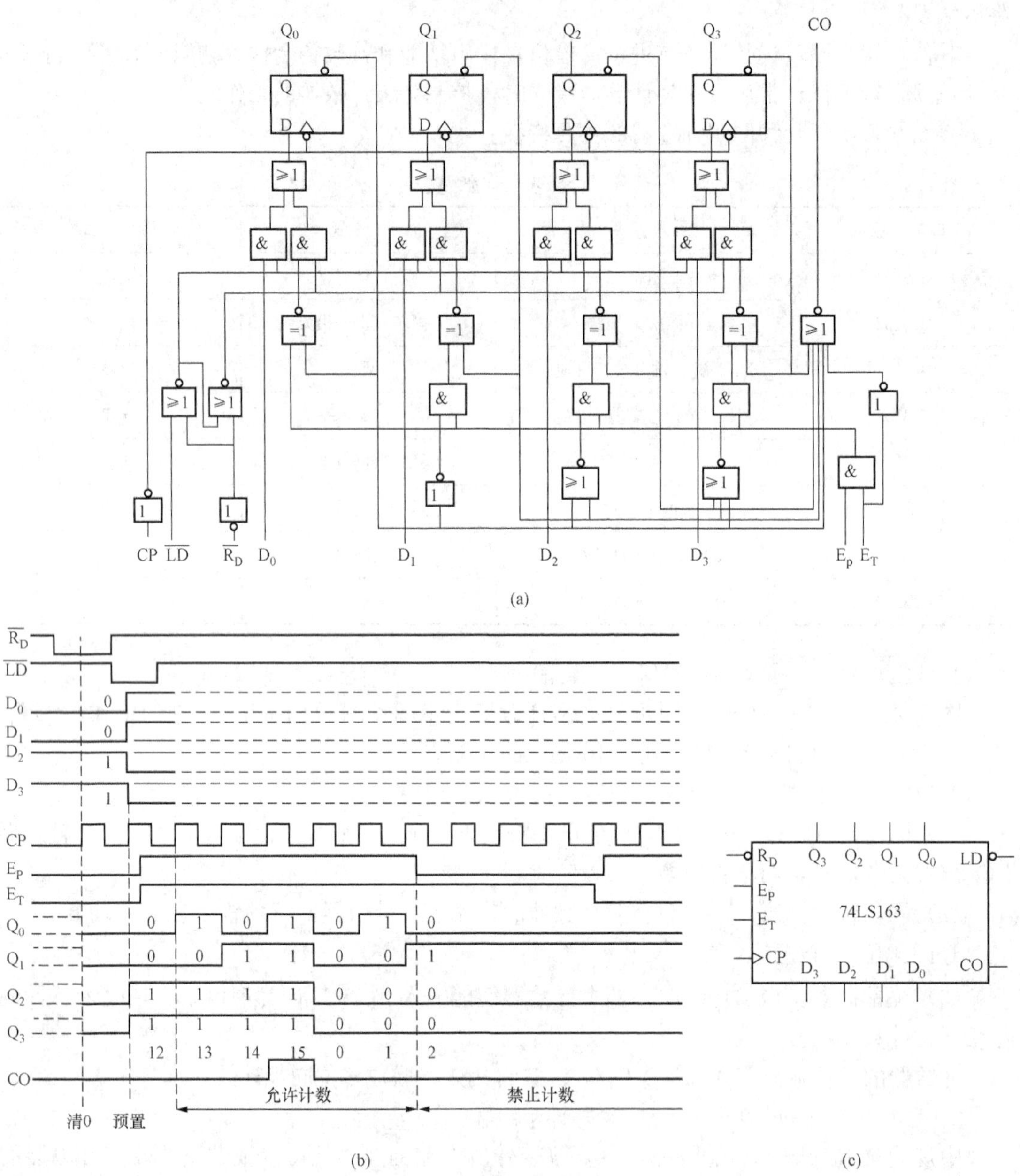

图 6.21　74LS163 计数器

（a）逻辑图；（b）清 0、预置、禁止波形图；（c）图形符号

在图 6.22（a）所示的六进制计数器中，由于 74LS160 是异步清 0，当计数器刚出现计数值 0110 时，Q_2Q_1＝11 经与非门产生低电平输出接到 74LS160 的$\overline{R_D}$端，使计数器瞬间回到 0。因此计数器从 0～5 共计 6 个状态，其计数的波形图如图 6.23（a）所示；而图 6.22（b）所示的六进制计数器，利用 74LS163（功能表见表 6.10）同步置数功能，当计数器计至 1111 时，产生的 CO＝1 进位信号，经非门产生低电平的$\overline{LD}$信号，同时使 D_3D_1＝11，在

下一个时钟脉冲上升沿到来时，将1010装入计数器，以便下一轮计数仍从10开始，计数的波形图如图6.23（b）所示。这样此计数器从10～15，共计6个状态。

表6.10　74LS163 功能表

输入								输出			
清零 $\overline{R_D}$	使能 $E_P \cdot E_T$	置数 $\overline{LD}$	时钟 CP	数据				Q_3	Q_2	Q_1	Q_0
				D_3	D_2	D_1	D_0				
0	×	×	↑	×	×	×	×	0	0	0	0
1	0	0	↑	d_3	d_2	d_1	d_0	d_3	d_2	d_1	d_0
1	0	1	×	×	×	×	×	保持			
1	1	1	↑	×	×	×	×	计数			

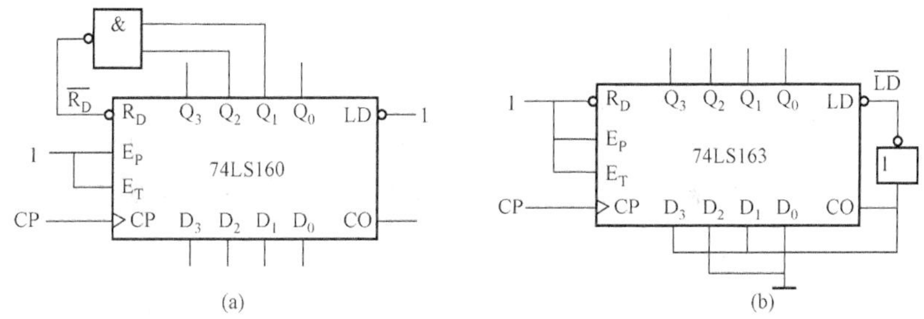

图6.22　六进制计数器逻辑图

（a）反馈清0法实现的六进制计数器逻辑图；（b）同步置数法实现的六进制计数器逻辑图

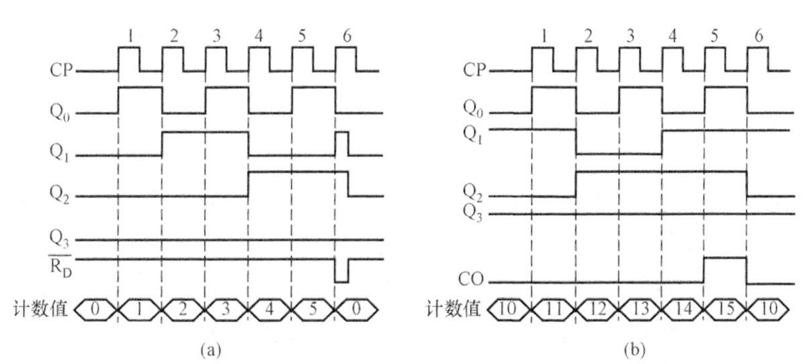

图6.23　六进制计数器波形图

（a）异步清0方式；（b）同步置数方式

（2）$N>M$ 的情况。如果 $N>M$，N 进制计数器必须用多片 M 进制计数器组合而成。芯片组合方式一般有串行进位方式、并行进位方式、整体反馈清0和整体反馈置数等几种方式。下面仅以两块集成芯片组成 N 进制计数器为例，说明四种工作方式的原理。

1）串行进位方式。用两片74LS163采用串行进位方式组成的 $N=256$ 进制计数器，如图6.24所示。电路中芯片A为计数器的低4位，芯片B为计数器的高4位。芯片A计数脉冲为CP，芯片B的计数脉冲是芯片A的CO反相后的输出，显然是连接成一个异步计数器。电路中两芯片 $E_P=E_T=1$，$\overline{LD}=1$，两芯片的 $\overline{R_D}$ 接在一起用清零信号CLR控制，开始工作时两计数器应先清 0。根据 74LS163 功能表，芯片均工作于计数状态。加入计数脉冲，每当芯片 A 由 0000 计数至 1111 时 CO 的下降沿经反相后，送给芯片 B 一个有效触发上升沿，芯片 B 计数一次，其他情况芯片 B 保持不变，电路完成 16×16=256 进制计数。

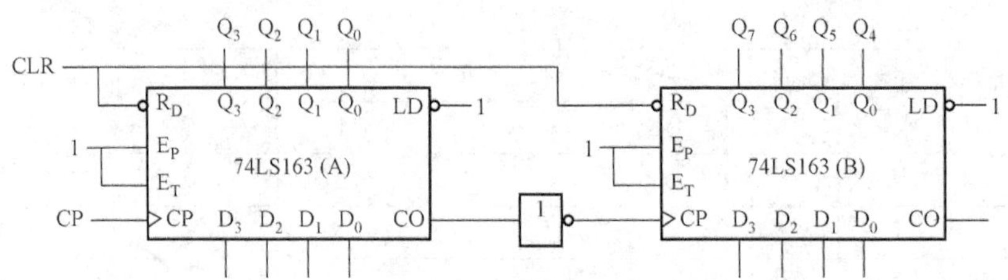

图 6.24 串行进位方式组成 256 进制计数器

2）并行进位方式。采用并行进位方式，用两片 74LS162 组成的 $N=10\times10=100$ 进制计数器，如图 6.25 所示。与串行进位不同的是，芯片 B 的时钟也是来自 CP，每当芯片 A 由 0000 计数至 1001，CO=1 时打开芯片 B 的计数门，芯片 B 才能在 CP 作用下计数一次。

假如计数器 A 输入时钟频率为 100Hz，则计数器 A 进位 CO 信号的输出频率为 10Hz，计数器 B 进位 CO 的输出频率为 1Hz，每一个计数器的脉冲输出频率等于其输入时钟频率除以计数模值，这种应用称为分频。

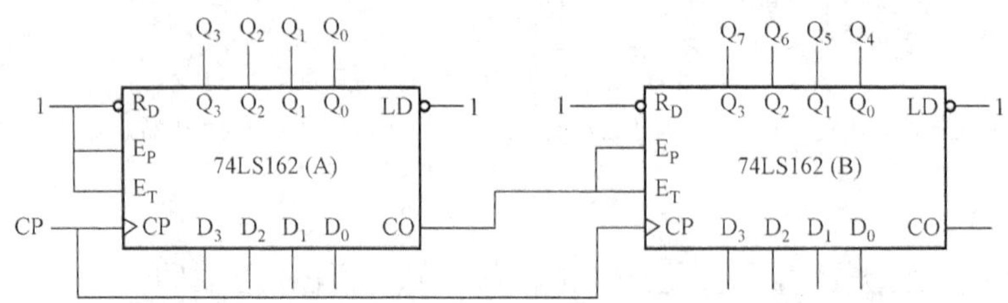

图 6.25 并行进位方式组成 100 进制计数器

3）整体反馈置 0 方式。采用两片 74LS160 十进制计数器，其连接如图 6.26 所示。首先将两片 74LS160 以并行方式连成一个百进制计数器，当计数器从全 0 状态开始计数，计至 24 个脉冲，即 $Q_7Q_6Q_5Q_4Q_3Q_2Q_1Q_0=00100100$ 时，经门 G1 输出产生低电平信号，即刻异步地将两片 74LS160 同时置 0。于是便得到了二十四进制计数器。

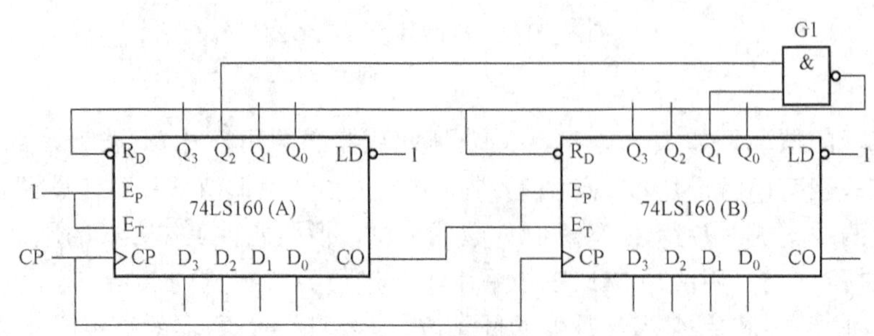

图 6.26 整体反馈置 0 法组成二十四进制计数器

4）整体反馈置数方式。采用两片74LS161组成的$N=174$进制计数器，如图6.27所示。芯片A和B并行连接，当两片芯片按二进制加法计数到$Q_7Q_6Q_5Q_4Q_3Q_2Q_1Q_0=11111111$时，芯片A和B进位同时输出高电平时，经反相后供芯片A、B的$\overline{LD}$端低电平，于是数据01010010被同步置入，电路共有174（82～255）个有效状态，构成了174进制计数器。

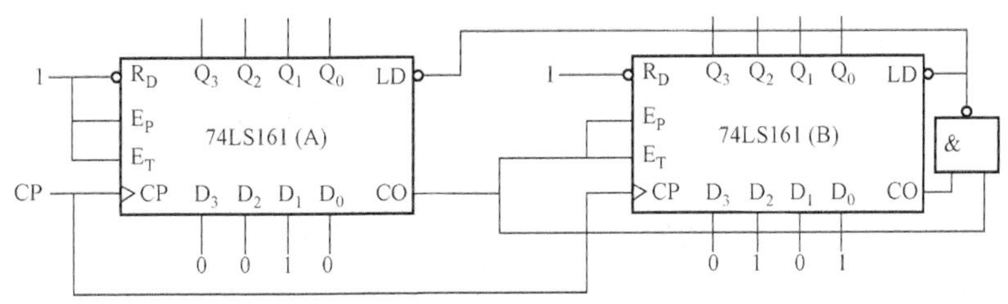

图6.27 整体反馈置数法组成174进制计数器

6.5 计数器的应用

数字系统中计数器的应用十分广泛。其中，顺序脉冲发生器和序列信号发生器是数字系统中最常用的逻辑部件。

1. 顺序脉冲发生器

顺序脉冲发生器也称节拍发生器。顺序脉冲发生器能够产生一组在时间上有先后顺序的脉冲。用这组脉冲可以使控制器形成所需的各种控制信号，以便控制机器按照事先规定的顺序进行一系列操作。

通常，顺序脉冲发生器由计数器和译码器构成。

图6.28给出了8路顺序脉冲发生器逻辑图和波形图。用3个D触发器作为模8二进制计数器，经译码输出高电平有效的T_0～$T_7$8个顺序脉冲。图6.28（b）波形图中的尖脉冲是竞争冒险现象在输出端产生的干扰脉冲。

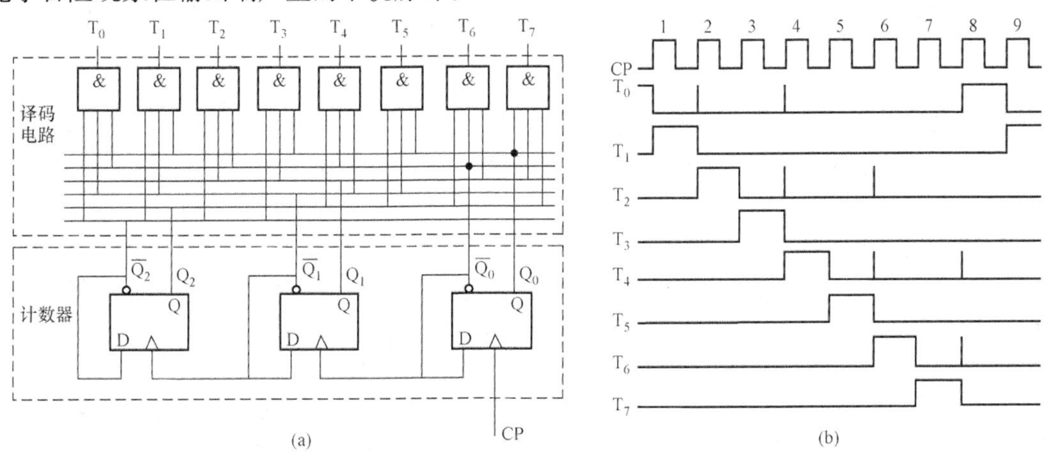

图6.28 8路顺序脉冲发生器

（a）逻辑图；（b）波形图

消除干扰的一个简单方法就是用时钟去封锁译码门，其电路如图 6.29（a）所示。图 6.29（b）给出了其输出波形。此时的脉冲不再是一个紧接着一个。

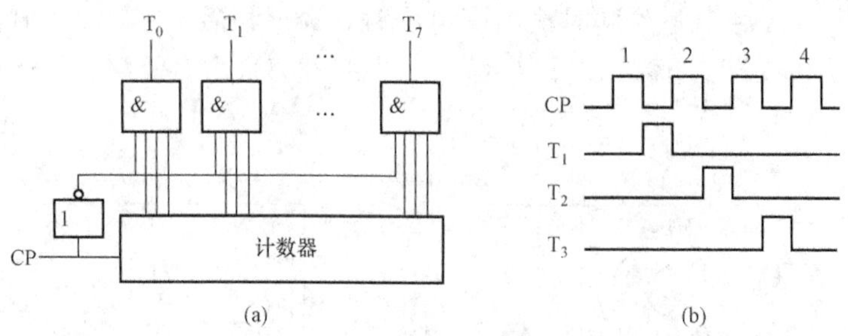

图 6.29　用时钟脉冲封锁后的 8 路顺序脉冲发生器

（a）逻辑图；（b）波形图

消除干扰的另一种方法是选用扭环计数器作为顺序脉冲发生器中的计数器。因为扭环计数器无论是由多少位触发器构成，其状态循环中任何两个相邻状态之间只有一个触发器的状态不同，译码函数可简化为二变量的函数。所以在状态转换过程中任何一个译码门都不会有两个或多个输入端同时改变状态，这就从根本上消除了竞争冒险现象。3 位扭环计数器及译码电路构成的序列信号发生器的逻辑图如图 6.30 所示。扭环计数器的有效循环状态和译码器的输出函数列入表 6.11 中。

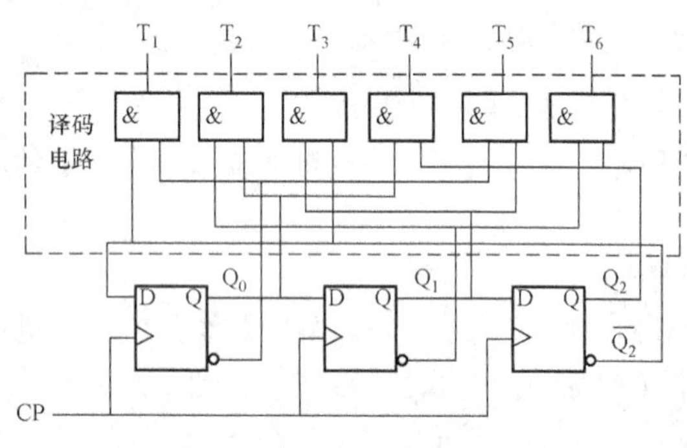

图 6.30　用扭环计数器构成的顺序脉冲发生器

表 6.11　3 位扭环计数器状态及译码函数

时钟脉冲	触发器状态			周期信号	译码函数
CP	Q_2	Q_1	Q_0	T_i	
1	0	0	0	T_1	$\overline{Q_2} \cdot \overline{Q_0}$
2	0	0	1	T_2	$\overline{Q_1} \cdot Q_0$
3	0	1	1	T_3	$\overline{Q_2} \cdot Q_1$
4	1	1	1	T_4	$Q_2 \cdot Q_0$
5	1	1	0	T_5	$Q_1 \cdot \overline{Q_0}$
6	1	0	0	T_6	$Q_2 \cdot \overline{Q_1}$

还可以采用环形计数器作为顺序脉冲发生器。因为环形计数器的有效循环中的每一个状态只有一个 1，也不会产生竞争冒险现象。图 6.15（a）、（b）给出了 4 位环形计数器逻辑图及波形图。

2. 序列信号发生器

在数字信号的传输和数字系统的测试中，有时需要用到一组特定的串行数字信号。通常把这种串行数字信号称为序列信号。产生序列信号的电路称为序列信号发生器。

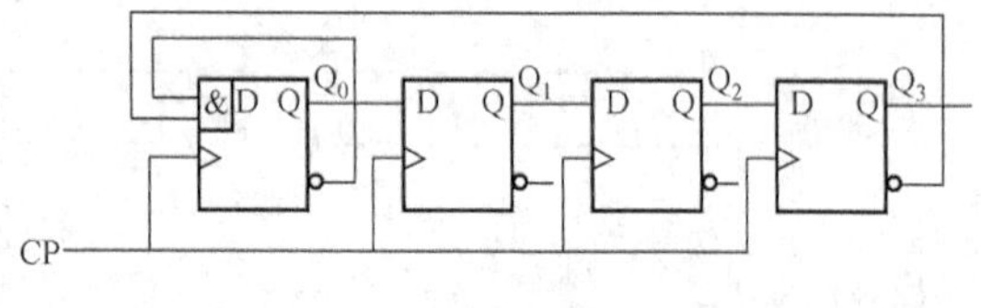

图 6.31　序列信号发生器逻辑图

图 6.31 是用移位寄存器型计数器构成序列信号发生器的逻辑图，表 6.12 是其状态转移表。由图可得反馈信号 D_0 的表达式为

$$D_0 = \overline{Q_3^n} \cdot \overline{Q_0^n}$$

假定给定的起始状态为 $Q_0Q_1Q_2Q_3=0101$，则可求出相应状态下的 D_0 值，如表中的第一行。起始状态为 0101，故 $D_0=\overline{Q_3^n}\cdot\overline{Q_0^n}=0$。CP 到来之后移入 Q_0，Q_0 移入 Q_1，Q_1 移入 Q_2，Q_2 移入 Q_3，得到第二个状态 0010；然后再求出第二个状态下的 D_0 值，依此类推，求出其他各个状态，直到又出现起始状态为止。

分析状态转移表可见，每隔 5 个脉冲，电路的状态循环一遍，在 Q_3 端顺序输出 10100，10100…这样一组特定的串行序列信号，序列长度为 5 位，序列值为 10100。

表 6.12　　状 态 转 移 表

现态				$D_0=\overline{Q_3^n}\cdot\overline{Q_0^n}$	次态			
Q_0	Q_1	Q_2	Q_3		Q_0	Q_1	Q_2	Q_3
0	1	0	1	0	0	0	1	0
0	0	1	0	1	1	0	0	1
1	0	0	1	0	0	1	0	0
0	1	0	0	1	1	0	1	0
1	0	1	0	0	0	1	0	1
0	1	0	1	0	0	0	1	0

6.6 同步时序电路设计

同步时序电路的设计是根据对电路逻辑功能的要求设计出具体的时序电路，通常是按下述步骤进行：

（1）建立原始状态表或状态图。根据用文字描述的设计要求构成原始状态表，确定电路有几个状态、状态之间的转换关系和电路输出等问题。一般采用直接构成法，即根据设计要求直接画出状态图，再由状态图得到状态表。

（2）状态化简。把原始状态表中多余的状态消去，得到最简状态表。

（3）状态编码。根据最简状态表中的状态数目 M，确定构成存储电路的触发器数目 n。n 个触发器可以有 2^n 种状态组合，取 $2^{n-1}<M\leqslant 2^n$，对表中的每一个状态指定一个二进制代码。

（4）确定触发器类型并求出激励方程和输出方程。不同逻辑功能的触发器的特征方程不同，因而在选定触发器后，才能求出状态方程，进而求出激励方程和输出方程。

（5）按照激励方程和输出方程画出逻辑图。

（6）检查所设计的电路能否自启动。

检查所有无效状态，如果这些无效状态在时钟脉冲作用下能进入到有效循环中，则说明电路能够自启动，否则电路不能自启动。如果电路不能自启动，就要修改设计，使它能够自启动。另外，在电路开始工作时，要将电路状态设置成有效循环中的某一状态。

【例 6.4】 设计一个串行信号检测器。电路的输入信号是与时钟脉冲同步的串行数据

X，输出信号为 Z。要求电路在 X 信号输入出现 110 序列信号时，输出信号 Z 为 1，否则为 0。

解　设计过程如下：

(1) 建立原始状态图和状态表。

根据给定的逻辑要求，检测器必须记住三个输入码。令 S_1 表示已收到输入一个 1 以后的状态；S_2 表示已收到输入 11 以后的状态；S_3 表示已收到输入 110 以后的状态。此外，还需设定起始状态 S_0。

电路初态 S_0，若当前输入 X=1，则电路进入次态 S_1，Z=0；若 X=0，则电路停留在 S_0 状态，Z=0。

如电路现态为 S_1，当前输入 X=1，则由 S_1 转换至 S_2 状态，Z=0；在 S_1 状态时，若输入 X=0，则电路回到 S_0，输出为 0。

如电路现态为 S_2，当前输入 X=0，则由 S_2 转换至 S_3 状态，由于已收到 110，故 Z=1，110 序列信号检测成功；若输入 X=1，则电路仍停留在 S_2，输出为 0。

如电路现态为 S_3，当前输入 X=0，则电路进入 S_0，Z=0；在 S_3 状态时，若输入 X=1，则电路进入 S_1 状态，输出为 0。

图 6.32 是该电路的原始状态图，由图得到状态表，见表 6.13。

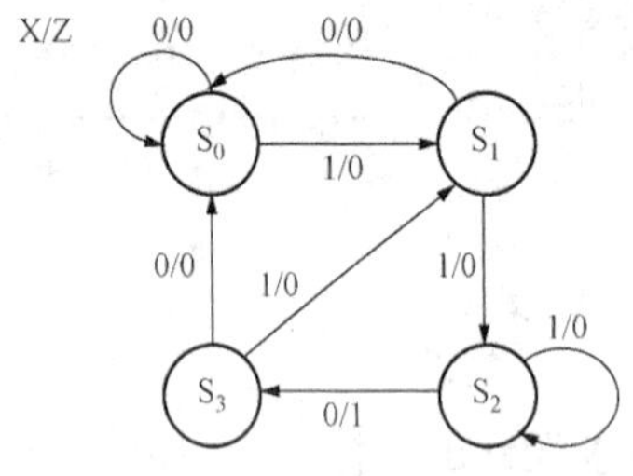

图 6.32　［例 6.4］原始状态图

表 6.13　110 序列信号状态表

现态	次态，输出（Z）	
	X=0	X=1
S_0	S_0，0	S_1，0
S_1	S_0，0	S_2，0
S_2	S_3，1	S_2，0
S_3	S_0，0	S_1，0

(2) 状态化简。比较两个状态 S_0 和 S_3 可以发现，输入 X=0 时它们的次态全是 S_0 且输出相同，都为 0；输入 X=1 时它们的次态全是 S_1 且输出相同，也都为 0。可见，S_0 和 S_3 两个状态为等价状态，可以合并为一个状态 S_0。于是得到最简的状态图如图 6.33 所示，最简状态转移表见表 6.14。

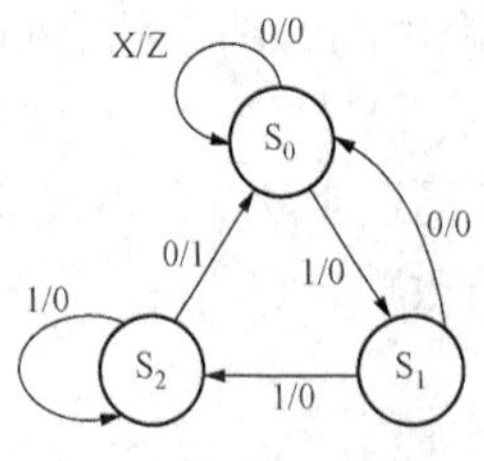

图 6.33　最简状态图

表 6.14　最简状态转移表

现态	次态，输出（Z）	
	X=0	X=1
S_0	S_0，0	S_1，0
S_1	S_0，0	S_2，0
S_2	S_0，1	S_2，0

(3) 状态编码。因为最简状态图中共有 3 个状态，所以最少需要两个触发器（$n=2$）。取状态编码为 $S_0=00$，$S_1=10$，$S_2=11$，多余状态 01 认为是任意态。选用两个 D 触发器 Q_2、Q_1，其编码 00 代表 S_0，10 代表 S_1，11 代表 S_2，得到对应的最简状态转移真值表见

表 6.15。

（4）确定触发器激励方程和输出方程。由表 6.15 和 D 触发器的激励表，可列出电路激励、状态转移真值表见表 6.16。

表 6.15　最简状态转移真值表

Q_2^n	Q_1^n	$Q_2^{n+1}Q_1^{n+1}/Z$	
		X=0	X=1
0	0	00/0	10/0
1	0	00/0	11/0
1	1	00/1	11/0

表 6.16　激励、状态转移真值表

X	Q_2^n	Q_1^n	Q_2^{n+1}	Q_1^{n+1}	Z	D_2	D_1
0	0	0	0	0	0	0	0
0	1	0	0	0	0	0	0
0	1	1	0	0	1	0	0
1	0	0	1	0	0	1	0
1	1	0	1	1	0	1	1
1	1	1	1	1	0	1	1

由表 6.16 可得 Q_2^{n+1}、Q_1^{n+1} 状态方程如下

$$Q_2^{n+1}=\overline{Q_2^n}\,\overline{Q_1^n}X+Q_2^n\,\overline{Q_1^n}X+Q_2^nQ_1^nX=(Q_2^n+\overline{Q_1^n})X=\overline{\overline{Q_2^n}Q_1^n}X$$

$$Q_1^{n+1}=Q_2^n\,\overline{Q_1^n}X+Q_2^nQ_1^nX=Q_2^nX$$

由此可求得触发器的激励方程及输出方程为

$$D_2=\overline{\overline{Q_2^n}Q_1^n}X\quad D_1=Q_2^nX\quad Z=Q_2^nQ_1^n\,\overline{X}$$

（5）根据激励方程和输出方程可画出该检测器的逻辑图，如图 6.34 所示。

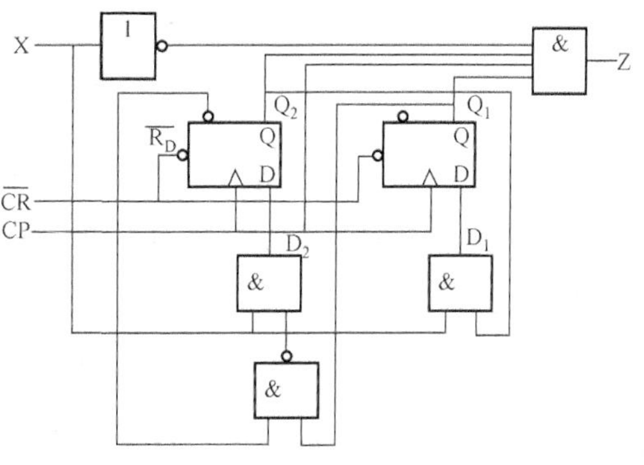

图 6.34　110 序列信号检测器逻辑电路图

【例 6.5】　试设计一个五进制加法计数器。

解　假设所设计的五进制加法计数器没有外界控制逻辑信号输入，只有时钟输入和进位输出信号。令进位输出 C=1 表示有进位，而 C=0 表示无进位输出。

五进制计数器应有 5 个有效状态，所以应选 3 位二进制表示其编码。选 000～100 共 5 个自然二进制数作状态的编码。编码之后的状态转换图如图 6.36 所示。

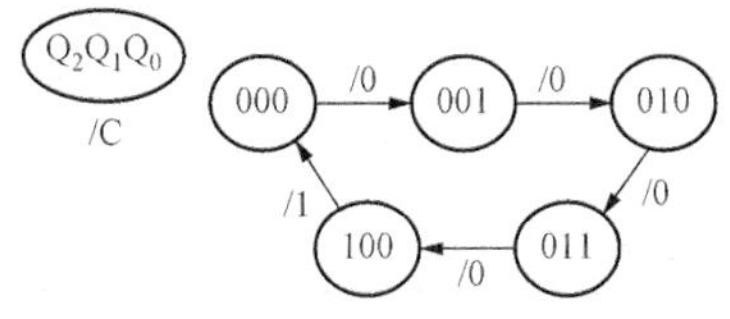

图 6.35　五进制加法计数器状态图

Q_2^n \ $Q_1^nQ_0^n$	00	01	11	10
0	001/0	010/0	100/0	011/0
1	000/1	ϕ	ϕ	ϕ

图 6.36　［例 6.5］次态卡诺图

根据图 6.35 可画出表示次态逻辑函数和输出函数的卡诺图，将次态和输出状态填在所对应的方格内，不出现的状态可按无关项处理，在相应方格内填 ϕ，便可得到次态卡诺图如图 6.36 和分解的次态卡诺图如图 6.37 所示。

由次态卡诺图很容易写出化简后电路的状态方程。

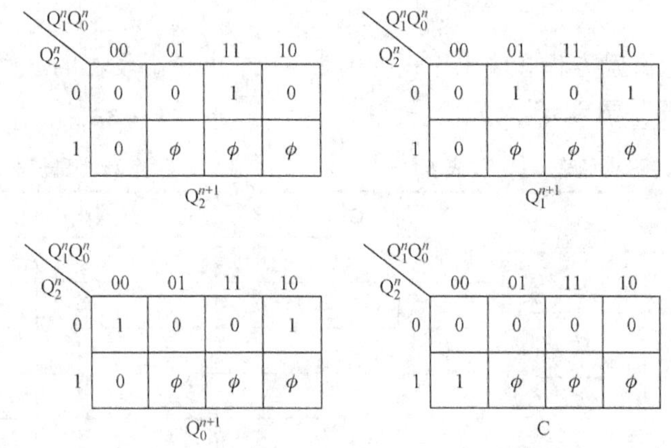

图 6.37 ［例 6.5］分解的次态卡诺图

$$Q_2^{n+1} = Q_0^n Q_1^n \overline{Q_2^n}$$

$$Q_1^{n+1} = Q_0^n \overline{Q_1^n} + \overline{Q_0^n} Q_1^n$$

$$Q_0^{n+1} = \overline{Q_2^n}\,\overline{Q_0^n}$$

输出方程 $C = Q_2^n$

选用 JK 触发器，将状态方程和 JK 触发器的特征方程 $Q^{n+1}=J\overline{Q^n}+\overline{K}Q^n$ 进行对比，求得激励方程为

$$J_2 = Q_0^n Q_1^n \quad K_2 = 1$$

$$J_1 = Q_0^n \quad K_1 = Q_0^n$$

$$J_0 = \overline{Q_2^n} \quad K_0 = 1$$

根据激励方程和输出方程画出的逻辑图，如图 6.38 所示。

检查自启动，结果是该电路能够自启动。其完整的状态转换图如图 6.39 所示，状态转移表见表 6.17。

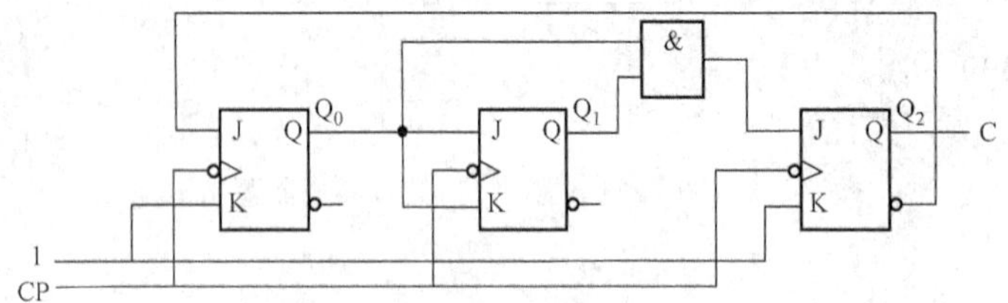

图 6.38 用 JK 触发器构成的五进制加法计数器逻辑图

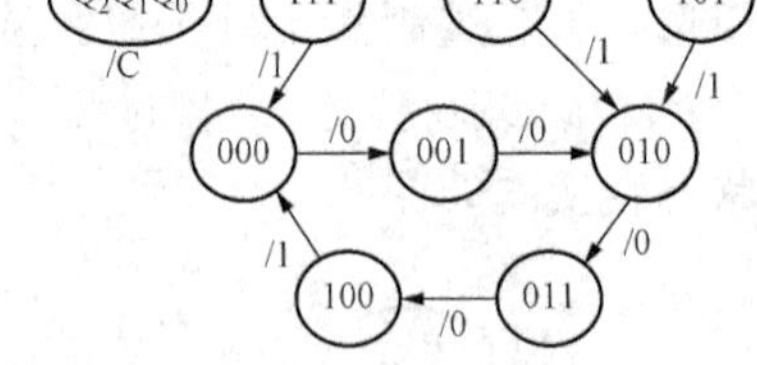

图 6.39 ［例 6.5］完整状态转换图

表 6.17 **［例 6.5］状态转移表**

计数脉冲	Q_2^n	Q_1^n	Q_0^n	Q_2^{n+1}	Q_1^{n+1}	Q_0^{n+1}	C
0	0	0	0	0	0	1	0
1	0	0	1	0	1	0	0
2	0	1	0	0	1	1	0
3	0	1	1	1	0	0	0
4	1	0	0	0	0	0	1

续表

计数脉冲	Q_2^n	Q_1^n	Q_0^n	Q_2^{n+1}	Q_1^{n+1}	Q_0^{n+1}	C
	1	0	1	0	1	0	
	1	1	0	0	1	0	
	1	1	1	0	0	0	

【例 6.6】 试设计一个能实现光点右移、左移、停止的控制电路。光点右移表示电动机正转，光点左移表示电动机反转，光点停止表示电动机停止转动。电动机运转规律如下：正转 20s—停 10s—反转 20s—停 10s—正转 20s……。

解 用发光二极管的亮、灭变化可以实现光点移动。如果用 4 个发光二极管，只一个发光二极管亮，光点移动才会明显。4 位双向移位寄存器 74LS194 具有置数、右移、左移、保持功能，与光点的运行（电动机运行）规律相对应，故可选 74LS194 驱动发光二极管。

由电动机运行规律可以看出，电路工作一个循环需 60s。若设 10s 为一个工作单元，可用计数器计数控制工作单元的切换。通过 74LS194 的控制端 S_1、S_0 控制，可以反映电动机的运行规律，具体见表 6.18。M 为启动信号，M=0 时置数，M=1 时工作。

表 6.18　　[例6.6] 状态转移表

控制	计数器状态			寄存器控制		说明
M	Q_2	Q_1	Q_0	S_1	S_0	
0	×	×	×	1	1	置数
1	0	0	0	0	1	右移
1	0	0	1	0	1	右移
1	0	1	0	0	0	保持
1	0	1	1	1	0	左移
1	1	0	0	1	0	左移
1	1	0	1	0	0	保持
1	0	0	0	0	1	右移

为了满足电路工作一个循环需 60s 的要求，取计数器的时钟脉冲周期为 10s。为使光点移动明显，取移位寄存器时钟周期为 1s。

用 74LS161 接成的六进制计数器、74LS138 译码器及与非门可以得到寄存器控制输入 S_1、S_0，其电路如图 6.40 所示。

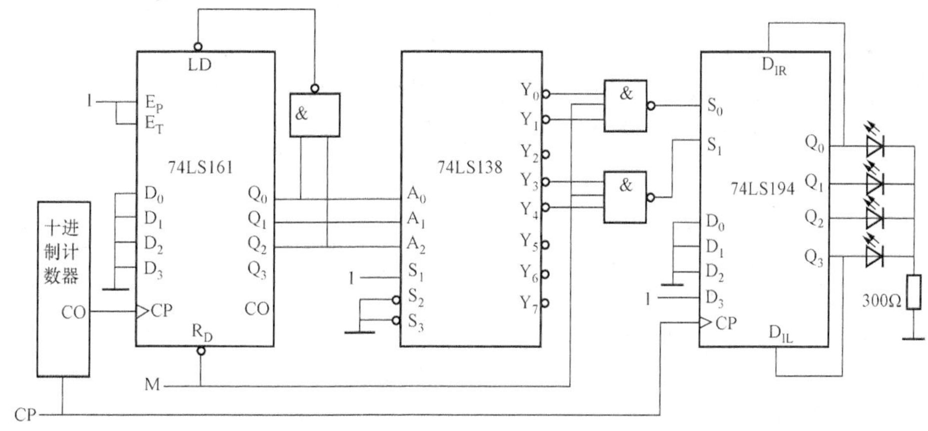

图 6.40 [例 6.6] 电路图

小　结

时序逻辑电路的特征：电路的输出不仅与当前的输入有关，而且与过去的输入有关。因此，在其电路结构上包含有组合逻辑电路和存储电路两部分，而具有记忆功能的存储电路主要由触发器构成。常见的时序电路有寄存器、移位寄存器、计数器、序列信号发生器等。

锁存器、寄存器和移位寄存器都具有存数功能，而移位寄存器还具有数据左移、右移等功能。

计数器是数字系统中最常用的时序逻辑电路部件，主要功能是记忆脉冲的个数。可根据集成计数器产品的特性构建任意模计数器。

时序电路分为同步时序电路和异步时序电路两类。同步时序电路中，所有触发器受同一时钟控制，各触发器的状态改变是同时的，速度较快，因而应用广泛。异步时序电路中，各触发器的时钟不是来自同一个时钟脉冲源，有些触发器的状态改变要相对滞后，因此速度受到影响。

同步时序电路分析，就是确定给定电路的功能。其步骤：①根据电路写出激励方程和输出方程；②由激励方程和触发器的特征方程写出触发器的状态方程；③做状态转移表或状态图；④进一步分析其逻辑功能。

同步时序电路设计，就是对给定的逻辑功能，画出其相应的电路。其设计过程分以下几步：①原始状态表或状态图的拟定；②状态化简；③状态编码；④求得触发器的激励方程、状态方程和输出方程；⑤画出逻辑图。

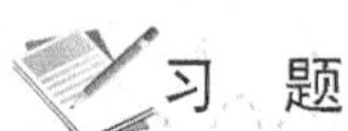

习　题

6.1　说明时序电路与组合电路在电路结构上有何不同？

6.2　试分析图 6.41 所示的逻辑电路，写出激励方程、状态方程、输出方程，画出状态转换图并对逻辑功能做出说明。

6.3　分析图 6.42 所示的同步时序电路，做出状态表和状态图。它是几进制计数器？能否自启动？画出在时钟作用下各触发器的输出波形。

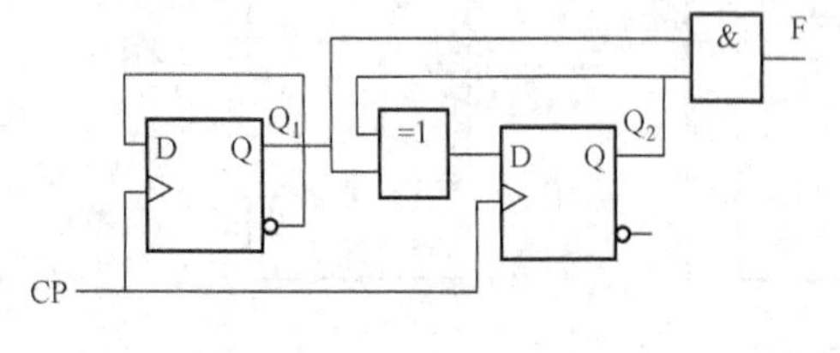

图 6.41　习题 6.2 图

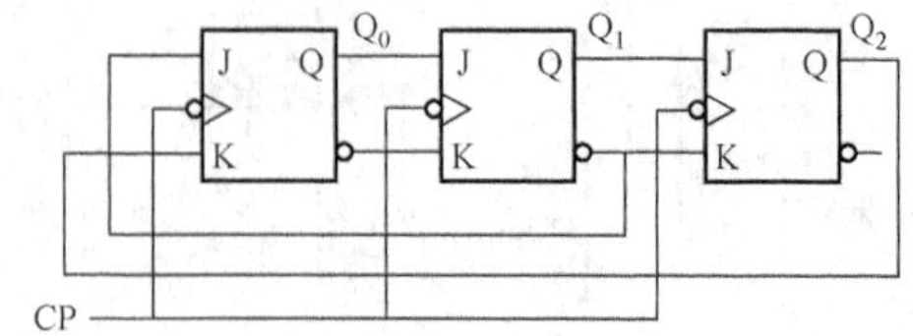

图 6.42　习题 6.3 图

6.4　图 6.43 为序列信号发生器逻辑图，做出状态表和状态图，并确定其输出序列。

6.5　试分析图 6.44 所示的逻辑电路，做出状态表和状态图，说明这个电路能对何种序列信号进行检测？

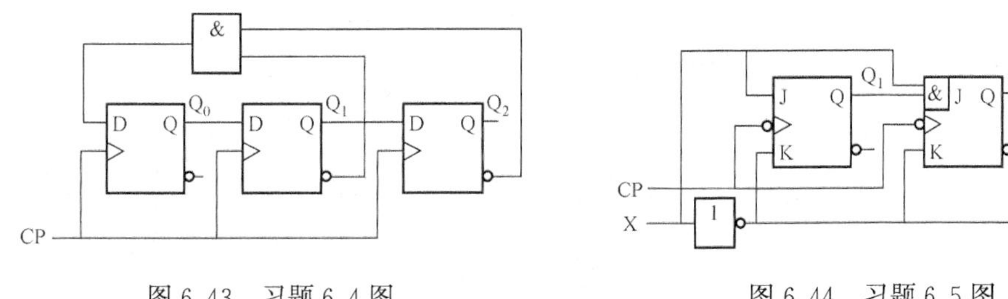

图 6.43　习题 6.4 图　　　　图 6.44　习题 6.5 图

6.6　已知逻辑图如图 6.45 所示，移位寄存器 A 和 B 均由正边沿触发器 D 组成。A 寄存器初始状态 $Q_{4A}Q_{3A}Q_{2A}Q_{1A}=1010$，B 寄存器初始状态 $Q_{4B}Q_{3B}Q_{2B}Q_{1B}=1011$，负边沿 JK 触发器初始状态为 0。试画出 CP（4 个脉冲）作用下 Q_{4A}、Q_{4B}、C 和 Q_D 的波形。

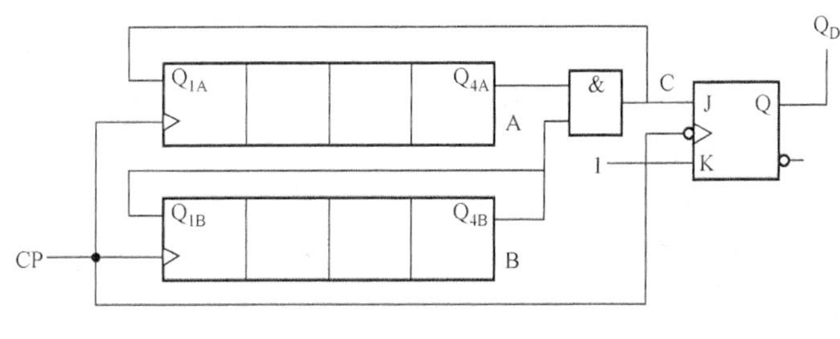

图 6.45　习题 6.6 图

6.7　图 6.46 所示的电路结构构成五路脉冲分配器，试分别用最简与非门电路及 74LS138 集成译码器来构成这个译码器，并分别画出连接图。

6.8　试用 JK 触发器设计一个三相六拍脉冲分配器。分配器的波形如图 6.47 所示。

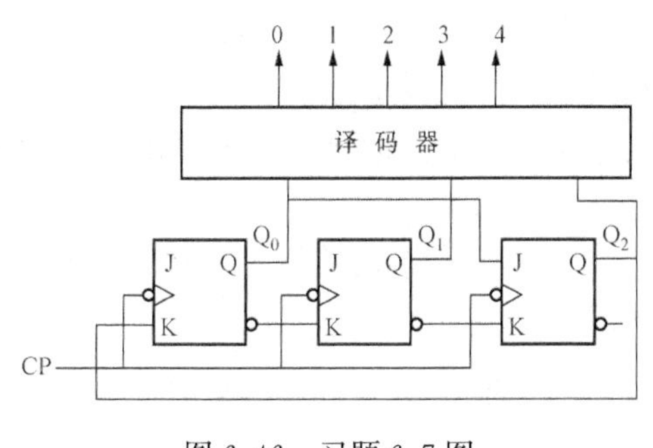

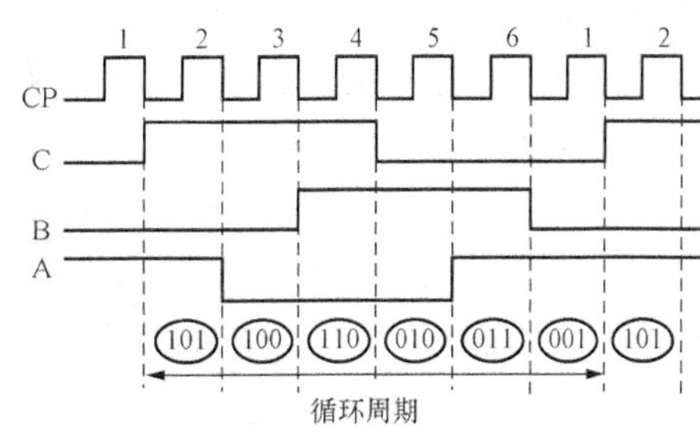

图 6.46　习题 6.7 图　　　　图 6.47　习题 6.8 图

6.9　试分析图 6.48 所示的电路，画出状态图，说明它是几进制计数器。

6.10　试分析图 6.49 所示的电路是几进制计数器？采用什么反馈方式，若采用同样的反馈方式构成八进制计数器，应如何连接？画出改进为八进制计数器的连接图。

6.11　由两片 74LS163 组成的计数器如图 6.50 所示，分析电路，试问该计数器的模是多少？

6.12　试用 74LS160、74LS163 构成六十进制计数器。

6.13　试用 D 触发器设计一个同步十进制计数器，并画出电路图和波形图。

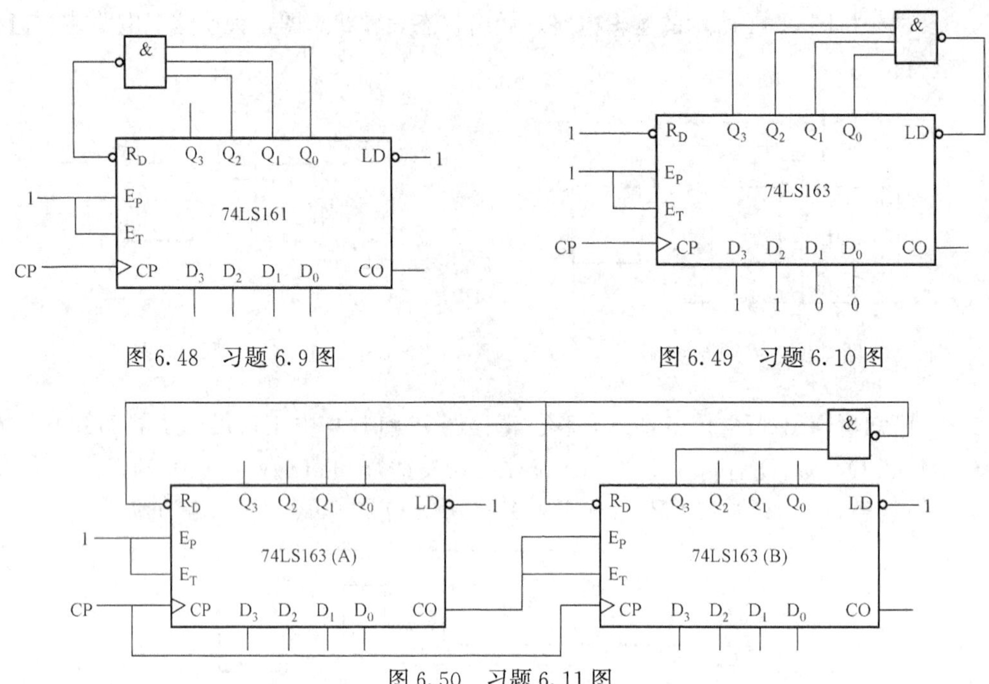

图 6.48　习题 6.9 图

图 6.49　习题 6.10 图

图 6.50　习题 6.11 图

6.14　用 JK 触发器设计按循环码（000→001→011→111→101→100→000）规律工作的六进制同步计数器。

6.15　做 101 序列信号检测器。凡收到输入序列信号 101 时，输出就为 1，并规定检测的 101 序列不重叠。如 X=010101101，Z=000100001。

6.16　试设计一个串行数据 1111 序列信号检测器。当连续输入 4 个 1 时，检测器输出为 1，否则为 00。

6.17　同步时序电路有一个输入端和一个输出端，输入为二进制序列 $X_0X_1X_2\cdots$。当输入序列中 1 的数目为奇数时输出为 1，做出这个时序奇偶校验电路的状态图和状态表。

6.18　对图 6.51 状态图进行状态编码并做出编码后的状态表。

6.19　试用集成计数器 74LS161 和 8 选 1 多路器 74LS151 连接，实现输出连续的串行序列信号 101001，并画出电路连接图。

6.20　设计一个灯光控制逻辑电路。要求红、黄、绿三种颜色的灯在秒脉冲信号作用下状态转换顺序见表 6.19。表中的 1 表示亮，0 表示灭。

表 6.19　　习题 6.20 表

CP 顺序	红	黄	绿
0	0	0	0
1	1	0	0
2	0	1	0
3	0	0	1
4	1	1	1
5	0	0	1
6	0	1	0
7	1	0	0
8	0	0	0

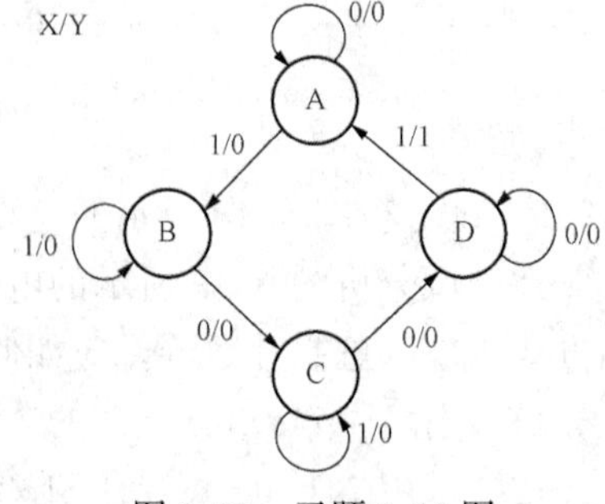

图 6.51　习题 6.18 图

6.21　设计一个自动售饮料机的逻辑电路。它的投币口每次只能投一枚五角或一元的硬币。投入一元五角钱硬币后机器自动给出一杯饮料；投入两元（两枚一元）硬币后，在给出饮料的同时找回一枚五角的硬币。

第 7 章　可编程逻辑器件

数字电路经历了分离元件→中小规模集成电路→可编程器件（PLD）的发展历程。可编程器件从早期的小规模 PLD（PROM、PLA、PAL、GAL）开始发展到现在的高密度可编程器件 HDPLD（CPLD、FPGA）。本章简单介绍了 RAM、ROM 存储元的结构和工作原理，重点介绍了可编程逻辑器件的基本电路结构及应用。

7.1 存 储 逻 辑

存储器是数字系统中用于存储大量二进制信息（程序、数据）的器件。从数字电路结构上看，存储器可看作可编程逻辑器件。存储器种类很多，从存、取功能上分为随机存储器（Randon Access Memory，RAM）和只读存储器（Read-Only Memory，ROM）两大类。本节简单介绍 RAM 和 ROM 的结构及存储原理。

7.1.1　随机存储器

RAM 可以随机的写入或读出，具有记忆功能，属于时序逻辑电路。但当电源切断时，RAM 保存的信息将丢失，所以是易失性存储器。目前，大容量的 RAM 都采用 MOS 型存储器。根据存储机理不同，分为静态 RAM（Static RAM，SRAM）和动态 RAM（Dynamic RAM，DRAM）两种。

1. RAM 的逻辑结构

图 7.1 给出了 RAM 的逻辑结构。它主要由存储矩阵（又称存储体）、地址译码器和读写控制电路组成。

存储矩阵是由排成阵列形式的 $2^n \times m$ 个存储元（或存储位）组成。每个存储元能存储一位二进制数据（0 或 1），m 个存储元构成一个存储字（或存储单元），n 位地址码经译码器输出 $N=2^n$ 条行线称为字线，用来选择该地址对应的存储字。字线×位数/字，确定了存储器的存储容量。当对 RAM 进行读/写操作时，给出的地址码经译码器选中一条字线，读写控制电路将其对应存储字中的 m 个存储元信息被读出或由外部 $D_0 \sim D_{m-1}$ 输入的 m 个二进制位被写入。

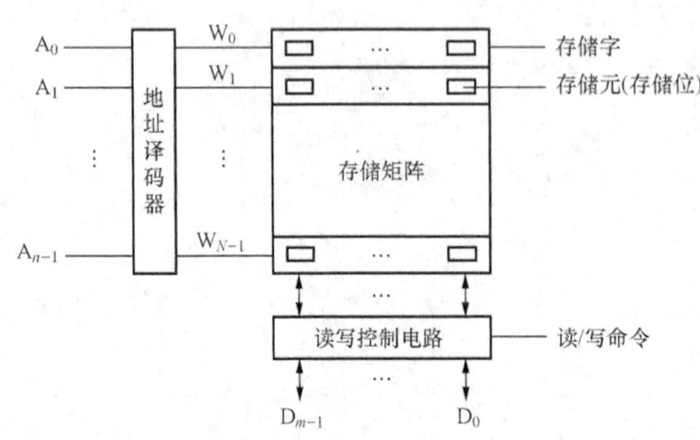

图 7.1　RAM 的逻辑结构图

2. SRAM

图 7.2 是 SRAM 中使用的存储元，它使用一个触发器（见虚线部分）。当字线高电平时，与非门 G1 打开，要写入的数据 D_{in} 在 W（写信号）高电平时使触发器置 1 或置 0。执行读操作时，在字线和 R（读信号）同为高电平时，与非门 G2 打开，触发器存储的 0 或 1 被输出。当字线处于低电平时，G1、

G2 与非门关闭，只要外加电源存在，触发器存储的 0 或 1 保持不变。

3. DRAM

图 7.3 给出了 DRAM 的存储元电路图，它是由一个 MOS 管 VT1 和存储电容 C 组成，靠电容的电荷来保存信息。

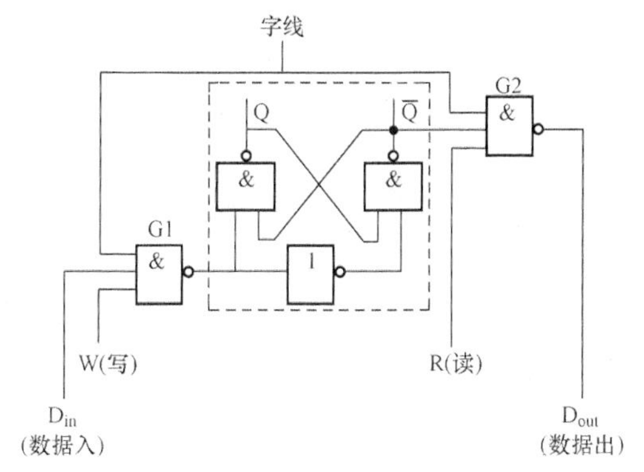

图 7.2　SRAM 存储元

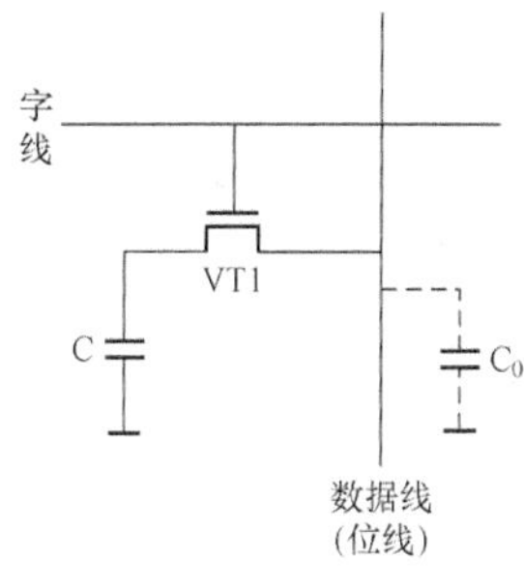

图 7.3　DRAM 存储元

VT1 实际上是一个传输门。当字线为 0 时，VT1 管截止，这时存储元处于维持状态，利用电容 C 是否存有电荷来代表存储的数据是 1 还是 0。当字线为 1 时，VT1 管导通，通过数据线将信息存储在电容 C 上，实现写操作。读出时，VT1 管导通，存储电容 C 和数据线上的分布电容 C_0 上的电荷重新分配。根据 C 上存储的电荷情况，使 C_0 上的电位增高或降低，这个微小的电位变化，经鉴别力很高的灵敏放大器放大之后，再送到存储器的输出端，同时对存储电容 C 进行重写，以恢复 C 中原来的内容。

7.1.2　只读存储器

将存储矩阵中的存储元用 ROM 存储元来代替，就构成了只读存储器（此时的控制命令只有读命令）。存储的信息只能被读出，不能改写，且断电后不会丢失其中的存储内容。

ROM 存储元可以由二极管、三极管和 MOS 管来实现。图 7.4（a）所示的是一个二极管构成的 ROM 模型，它只有两位地址输入和 4 位数据输出。若把此 ROM 视为一个组合逻辑电路，则地址译码器是一个与门构成的阵列，存储矩阵是一个或门构成的阵列。地址译码器输出 4 条字线 $W_0=\overline{A_1}\cdot\overline{A_0}$、$W_1=\overline{A_1}\cdot A_0$、$W_2=A_1\cdot\overline{A_0}$、$W_3=A_1\cdot A_0$。作为存储器，对应每一个地址输入，ROM 必须输出一个 4 位的字。例如，当地址码 A_1A_0 为 00 时，与门阵列中字线 W_0 为高电平，或门阵列中 D_3'、D_2'、D_0' 为高电平，若 $\overline{EN}=0$，则 ROM 输出 $D_3D_2D_1D_0=1101$。

不难看出，字线 W 与位线 D' 的每个交叉点都可存储 1 位二进制数。交叉处接有二极管时相当于存 1，没有接二极管时相当于存 0。交叉点的数目也是存储元数。存储器的容量用字数×位数来表示，本例中 ROM 的容量为 4 字×4 位，由或门阵列来实现。

若把 ROM 看做一个组合逻辑电路，地址码 A_1 和 A_0 作为输入变量，W_0、W_1、W_2、W_3 是其最小项，数据 D_3、D_2、D_1、D_0 作为输出变量，则图 7.4（a）实现如下逻辑函数

$$D_3=W_0+W_1+W_3=\overline{A_1}\,\overline{A_0}+\overline{A_1}A_0+A_1A_0$$

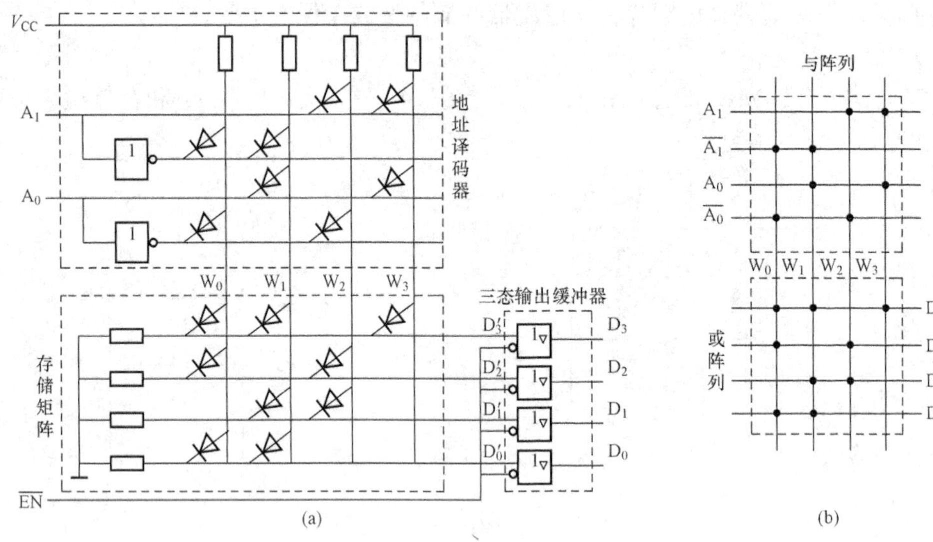

图 7.4　ROM 组成原理图

(a) 二极管 ROM；(b) ROM 阵列结构示意图

$$D_2 = W_0 + W_2 = \overline{A_1}\,\overline{A_0} + A_1\,\overline{A_0}$$

$$D_1 = W_1 + W_2 = \overline{A_1}A_0 + A_1\,\overline{A_0}$$

$$D_0 = W_0 + W_1 = \overline{A_1}\,\overline{A_0} + \overline{A_1}A_0$$

ROM 的逻辑功能也可用阵列图描述，如图 7.4（b）所示。交叉点处有黑点表示该存储元存“1”，对应图 7.4（a）中二极管接通；无黑点表示该存储元存“0”，对应图 7.4（a）中无二极管连通。由于 ROM 存储的信息 0、1 根据需要由厂家写入，因此也可以说，ROM 是一种“与阵列固定、或阵列厂家编程”的组合电路。

7.2 可编程逻辑器件

可编程逻辑器件包括两大类：一类为一次编程型，即可编程只读存储器；另一类为多次编程型，如 EPROM、E^2PROM 和 Flash ROM 等。

可编程器件在出厂时，存储阵列的内容为全 0 或全 1，用户可以根据需要将某些内容改写，也就是编程。

1. 可编程只读存储器

可编程只读存储器（Programmable ROM，PROM）一般采用“熔丝或反熔丝型”编程技术，数据一经写入便不能更改。图 7.5 为熔丝型 PROM 结构示意图。所有字线和位线的交叉点上都接有一个 NMOS 管，但 NMOS 管的源极通过熔丝接地。因此出厂时 PROM 的各存储位均为“1”。写入信息时，在需要写“0”的存储位，控制 NMOS 管源极，使其流过较大电流而将熔丝烧断。

PROM 的另一编程技术为反熔丝编程，图 7.6 为反熔丝结构示意图。反熔丝相当于生长在两个导电层（多晶硅）之间的介质层，这一介质层在器件出厂时呈现很高的电阻，使两个导电层绝缘。当编程需要连接两个导电层时，在介质层施加高脉冲电压（18V）使其击穿，使两个导电层连通，一般来说，连通电阻小于1kΩ。反熔丝占用硅片的面积较小，在高集成度的可编程器件中得到广泛应用。

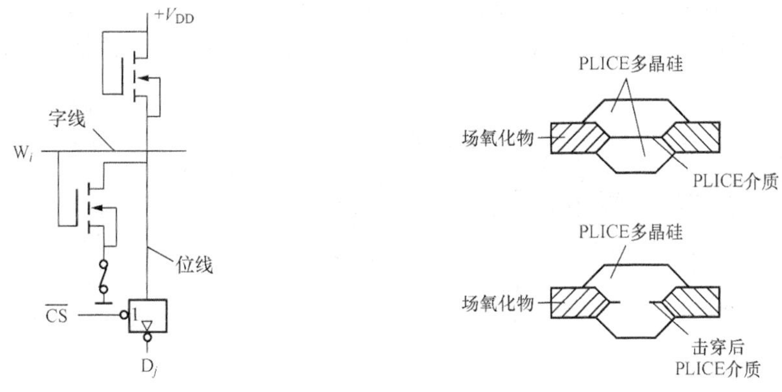

图 7.5 熔丝型 PROM 结构　　　　图 7.6 反熔丝结构示意图

2. 可擦除可编程只读存储器

可擦除可编程只读存储器（Erasable PROM，EPROM）可用紫外光擦除，擦除后可再次编程。关键技术是采用叠栅注入 MOS 管（SIMOS）制作存储元。图 7.7 是 SIMOS 管的结构原理图、符号及 EPROM 存储元。它是一个增强型的 NMOS 管，有两个栅极：控制栅 G1 和浮置栅 G2。浮置栅埋在 SiO_2 绝缘层中，未注入电荷以前，在控制栅 G1 加正常高电平能使 SIMOS 导通，相当于存储了数据 1。编程写入 0 时，在 D、S 间加上足够高的电压（约 +20V～+25V)，使 PN 结产生雪崩击穿而产生许多高能电子。同时在控制栅 G1 加上高压脉冲（幅度约+25V，宽度约 50ms)，则在栅极电场的作用下，一些高能电子便穿越绝缘层到达浮置栅 G2，被浮置栅 G2 捕获形成流入负电荷。由于浮置栅埋在绝缘层中，没有通电回路，注入浮置栅的负电荷可长期保存。浮置栅 G2 上负电荷使 MOS 管的开启电压变得更高，这样在控制栅 G1 加正常高电平时，SIMOS 不能导通，相当于写了数据 0。

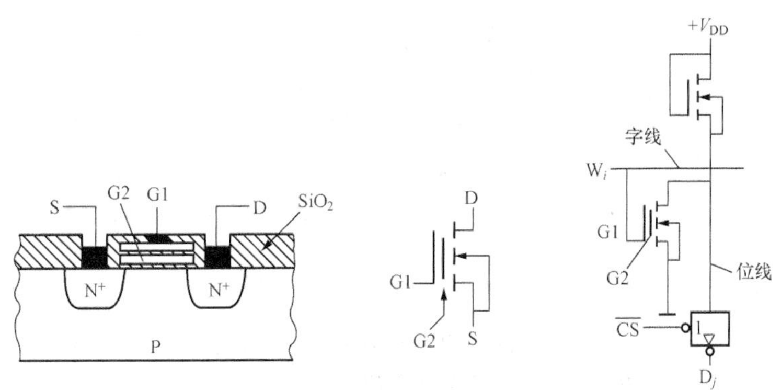

图 7.7 SIMOS 管的结构、符号及 EPROM 存储元

擦除时，用紫外光通过芯片的透明窗照射浮置栅，使浮置栅上的负电荷获得足够的能量穿越过绝缘层回到衬底，使 EPROM 中所有存储位回到存 1 状态。此后可对 EPROM 再次编程。

3. 电可擦除可编程只读存储器

EPROM 虽可重复编程，但擦除操作复杂，擦除速度很慢。为克服这些缺点，又研制了可以用电信号擦除的 ROM，E^2PROM（Electrically EPROM）。在 E^2PROM 的存储元中采用了一种称为浮栅隧道氧化层 MOS（简称 Flotox 管），Flotox 管的结构、符号及E^2PROM 存储元如图 7.8 所示。

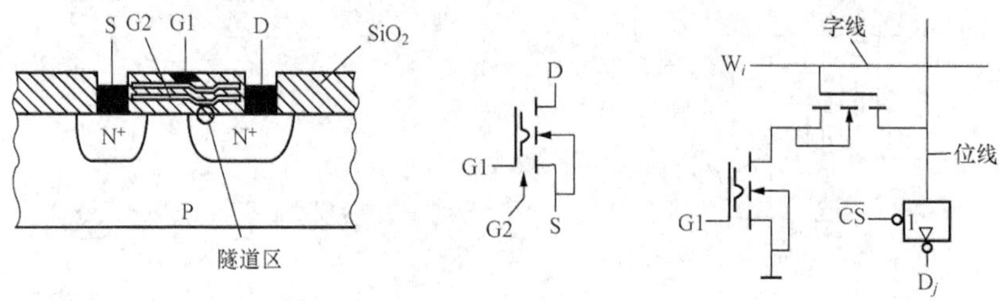

图 7.8 Flotox 管的结构、符号及 E^2PROM 存储元

Flotox 管有控制栅 G1 和浮置栅 G2 两个栅极。浮置栅 G2 有一区域与衬底间的氧化层极薄（10～15nm），可产生隧道效应。

E^2PROM 有三种工作状态，如图 7.9 所示。一是正常读取状态，如图 7.9（a）所示，控制栅 G1 加＋3V 电压，字线 W_i 给出＋5V 电压。二是擦除（写 0）状态，如图 7.9（b）所示，在控制栅 G1 和字线 W_i 上加脉冲正电压（＋20V 左右，宽度约 10ms）时漏区接 0 电平，隧道效应使电子由衬底注入浮置栅 G2，脉冲正电压结束后，注入 G2 的负电荷由于没有放电通路而保留在浮置栅上，使 MOS 管的开启电压变高，即使 G1 加上＋3V 的读出电压时，Flotox 管不导通，相当于存储了数据 0。三是编程（写 1）状态，如图 7.9（c）所示，使控制栅 G1 接地，同时在漏极和字线 W_i 施加＋20V 左右、宽度约 10ms 脉冲电压，使 G1 上的负电荷由于隧道效应回到衬底，此时 G1 加上＋3V 的读出电压时，Flotox 管导通，相当于存储了数据 1。

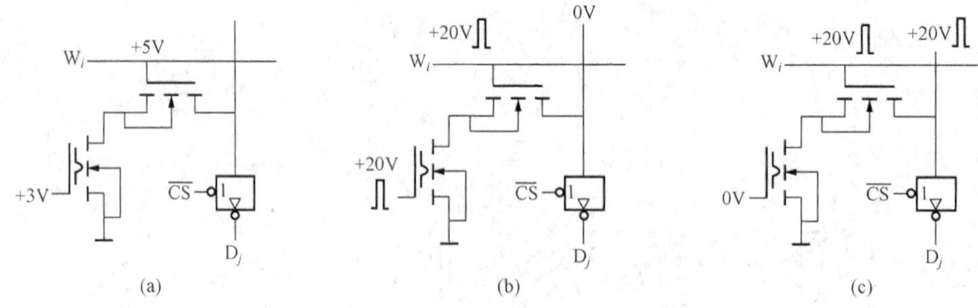

图 7.9 E^2PROM 的三种工作状态

（a）读取状态；（b）擦除状态（写 0）；（c）编程状态（写 1）

4. 闪速存储器

闪速存储器（Flash ROM）的结构与 EPROM 和 E^2PROM 相似，也为双栅极 MOS 管结构。两个栅极为控制栅和浮置栅。闪速存储器的隧道氧化层比 E^2PROM 的更薄。闪速存储器的擦除方法与 E^2PROM 类似，是利用隧道效应。而编程方法有隧道效应和雪崩方式两种，后者与 EPROM 类似，为一种沟道热电子注入技术。闪速存储器的结构和制作工艺可使它的集成

度更高。在编程和擦除时，闪速存储器可一次对多个存储单元同时完成，因而闪速存储器的存取速率比 EPROM 和 E^2PROM 都快。闪速存储器的这些优点使它获得了快速的发展。

7.3　PLD 的基本概念

可编程逻辑器件（Programmable Logic Device，PLD）是用户根据需要自行设计芯片中特定逻辑电路的器件，并且可以随时修改或升级，为开发研究带来了极大的灵活度。尤其是使用电子设计自动化（Electronic Design Automation，EDA）技术开发数字系统，具有设计制造周期短、成本低、可靠性高和保密性好等优点，成为电子系统中广泛采用的器件。

典型的 PLD 器件一般都是由与阵列、或阵列和起缓冲作用的输入逻辑和输出逻辑组成。其通用结构框图如图 7.10 所示。其中，每个输出数据都是输入的与或函数。与阵列的输入线和或阵列的输出线都排成阵列结构，每个交叉处用逻辑器件或熔丝连接起来。逻辑编程的物理实现，一般都是通过熔丝或 PN 结的熔断和连接，或者对浮置栅的充电和放电来实现的。

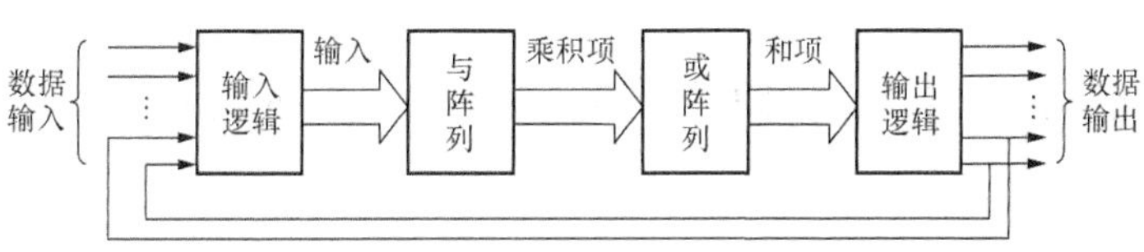

图 7.10　PLD 器件通用结构框图

7.3.1　PLD 的表示方法

PLD 器件的逻辑图中使用的是一种简化表示方法。PLD 器件阵列交叉点处的几种连接方式如图 7.11 所示。交叉处有实点“•”的，表示固定连接；连线处有符号“×”的，表示编程连接；连接交叉处无任何符号的，表示不连接或是擦除单元。

图 7.12 是可编程与阵列和可编程或阵列的表示方法。由图 7.12（a）可见，输入 A 与乘积项线是固定连接，输入 B 与乘积项线不连接，输入 C 与乘积项线是编程连接，所以该与门的乘积项输出是 P＝AC。同理，图 7.12（b）表示一个 3 输入的或门，它的输出是 $Y=P_1+P_2$。

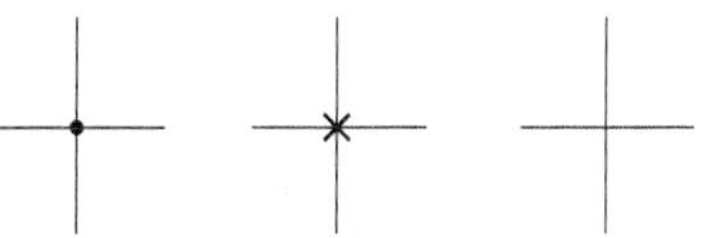

图 7.11　PLD 连接方式的表示法

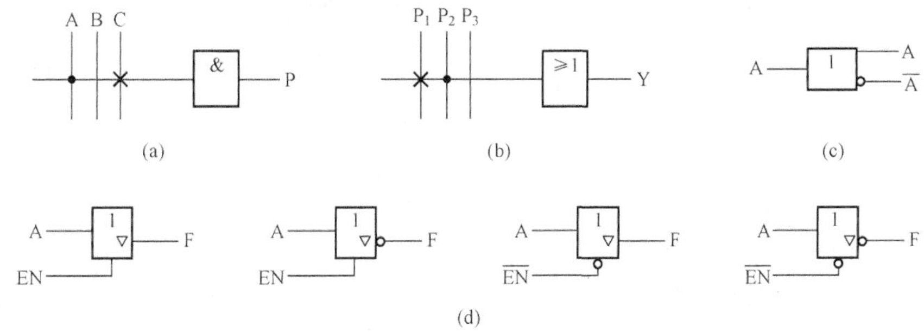

图 7.12　PLD 的逻辑符号表示方法

（a）与门；（b）或门；（c）输入缓冲器；（d）三态输出缓冲器

图 7.12（c）表示输入缓冲器，它有两个互补输出，一个是 A，另一个是$\overline{A}$。PLD 的输入往往要驱动若干个乘积项，为了增加驱动能力，就必须通过一个缓冲器。PLD 的输出常常用到具有一定驱动能力的三态控制输出电路。三态控制输出电路如图 7.12（d）所示的四种形式，前两种是控制信号为高电平时有同相和反相输出；后两种是控制信号为低电平时同样有同相和反相输出。

7.3.2 PLD 的基本结构

1. 可编程只读存储器

可编程只读存储器（PROM）是最早的 PLD 器件。它包含一个固定的与阵列和一个可编程的或阵列。PROM 一般用来存储计算机程序和数据，它的输入是计算机存储器地址，输出是存储字的内容。与阵列是一个全译码阵列，即对某一组特定的输入 $I_i(i=0, 1, 2)$ 只能产生一个唯一的乘积项。这种全译码阵列，当输入变量为 n 时，阵列的规模为 2^n，所以 PROM 的规模一般很大。图 7.13 所示是编程后的 PROM 电路结构示意图，由图可写出其输出的逻辑表达式为

$$O_0 = \overline{I_2}\,\overline{I_1}\,\overline{I_0} + I_2\,\overline{I_1}\,\overline{I_0}$$

$$O_1 = \overline{I_2}\,\overline{I_1}\,\overline{I_0} + \overline{I_2}I_1\,\overline{I_0} + I_2\,\overline{I_1}\,\overline{I_0}$$

$$O_2 = I_2\,\overline{I_1}\,\overline{I_0} + I_2I_1\,\overline{I_0} + I_2I_1I_0$$

与门阵列越大，开关延迟时间越长，速度就越低。因此只有小规模与阵列才能构成 PLD 器件。

2. 可编程逻辑阵列

虽然用户能对 PROM 所存储的内容进行编程，但 PROM 还存在某些不足。如：PROM 巨大阵列的开关时间限制了 PROM 的速度；PROM 的全译码阵列中的所有输入组合在大多数连接功能中并不被采用。可编程逻辑阵列（Programmable Logic Array，PLA）弥补了 PROM 的这些不足。其基本结构为与阵列和或阵列且都是可编程的，如图 7.14 所示。由图可写出其输出的逻辑表达式为

$$O_0 = \overline{I_2}\,\overline{I_1}\,\overline{I_0} + \overline{I_2}\,I_1 \quad O_1 = I_2I_1I_0 + \overline{I_2}I_1\,\overline{I_0} + \overline{I_2}\,\overline{I_1}\,\overline{I_0} \quad O_2 = \overline{I_2}\,\overline{I_1} + I_1I_0$$

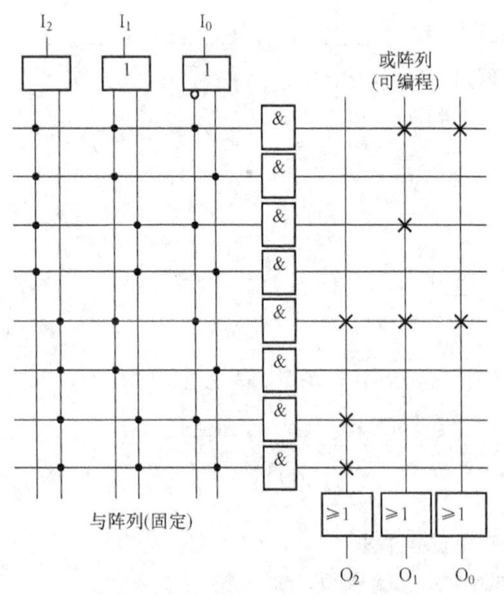

图 7.13　基本 PROM 结构

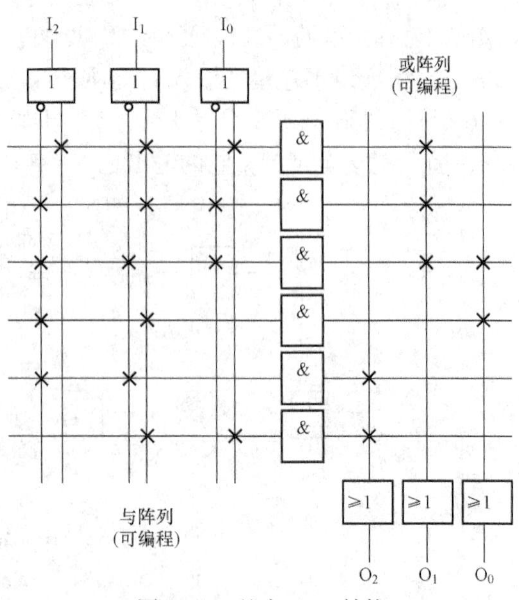

图 7.14　基本 PLA 结构

3. 可编程阵列逻辑

可编程阵列逻辑（Programmable Array Logic，PAL），其基本结构包含一个可编程的与阵列和一个固定的或阵列，编程后的 PAL 结构如图 7.15 所示。PAL 器件与阵列的可编程特性使输入项增多，而或阵列的固定又使器件简化，所以这种器件得到了广泛应用。由图 7.15 中的编程结构可以写出 3 个和项为

$$O_0 = \overline{I_1} I_0 + I_2 I_1 I_0 \quad O_1 = \overline{I_1}\,\overline{I_0} + I_2\,\overline{I_0} \quad O_2 = \overline{I_2} I_1\,\overline{I_0} + \overline{I_2} I_1 I_0$$

4. 通用阵列逻辑

通用阵列逻辑（General Array Logic，GAL），是 CMOS 工艺、可多次编程的器件，它具有可擦除、可重复编程和可加密等特点。图 7.16 给出的是 GAL 结构示意图。它同 PAL 一样，有一个可编程与阵列和一个固定的或阵列，但为了通用，GAL 在或阵列之后接一个输出逻辑宏单元（OLMC），通过对 OLMC 单元的编程，可实现不同的输出模式（组合电路输出模式、寄存器输出模式等），构成多种组合逻辑和时序逻辑电路，对复杂的逻辑设计有极大的灵活度。

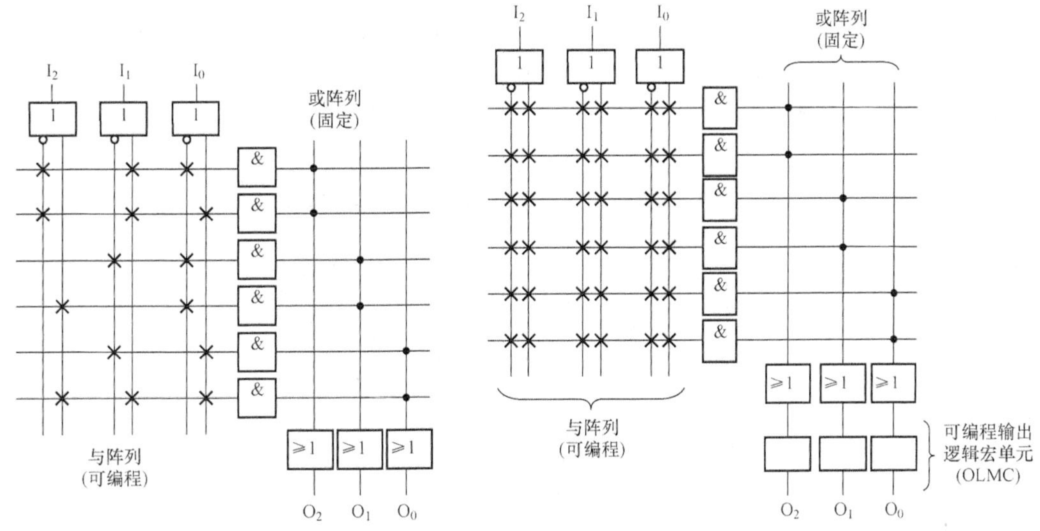

图 7.15 基本 PAL 结构　　图 7.16 基本 GAL 结构

5. 现场可编程门阵列

前面介绍的几种 PLD 器件的集成度和功能密度都较低，属于低密度可编程逻辑器件。一般只能完成逻辑部件的功能。

现场可编程门阵列（Field Programmable Gate Array，FPGA），是最近几年加入到可编程技术行列中的器件。它是超大规模集成电路技术发展的产物，弥补了早期可编程器件利用率随器件规模的扩大而下降的不足。FPGA 器件集成度高，引脚数多，使用灵活。目前，FPGA 产品可替代 100～200 片标准器件，或者 20～40 片 GAL 器件，它的 I/O 引脚多达 200 余条。所以，一片 FPGA 芯片可以替代多个逻辑功能十分复杂的器件，或者一个小型数字系统。因此 FPGA 在计算机、数字仪表、图像系统、数字通信等领域已成为热门的 ASIC（Application Specific Integrated Circuit，专用集成电路）产品之一。

FPGA 由布线分隔的可编程逻辑块 CLB、可编程输入/输出块 IOB 和可编程内部连线 PI

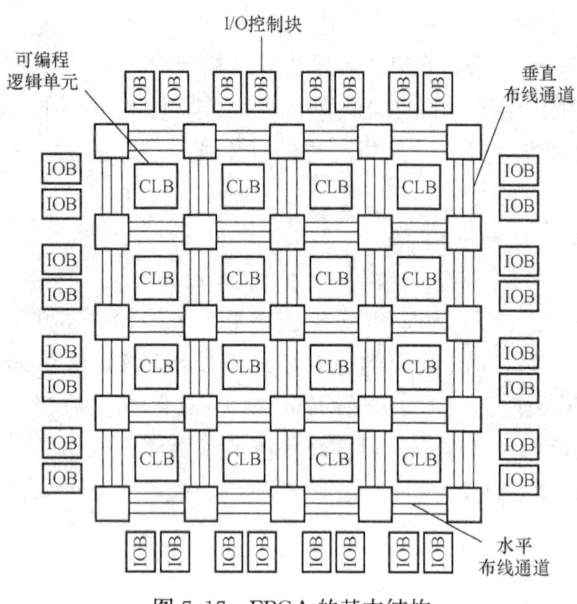

图 7.17　FPGA 的基本结构

构成，其基本结构如图 7.17 所示。FPGA 通过修改 CLB 或 IOB 的功能来编程，也可以通过修改连接 CLB 的一根或多根内部连线的布线来编程，从而实现所需要的数字系统。

通常，一个 FPGA 的逻辑块 CLB 包含若干个较小的逻辑模块（Logic Module），它是最基本的逻辑单元。图 7.18 给出了基本可组态逻辑块 CLB 的结构。从全局来看，它们处在行列可编程的互连总线之内，互连总线被用来连接这些 CLB；而每一个 CLB 由多路更小的逻辑模块和本地可编程互连总线组成，本地互连总线用来连接 CLB 内部的各个逻辑模块。

CLB 内部的一个逻辑块可以被组态实现组合逻辑，或是时序逻辑，或者二者兼有。由于有记忆功能，触发器便成为连接逻辑的一部分，并能构成寄存器使用。

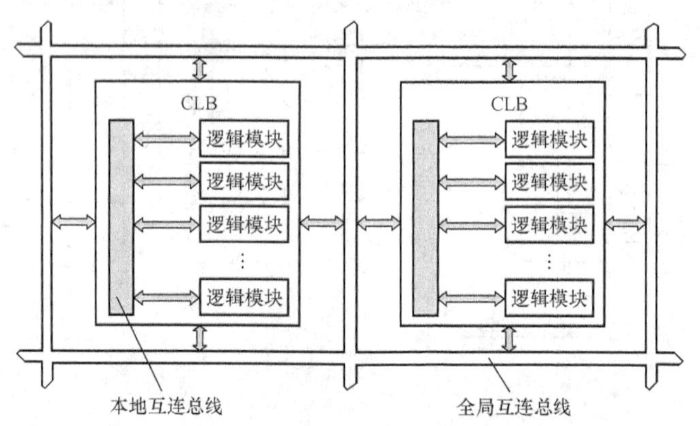

图 7.18　基本可组态的 CLB

用逻辑模块可实现查找表（LUT）技术。一个逻辑模块实现典型 LUT 的框图如图 7.19 所示。LUT 是查找表类型的存储器，其本质是一个用 SRAM 构成的逻辑函数发生器，它可被编程，并用来产生 SOP（基于 FPGA 的片上系统）形式的组合逻辑函数。

通常，一个 LUT 由 2^n 个存储元组成，相当于最小项发生器。通过编程选择逻辑函数所需的最小项。一个 n 输入的 LUT 可以实现 n 个输入变量的任意逻辑功能。如一个 3 输入的 LUT，可以看做一个有 3 位地址线的 8×1 的 RAM。因此具有了变量的 LUT 可以产生具有 8 个最小项的 SOP 形式表达式。对于已设定的 SOP 函数表达式，逻辑 1 或逻辑 0 可以被编程到 LUT 的存储元，如图 7.20 所示。每一个 1 意味着连接的最小项出现在 SOP 输出端，而每一个 0 意味着连接的最小项不会出现在 SOP 输出端。这样，SOP 输出的最终结果表达式为

$$SOP = \overline{A_2}\,\overline{A_1}\,\overline{A_0} + \overline{A_2}A_1A_0 + A_2\overline{A_1}A_0 + A_2A_1A_0$$

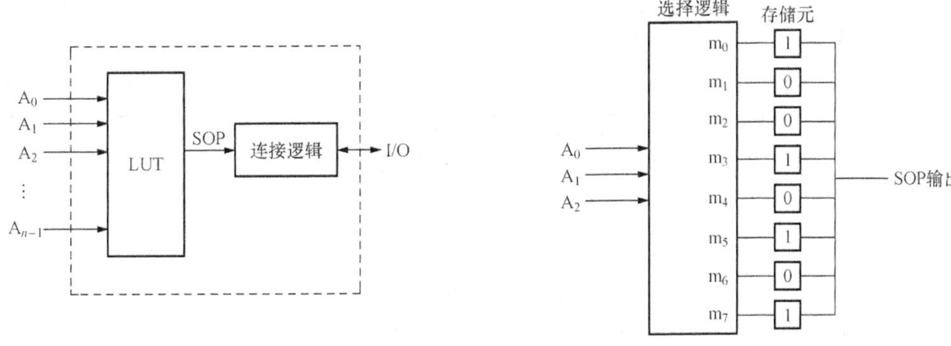

图 7.19　FPGA 中一个逻辑模块的框图　　图 7.20　LUT 编程后用作 SOP 表达式输出

FPGA 是由存放在片内 RAM 的程序来设置工作状态的，因此，工作时需要对片内的 RAM 进行编程。使用时 FPGA 需要外接一个 EPROM 以保存其程序，加电时 FPGA 将 EPROM 中的数据读入，配置完成后 FPGA 进入工作状态；掉电后恢复成白片，内部逻辑关系消失。因此 FPGA 可以重复使用。

6. 复杂可编程逻辑器件

复杂可编程逻辑器件（Complex PLD，CPLD）是和 FPGA 同期出现的高密度可编程器件。CPLD 的每一个逻辑单元类似于一个 GAL，它利用连续式的连线结构把各个逻辑单元连接在一起，构成一个器件。

Altera 公司的 FLEX 10K 是一个容量较大的 CPLD 器件，其内部含有 10 万个等效门，其结构如图 7.21 所示。FLEX 10K 主要由嵌入式阵列块（EAB）、逻辑阵列、快速互连通道

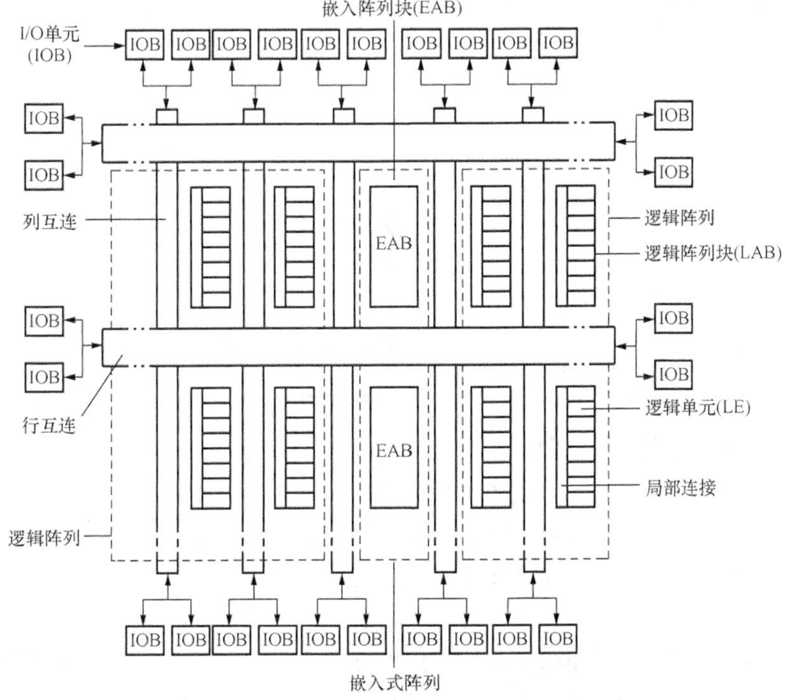

图 7.21　FLEX 10K 结构图

及输入/输出控制块（IOB）四部分组成。FLEX 10K 的每个逻辑阵列块 LAB 由 8 个逻辑单元 LE 和局部互连通道组成，即每一个 LAB 类似于一个 GAL。各 LAB 通过行互连通道和列互连通道连接起来形成一个器件。此外，FLEX 10K 器件内部的嵌入阵列块 EAB 具有输入和输出寄存器的 SRAM，这使器件的逻辑功能进一步提高，不但可以满足多种用途的需求，而且用一个 FLEX 10K 器件就可以构成一个小型数字系统。

7.4 PLD　应　用

7.4.1 PROM 应用

PROM 主要应用于计算机、工业控制和自动测试等系统的智能设备中，用来存放监控程序和某些固定的数据信息，如数学函数表和字符发生器等。

1. 代码转换器

利用 PROM 很容易实现代码的转换。其方法：将欲转换的 m 位代码送到 PROM 的输入端，通过 PROM 再输出 n 位转换后的代码。显然，PROM 中的与阵列是对输入的二进制码进行译码的最小项发生器，PROM 中或阵列的内容是按代码转换的真值表而存储的相应值（0 或 1）。利用这一原理，便可实现各种代码之间的转换。

【例 7.1】 用 PROM 实现 4 位二进制码到格雷码的转换。

解　(1) 列出 4 位二进制码到格雷码转换的真值表，见表 7.1。

表 7.1　　二进制码转换为格雷码真值表

二进制码				格雷码				二进制码				格雷码			
B_3	B_2	B_1	B_0	G_3	G_2	G_1	G_0	B_3	B_2	B_1	B_0	G_3	G_2	G_1	G_0
0	0	0	0	0	0	0	0	1	0	0	0	1	1	0	0
0	0	0	1	0	0	0	1	1	0	0	1	1	1	0	1
0	0	1	0	0	0	1	1	1	0	1	0	1	1	1	1
0	0	1	1	0	0	1	0	1	0	1	1	1	1	1	0
0	1	0	0	0	1	1	0	1	1	0	0	1	0	1	0
0	1	0	1	0	1	1	1	1	1	0	1	1	0	1	1
0	1	1	0	0	1	0	1	1	1	1	0	1	0	0	1
0	1	1	1	0	1	0	0	1	1	1	1	1	0	0	0

(2) 由真值表写出最小项表达式

$$G_3 = \sum(8,9,10,11,12,13,14,15)$$
$$G_2 = \sum(4,5,6,7,8,9,10,11)$$
$$G_1 = \sum(2,3,4,5,10,11,12,13)$$
$$G_0 = \sum(1,2,5,6,9,10,13,14)$$

(3) 根据最小项表达式，画出此例中的 PROM 编程的点阵图如图 7.22 所示。其中左面部分是与阵列构成的地址译码器，右面部分是一个或阵列。阵列的横向表示行线，纵向表示列线。交叉点上有黑点，表示该存储位编程为 1，交叉点上无黑点，表示该存储位编程为 0。

我们看到点阵图与真值表中 $G_3 \sim G_0$ 的值一一对应。

2. 字符发生器

用 PROM 实现字符发生器的原理：将字符的点阵预先编程存储在 PROM 中。然后，顺序给出地址码，从存储矩阵中逐行读出字符的点阵，并送入 CRT 即可显示出字符。

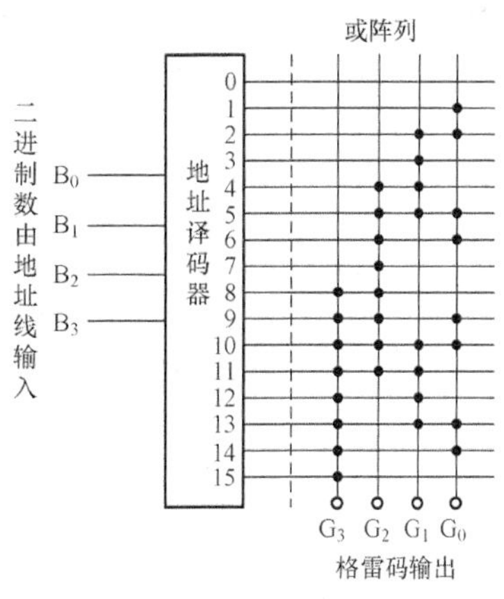

图 7.22　PROM 编程点阵图表示

字符发生器的字形规格有 9×7、7×7 和 7×5 等多种。图 7.23（a）表示用 7×5 字符存储点阵组成字符 H 的原理。该存储阵列有 7 行 5 列，因此 PROM 芯片有 7 个存储单元，每个单元含有 5 个存储位。根据字符形状不同，有点的存储位存 1，无点的存储位存 0。

图 7.23（b）所示为字符 H（7×5）点阵结构图。它有 10 位地址输入码，其中 7 位地址（$A_9 \sim A_3$）称为特征地址，也为字符地址。每个特征码输出表示一个字符。例如，特征地址码 1001000 是字符 H 的特征地址，经译码输出作为 H 的字符控制信号。低 3 位 $A_2 \sim A_0$ 为点阵的行地址，每个字符所存储的 7 行×5 位数据，在 $A_2 \sim A_0$ 周期性地扫描输入情况下，将顺序重复地周期性输出，驱动光点显示，从而显示出字符 H。

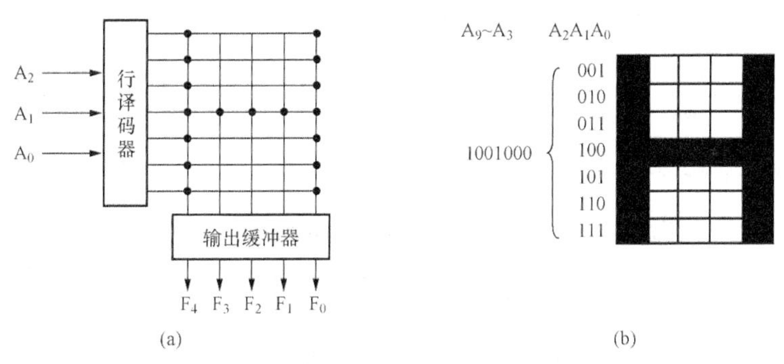

图 7.23　字符发生器点阵图

（a）7×5 字符存储点阵图；（b）7×5 显示矩阵

7.4.2　PLA 应用

用 PLA 可以进行任何复杂的组合逻辑和时序逻辑。其设计方法：先根据给定的逻辑关系，推导出逻辑方程或真值表，再把它们直接变换成与已规格化的电路结构相对应的 PLA 点阵图。下面以实例来介绍 PLA 在组合逻辑和时序逻辑设计中的应用。

1. 用 PLA 实现组合逻辑

PLA 在逻辑上可视为与或二级结构的多输入/输出电路。而任意复杂的组合逻辑函数，都可以变换成积之和形式。因此，任意复杂的组合逻辑函数都可以直接用 PLA 器件来实现。用 PLA 器件实现组合逻辑时，首先求出逻辑方程或真值表，并化简为最简与或式。化简的目的是尽可能减少与项，而每个与项中变量数多少则是次要的。因为每减少一个与项，就能减少一条字线。化简后的逻辑方程按照逻辑方程的与项对应 PLA 的与阵列，逻辑方程的或项对应 PLA 阵列中或阵列的原则，画出 PLA 的点阵图。

【例 7.2】 用 PLA 实现 8421BCD—七段显示译码器。

解 8421BCD—七段显示译码器真值表见表 7.2。七段显示器中的数码管采用共阴极连接，因此，表中输出 1，表示该段亮；输出 0 表示该段灭。通过真值表，可写出 a～g 的输出函数为

$$a = 0 + 2 + 3 + 5 + 6 + 7 + 8 + 9$$
$$b = 0 + 1 + 2 + 3 + 4 + 7 + 8 + 9$$
$$c = 0 + 1 + 3 + 4 + 5 + 6 + 7 + 8 + 9$$
$$d = 0 + 2 + 3 + 5 + 6 + 8 + 9$$
$$e = 0 + 2 + 6 + 8$$
$$f = 0 + 4 + 5 + 6 + 8 + 9$$
$$g = 2 + 3 + 4 + 5 + 6 + 8 + 9$$

表 7.2　　8421BCD—七段显示译码器真值表

A_3	A_2	A_1	A_0	a	b	c	d	e	f	g
0	0	0	0	1	1	1	1	1	1	0
0	0	0	1	0	1	1	0	0	0	0
0	0	1	0	1	1	0	1	1	0	1
0	0	1	1	1	1	1	1	0	0	1
0	1	0	0	0	1	1	0	0	1	1
0	1	0	1	1	0	1	1	0	1	1
0	1	1	0	1	0	1	1	1	1	1
0	1	1	1	1	1	1	0	0	0	0
1	0	0	0	1	1	1	1	1	1	1
1	0	0	1	1	1	1	1	0	1	1

根据输出函数，画出 PLA 的点阵图如图 7.24 所示。

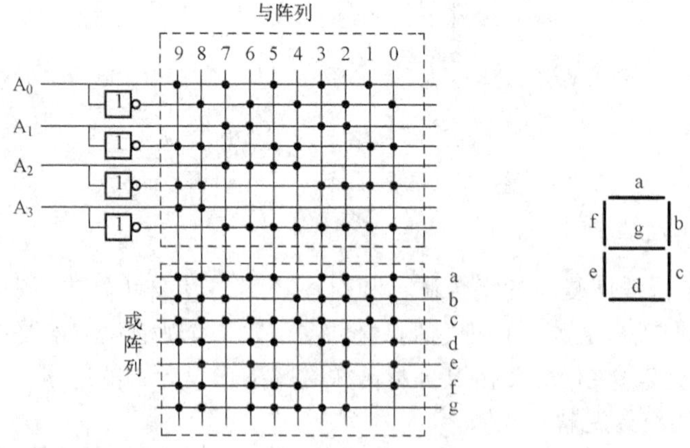

图 7.24　用 PLA 实现的 8421BCD—七段显示译码器点阵图

2. 用 PLA 实现时序逻辑

时序逻辑电路可以用直接带反馈触发器的 PLA 来实现。这种直接带反馈触发器的 PLA 的输出不是直接由或阵列输出，而是通过或阵列后接的一组 D 触发器输出的。显然，用它来实现时序逻辑会简单一些。下面就以十进制同步计数器的设计为例，来说明用 PLA 实现

同步时序电路的设计方法。

十进制计数器状态转换真值表见表7.3，通过真值表和卡诺图，最后化简得

$$D_3 = Q_2Q_1Q_0 + Q_3\overline{Q_0}$$

$$D_2 = \overline{Q_2}Q_1Q_0 + Q_2\overline{Q_1} + Q_2\overline{Q_0}$$

$$D_1 = \overline{Q_3}\,\overline{Q_1}Q_0 + Q_1\overline{Q_0}$$

$$D_0 = \overline{Q_0}$$

根据各级触发器的激励函数及状态方程，可以作出PLA阵列图，如图7.25所示。

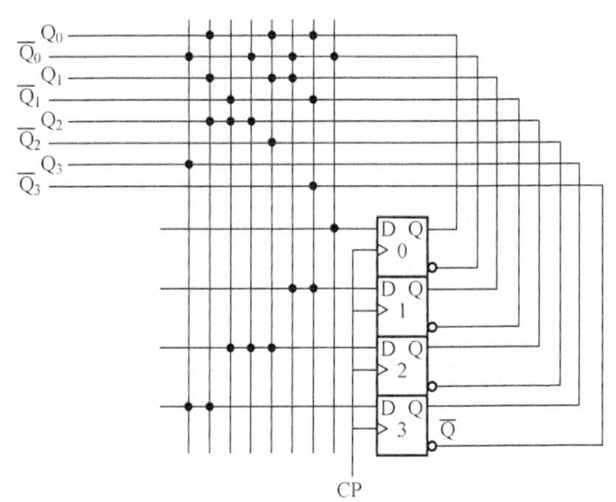

图7.25 用PLA实现的8421BCD码十进制计数器点阵图

表7.3 8421BCD码计数器状态转移表

Q_3^n	Q_2^n	Q_1^n	Q_0^n	Q_3^{n+1}	Q_2^{n+1}	Q_1^{n+1}	Q_0^{n+1}
0	0	0	0	0	0	0	1
0	0	0	1	0	0	1	0
0	0	1	0	0	0	1	1
0	0	1	1	0	1	0	0
0	1	0	0	0	1	0	1
0	1	0	1	0	1	1	0
0	1	1	0	0	1	1	1
0	1	1	1	1	0	0	0
1	0	0	0	1	0	0	1
1	0	0	1	0	0	0	0

小结

存储器是由地址译码器、存储矩阵和读写控制电路组成的。其中存储矩阵由若干个RAM或ROM存储元构成。RAM是易失性存储器，断电后所存内容消失；ROM是非易失性存储器，一般用来存放固定的程序或数据，其内容在生产时确定，用户不可更改。PROM允许用户一次编程。EPROM和E^2PROM允许用户多次编程，大大方便了逻辑设计。

PLD的基本结构由逻辑单元、互连线单元、输入/输出单元组成，各单元的功能及相互连接都可经用户自行编程设置。早期的低密度PLD如PROM、PLA和PAL的逻辑单元都采用与或阵列结构，用以实现积之和的逻辑函数。若在这些器件的与或阵列之后加上触发器可实现时序逻辑电路。而GAL器件基本结构仍采用与或结构，但输出电路采用了可编程的OLMC，能设置不同输出电路的结构。由于功能密度较低，低密度PLD只能构成部件级芯片。

常用的高密度PLD器件CPLD和FPGA，它们的集成度和功能都很高，可构成系统级芯片。因此对它们的开发应用将有力地推动数字设备向小型化、低功耗、高可靠性和开发周期短的方向发展。

习 题

7.1 说明 PROM、PAL、PLA、GAL 之间的主要区别。

7.2 用 PROM 设计 8421BCD 至余 3 码的转换器。

7.3 用 PROM 实现逻辑函数

$$F(A,B,C) = \sum m(0,2,3,6)$$

7.4 用 PLA 设计一位全加器。

7.5 用 PLA 实现 8421BCD 码至余 3 码的转换。

7.6 用 PLA 实现如下函数：

$$F_1 = AB + AC + \overline{A}\,\overline{B}C$$

$$F_2 = A + \overline{A}C + \overline{A}\,\overline{B}\,\overline{C}$$

7.7 已编程的 PAL 阵列图如图 7.26 所示，试写出输出函数的表达式。

7.8 已编程的 PROM 阵列图如图 7.27 所示，试写出输出函数的表达式。

7.9 试用 PLA 实现大写字母 A～F—七段显示译码器。

7.10 试用 PLA 和触发器设计一个五进制同步加法计数器。

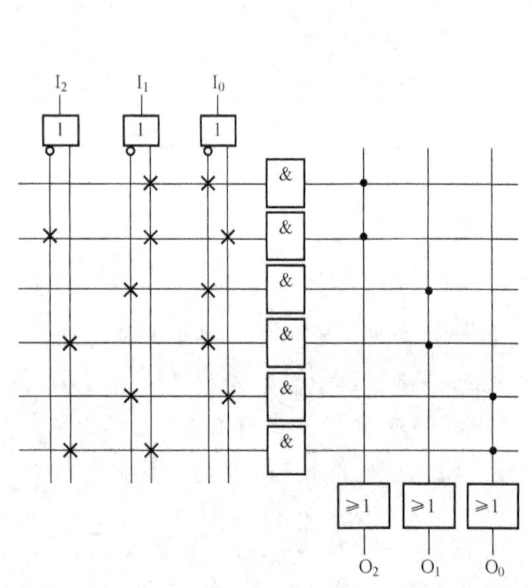

图 7.26 习题 7.7 图

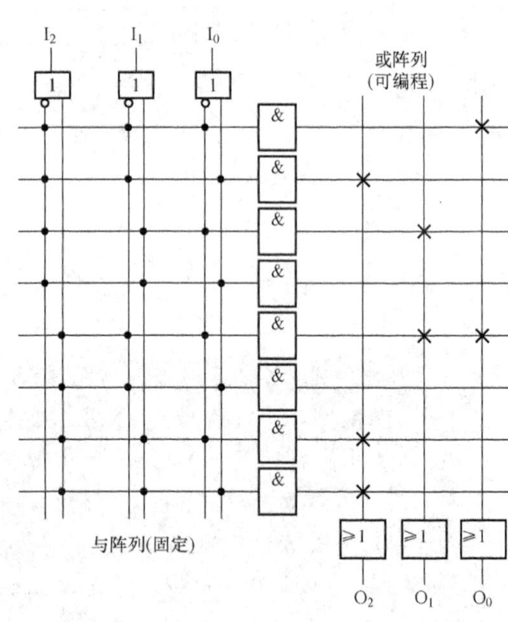

图 7.27 习题 7.8 图

第 8 章　数字系统分析与设计

数字系统的出现进一步拓展了数字电路的应用领域，也开辟了数字系统设计的新天地。本章主要介绍数字系统的基本概念，一般结构及数字系统的设计方法。

8.1　数字系统的基本概念

在数字电子技术领域内，由各种逻辑器件构成的能够实现某种单一特定功能的电路称为功能部件级电路，如前面各章介绍的数据选择器、译码器、计数器、寄存器等就是典型的功能部件级电路，它们只能实现数据选择、译码、计数、移位寄存等单一功能。

而由若干数字电路和逻辑部件构成的、能够实现数据存储、传送和处理等复杂功能的数字设备，则称为数字系统（Digital System）。如电子计算机、数字钟、数字密码锁等均是典型的数字系统。

根据现代数字系统设计理论，任何数字系统都可按其结构从逻辑上划分为数据子系统和控制子系统两大部分。如图 8.1 所示。

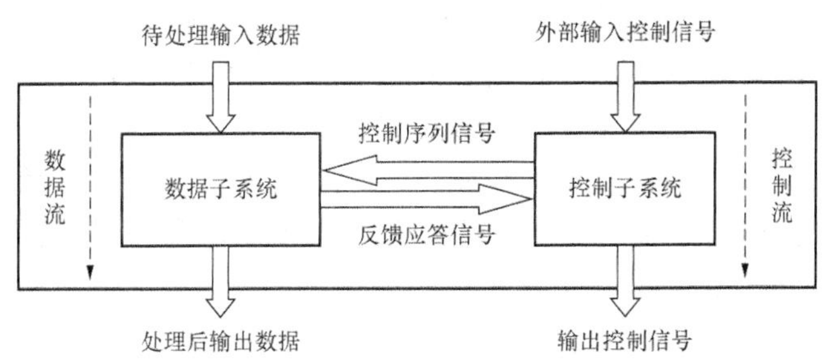

图 8.1　数字系统的结构框图

数据子系统又称为数据处理单元，是数字系统的数据存储和处理部件，包括各种只能实现某种单一特定功能的功能部件级电路。

控制子系统又称为控制器，是数字系统的核心，负责统一协调和管理各功能部件的工作，使它们按一定顺序进行操作，实现整个系统的复杂功能。

数字系统的工作过程：控制器根据外部输入控制信号以及反映数据处理单元当前工作状况的反馈应答信号，发出对数据处理单元的控制序列信号。在此控制信号的作用下，数据处理单元对待处理的输入数据进行分解、组合、传输、控制和变换，产生相应的输出数据信号，并向控制单元送去反馈应答信号，用以表明它当前的工作状态和处理数据的结果。控制单元在收到反馈应答信号后，再决定发出新的控制信号，使数据处理单元进行新一轮的数据处理。

控制子系统和数据子系统通常以是否含有控制器作为区别功能部件和数字系统的标志。凡是包含控制器且能按顺序密切配合，协调工作，成为一个实现复杂功能的有机整体进行操作的系统，不论规模大小，一律称为数字系统，否则只能算是一个子系统部件，不能称为一个独立的数字系统。例如，存储器的容量再大也不能称为一个数字系统。

8.2 数字系统的设计方法

数字系统的设计通常采用层次化结构设计方法，或者称为模块化设计方法。层次化结构设计方法可分为两大类，即自下而上（Bottom-up）的设计方法和自上而下（Top-down）的设计方法。

1. 自下而上的设计方法

该设计方法是从底层开始，由简单到复杂，逐步向上完成。通常用基本的单元构成比较复杂的单元，较复杂的又为更复杂的功能实现提供基础。

其特点是从具体的器件和部件开始，这些器件和部件的逻辑特性是已知的，设计者凭经验和知识加以修改，能够较快地设计出所要求的系统。但是其软件的开发受到硬件的严格限制。软件设计和调试通常要在硬件设计完成以后，因此其存在着开发效率低，可移植性差，开发时间长，不易修改设计等缺点。随着计算机技术及电子技术的发展，该设计方法逐渐被自上而下的设计方法所取代。

2. 自上而下的设计方法

该方法通常是从总体要求出发，自上而下地逐步将设计内容细化，即将所设计电路的功能逐级细化为更简单的功能模块，直到这些模块都能方便地实现，最后完成系统硬件的整体设计。它具有设计效率高，开发周期短，可继承性等优点，所以得到广泛应用。

数字系统的设计方法，先是一个自上而下的过程，整个设计过程包含了一系列的试探过程。在设计最终完成之前，设计者不可能确定所有的细节。在系统被划分成子系统的过程中，会有不同的方案需要试探、比较和验证。而在完成了各个子系统的设计之后，又有一个自下而上把子系统连成整体并进行整体功能验证和检查并不断修改的过程。通常一个数字系统的设计要经过一定的反复才能真正完成。

8.3 数字系统设计的一般过程

数字系统的设计过程如图 8.2 所示。

1. 系统调研，确定总体方案

进行一个数字系统设计时，首先要对所设计系统的任务、要求和使用环境等进行深入地了解。在详细了解设计任务的基础上，确定系统的逻辑功能。即根据用户要求，对设计任务作透彻地了解，确定系统的整体功能及其输入信号、输出信号、控制信号和控制信号与输入、输出信息之间的关系等。

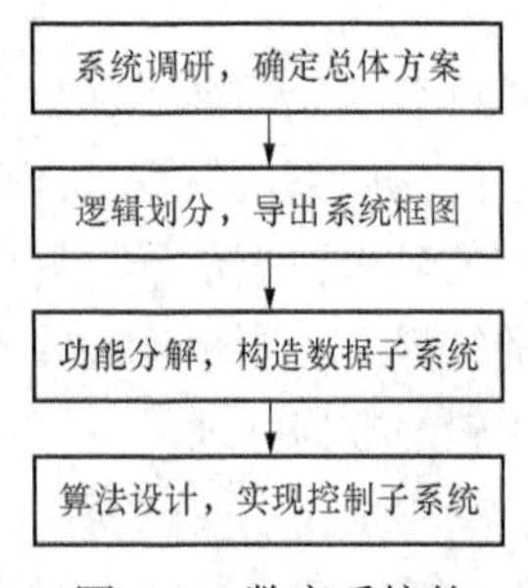

图 8.2 数字系统的设计过程

明确了系统要实现的逻辑功能后，可根据系统的逻辑功能确定出系统设计的总体方案。这是设计过程中至关重要的一步。

2. 逻辑划分，导出系统框图

系统总体方案确定后，可以将系统从逻辑上划分为数据处理单元和控制器两部分，导出包含必要的数据信息、控制信息和状态信息的结构框图。逻辑划分的原则是，怎样更有利于实现系统的工作原理，就怎样进行逻辑划分。为了不使这一步的工作过于复杂，结构框图中的各个逻辑模块可以比较笼统，比较抽象，不必受具体芯片型号的约束。

3. 功能分解，构造数据子系统

将结构框图中的数据子系统根据逻辑功能进一步分解为多个功能模块，再将各功能模块分解为更小的模块，直至可用合适的芯片或模块来实现。

数据子系统所需要的各种控制信号，由控制器产生。必须注意，为了简化控制器的设计，数据子系统不仅要结构简单、清晰，而且要便于控制。

4. 算法设计，实现控制子系统

控制器是数字系统能够正常工作的指挥中枢，因此它的设计是设计过程中极为重要的部分。根据得出的数据子系统结构，编制出数字系统的控制算法。所谓控制算法，就是控制器对被控对象的控制关系。并进一步用算法流程图，又称为算法状态机图（Algorithmic State Machine Chart，ASM 图）、助记状态图（Memorial Documented State Diagrams，MDS 图）等工具来描述系统控制器的控制算法，最后用合适的芯片或模块来设计实现。

MDS 图是用带有状态名的圆圈表示状态，状态之间用带有箭头的连线表示状态的转换，而箭头上的标注是转换条件，本书前几章给出的状态图就是简化的 MDS 图。MDS 图和 ASM 图都可以描述控制算法流程，因此可以相互转换。

8.4　数字系统的算法描述

由前所知，数字系统由控制单元和数据处理单元两大部分组成。控制单元在统一的时钟作用下，严格地按照一定的时间关系输出控制信号；数据处理单元则根据控制信号完成一步步的操作。因此控制器设计是一个数字系统设计的核心。本节介绍一种用于描述控制器工作过程的方法，即 ASM 图描述方法。它直观地表示出在一系列时钟脉冲作用下时序电路状态转换的流程以及每个状态下的输入和输出。

ASM 图与程序流程图的最大差别在于，程序流程图只是表示事件发生的先后顺序，没有时间概念，而 ASM 图则不同，它是一种时钟驱动的流程图，描述了控制器的控制过程（即控制器的状态转换、转换条件以及控制器的输出等），还指明了在被控制的数据处理器中应实现的操作。在这个意义上，ASM 图定义了整个数字系统。

8.4.1　ASM 图符号

ASM 图中有三种基本符号，即状态框、判断框和条件输出框。

1. 状态框

状态框用矩形框表示，如图 8.3 所示。一个矩形框，代表了数字系统控制器的时序状态图中的一个状态。其表示方式：在框内列出该状态进行的操作及为实现这种操作而产生的控制信号输出。框的左上方表明状态名称，右上方写上状态编码。

图 8.4 为一个状态框实例。状态框的名称是 S_0，其编码是 010，框内规定的是在 S_0 状态下完成的寄存器操作 B←A 及为了实现这一操作，控制器在该状态下应该发出控制信号 C＝1。箭头表示系统状态的流向，在时钟脉冲的有效触发沿触发下，系统进入状态 S_0，当下一时钟到来时，系统离开该状态。因此一个状态框只占有一个时钟脉冲周期。有时为了省

略，状态框内也可只列出控制信号而省略数据操作。

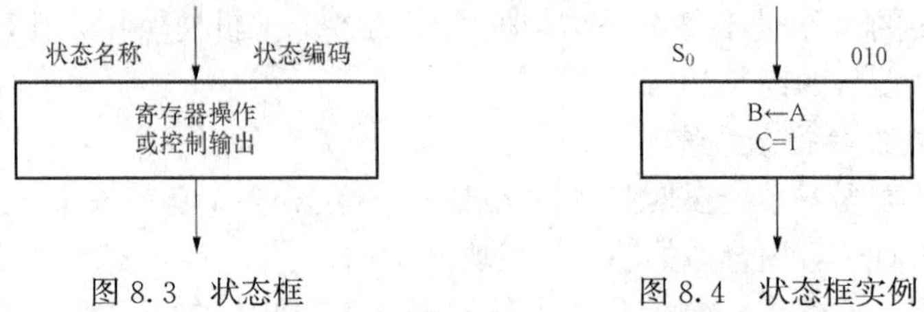

图 8.3 状态框　　图 8.4 状态框实例

2. 判断框

判断框又称条件分支框，用菱形框表示，描述 ASM 图的状态分支。它有一个入口和多个出口，框内表示判断条件，判断量通常是控制器的外输入或来自数据处理器。控制器可根据判断条件的取值，决定在下一个时钟有效边沿到来时状态的转换方向，或决定数据处理器执行的操作，如图 8.5 所示。

判断框的入口通常来自某一个状态框，在该状态占用的一个时钟周期内，根据判断条件，以决定下一个时钟脉冲到来时状态的走向，故判断框不占用新的时钟周期。

3. 条件输出框

条件输出框如图 8.6 所示，条件框的入口必定与判断框的输出相连。当判断框内的判断条件满足时，立即执行条件输出框内所规定的操作。值得注意的是，条件输出框不是控制器的一个状态。

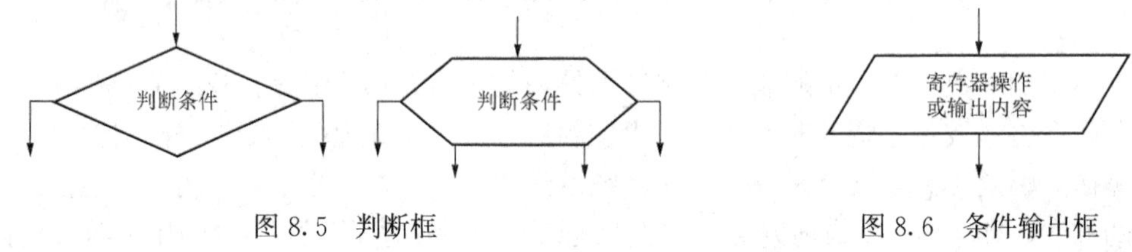

图 8.5 判断框　　图 8.6 条件输出框

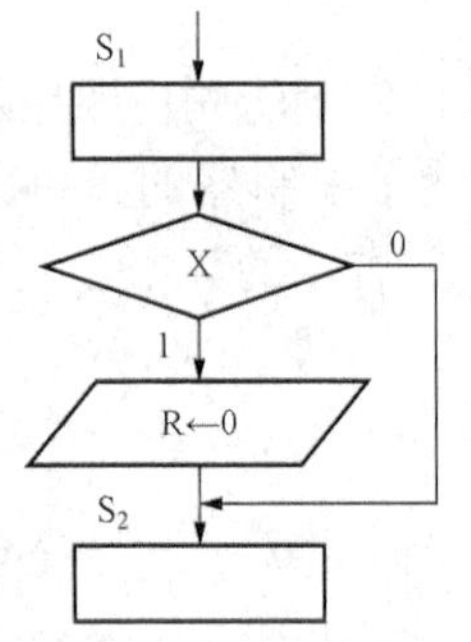

图 8.7 条件输出框实例

图 8.7 中给出具有 2 个状态框的 ASM 图。图中，当 X=0 时，控制器的状态将由 S_1 转向 S_2 状态；而当 X=1 时，将立即执行条件输出框中规定的操作，将寄存器清零，然后转向 S_2 状态。

4. 各种逻辑框之间的时间关系

ASM 图状态由现态到次态的状态改变是在时钟信号的控制下实现的。一个时序电路的 ASM 图由若干个 ASM 块组成。ASM 图中的每一个 ASM 块可包含一个状态框、若干个判断框和条件输出框。每个 ASM 块都在状态框和条件输出框内列出了一个时钟脉冲周期应实现的操作，这些操作均在数据处理器中完成，状态的变化则在控制器中实现。在图 8.7 中，状态框 S_1 和条件判断框及条件输出框就组成了一个 ASM 块。

8.4.2 ASM 图含义

【例 8.1】 描述图 8.8（a）中 ASM 图的含义。

解 图 8.8（a）中共含有三个状态：S_1、S_2、S_3，在 CP 时钟有效时，控制器首先进入 S_1 状态。在 S_1 状态下，控制器输出控制信号 Z=0。若 X=0，则下一时钟有效时，控制器

进入状态 S_2；若 X=1，则完成数据操作 A=A+1，当下一时钟有效时，控制器进入状态 S_3。在 S_2 状态下，控制器输出控制信号 C=1。在 S_3 状态下，控制器输出控制信号 EN=1。虚线框内的部分称为一个 ASM 块，它由一个状态 S_1 和它下面的判断框和条件输出框组成，且一个 ASM 块内的操作是在一个 CP 时钟周期内完成的，如图 8.8（b）所示。

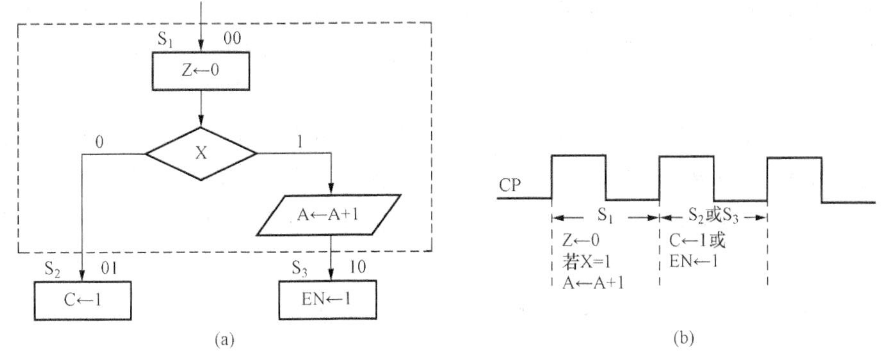

图 8.8 ［例 8.1］ASM 图和操作时间表

（a）ASM 图；（b）操作时间表

【例 8.2】 作出图 8.8（a）中 ASM 图所对应的等效 MDS 图。

解 图 8.8（a）中 ASM 图所对应的等效 MDS 如图 8.9 所示。

8.4.3 ASM 图的建立

【例 8.3】 串行数据序列是每个时钟周期传送一个数据 0 或 1 的数据流。设 X 为输入的串行数据序列，当检验到数据流中出现所需的 010 数据时，使检测器的输出 Z 为 1。试画出其 ASM 图。

解 设 S_0 为起始状态，S_1 为收到 X 序列里的 0 后的状态，S_2 为收到 X 序列里的 0 后又收到 1 后的状态，若接着后面 X 输入的是 0 的话，则输出 Z=1，并且返回状态 S_0，以此可以得到描述状态转换的 MDS 图，如图 8.10（a）所示。图 8.10（b）为对应的 ASM 图。

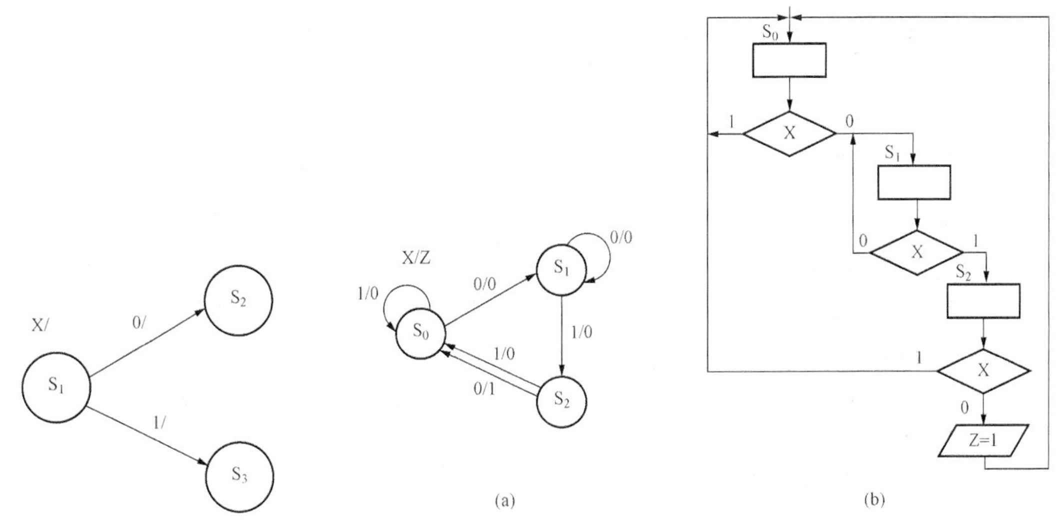

图 8.9　图 8.8（a）ASM 图的等效 MDS 图

图 8.10 ［例 8.3］的 MDS 图和 ASM 图

（a）MDS 图；（b）ASM 图

8.5 数字系统设计实例

从数字系统的结构框图可知，数字系统包括数据处理部分和控制器两部分。数据处理部分的功能各系统根据具体的要求而异，而控制器的作用是保证电路按正确的时序进行工作，它应发出控制命令使电路各环节协调一致、有序地工作。常用的同步时序电路的控制器有4种类型。

（1）定序型控制器。当系统的每一个状态都用一个触发器来实现时，可选用定序型控制器。这种方法的优点是设计简单，而且不需要状态译码。但使用的触发器较多，成本较高。

（2）计数器型控制器。用计数器构成的控制器称为计数型控制器。通过计数编码来表示较多的状态，但必须有译码器才能输出控制信号。

（3）多路选择器型控制器。采用多路选择器作为控制器，所有多路选择器输出的组合就是控制器次态的编码。

（4）微程序控制器。这种控制器本身有微指令系统，适合于有大量控制状态的系统。微程序控制器的有关内容可参阅其他教材，本文只列举前三种控制器的设计实例。

8.5.1 设计步骤

（1）根据命题确定硬件算法流程图——ASM图。ASM图要能正确、全面地反映设计命题的意义和要求。

（2）根据ASM图设计控制器，由控制器完成ASM图中状态之间的转换。

（3）根据ASM图设计数据处理器，由数据处理器完成ASM图中的有条件操作和无条件操作。

（4）连接控制器和数据处理器，并加入统一的时钟脉冲。

（5）调试数字电路。

8.5.2 数字系统设计举例

【例8.4】 图8.11（a）为某一控制器算法流程图，请设计一个定序器型控制器。

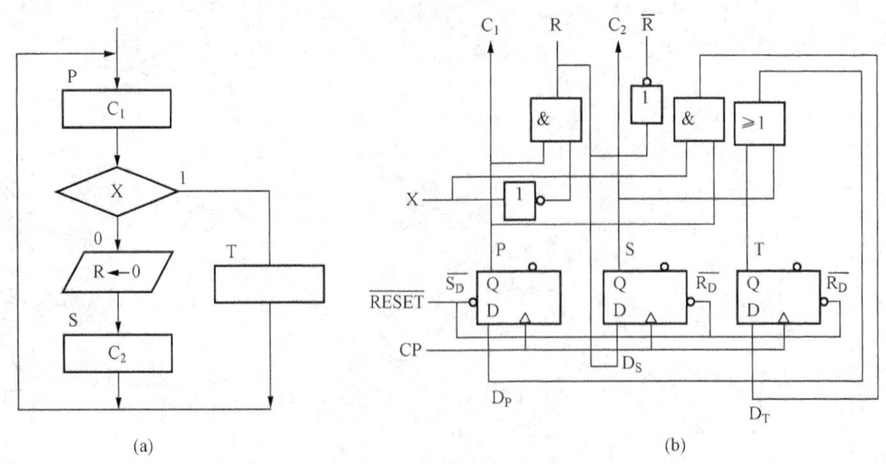

图8.11 ［例8.4］的定序型控制器

（a）ASM流程图；（b）控制器具体电路

解　根据控制器算法流程图可知，该控制系统有 3 个状态：P、S、T，因此需要三个触发器（每一个状态一个触发器），触发器可用 JK 型或 D 型，此处用 D 型触发器。

从 ASM 图可看出算法状态机的输入和输出参数。本例中算法状态机的输入为 X，并有 C_1、C_2 两个控制命令和 R 输出。

从 ASM 图可写出各个触发器的激励方程

$$D_P = S + T$$

$$D_S = P\overline{X}$$

$$D_T = PX$$

控制器的主要目的是产生一定的控制命令。从算法流程图可知，C_1 为系统处于状态 P 时产生的控制信号，C_2 为系统处于状态 S 时产生的控制信号，R 为输出信号，因此控制信号及输出信号为

$$C_1 = 状态\ P = P$$

$$C_2 = 状态\ S = S$$

$$\overline{R} = \overline{P\overline{X}}$$

还要设定系统的初始状态（P=1，S=T=0），因此$\overline{\text{RESET}}$（复位信号，低电平有效）将系统设置在 P 状态。最后按上述分析构成控制器的电路，如图 8.11（b）所示。

【例 8.5】　请设计图 8.13（a）所示加法运算器的控制器，要求采用计数型控制器。

解　根据图示的加法运算器，可安排如下 4 步完成两个数相加的操作：

（1）寄存器 C 清 0，取被加数存放于寄存器 A。

（2）将 A 中数据经加法器传送至寄存器 B。

（3）取加数至寄存器 A。

（4）将 A 与 B 中的数相加，结果存入 B，进位信号送至寄存器 C。

要求控制器有四个控制状态，每一个状态控制其中的一步操作。设四个状态的名字为 S_0、S_1、S_2、S_3，编码分别为 00、01、11、10，根据上述操作要求，各个状态产生的控制信号如下：

S_0：$\overline{\text{CR}}$——寄存器 C 清 0，LDA——寄存器 A 接收输入数据。

S_1：LDB——寄存器 B 接收从加法器送来的数据。

S_2：LDA——寄存器 A 接收输入数据。

S_3：ADD——加法使能信号，LDB——寄存器 B 接收从加法器送来的运算结果数据。

寄存器 B 的数据通过通路开关加入加法器，并与寄存器 A 送来的数据相加。根据控制算法，可作出如图 8.12 所示的 ASM 图。图中已将状态编码写于状态框右上角。

假设状态周期 $T = T_1 + T_2$，计数器状态改变发生在 T_1 时序，控制信号 LDA、LDB 发生在 T_2 时序。

根据 ASM 图可得到它的状态转移表（见表 8.1）。表中 Q_1 和 Q_2 是用来表示控制器状态的两个触发器。选用 D 型触发器，则求得触发器的次态激励方程如下

$$Q_2^{n+1} = D_2 = Q_1^n$$

$$Q_1^{n+1} = D_1 = \overline{Q_2^n}$$

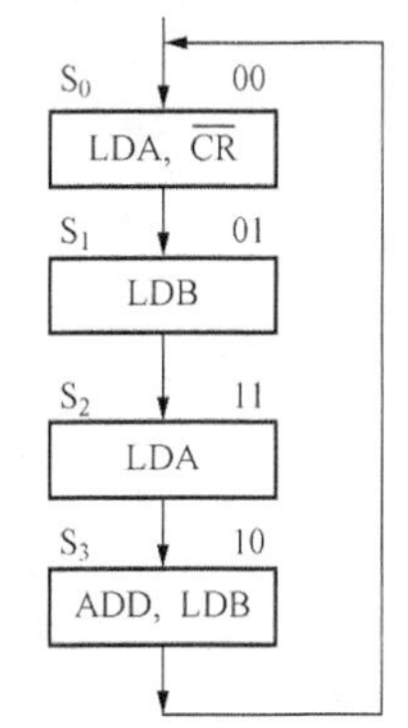

图 8.12　[例 8.5] 的 ASM 图

表 8.1 **［例8.5］状态转移表**

现态			次态			激励	
状态名	Q_2^n	Q_1^n	状态名	Q_2^{n+1}	Q_1^{n+1}	D_2	D_1
S_0	0	0	S_1	0	1	0	1
S_1	0	1	S_2	1	1	1	1
S_2	1	1	S_3	1	0	1	0
S_3	1	0	S_0	0	0	0	0

从算法流程图还可以得到各控制信号的逻辑关系为

$$\mathrm{LDA}=(\overline{Q_2^n}\,\overline{Q_1^n}+Q_2^nQ_1^n)T_2=(Q_2^n\odot Q_1^n)T_2$$

$$\mathrm{LDB}=(\overline{Q_2^n}Q_1^n+Q_2^n\overline{Q_1^n})T_2=(Q_2^n\oplus Q_1^n)T_2$$

$$\overline{\mathrm{CR}}=Q_2^n+Q_1^n \quad （Q_2、Q_1\ 同为\ 0\ 时，产生低电平的清\ 0\ 信号）$$

$$\mathrm{ADD}=Q_2^n\overline{Q_1^n}$$

其中 LDA、LDB 为脉冲控制信号，$\overline{\mathrm{CR}}$、ADD 为电位控制信号。打入控制信号 LDA、LDB 应在上升沿有效。电位控制信号持续时间与状态周期相同，$T=T_1+T_2$。提醒读者注意脉冲控制信号与电位控制信号的区别，前者持续时间短（仅 T_2 节拍时间），后者持续时间长（$T=T_1+T_2$）。T_1 使控制器改变状态，T_2 作为执行部件的打入信号。

根据上述关系，可画出如图 8.13（b）所示的控制器电路图。寄存器 A 和 B 选用

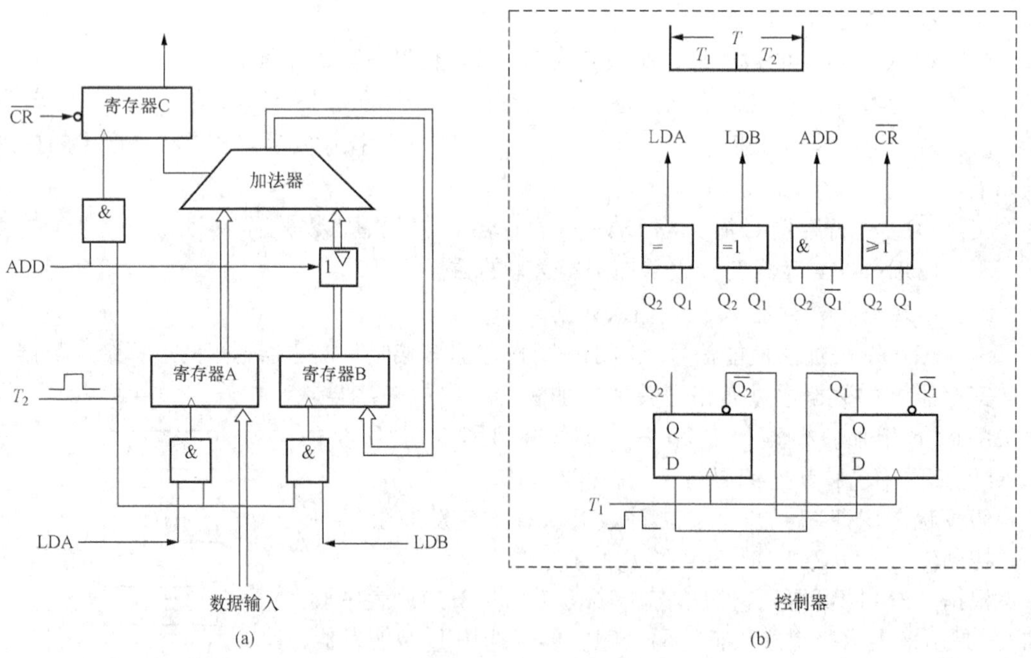

图 8.13 加法运算器及其计数型控制器

（a）加法运算器；（b）计数型控制器电路图

74LS374 八 D 触发器，寄存器 C 选用 74LS74，三态缓冲器采用 74LS244，加法器选用 2 片 74LS283。

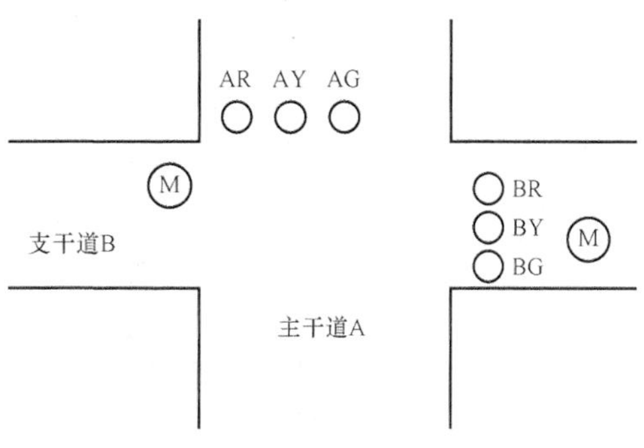

图 8.14　十字路口交通灯图

【例 8.6】 十字路口的交通灯控制系统。在主干道 A 和支干道 B 的十字交叉路口，设置交通灯自动控制装置，使车辆有序通行，其示意图如图 8.14 所示。支干道路口设有传感器 M，支干道有车要求通行时 M＝1，否则 M＝0。主干道通车时绿灯亮，支干道不通车时红灯亮。主干道通车至少 16s，超过 16s 时，若支干道有车要求通行，即 M＝1，主干道绿灯灭黄灯亮 5s，之后改为主干道红灯亮，支干道绿灯亮。支干道通车最长 16s，在 16s 内，只要支干道无车，即 M＝0，支干道交通灯由绿灯亮变为黄灯亮持续 5s 后变为红灯亮，主干道由红灯亮变为绿灯亮。16s 和 5s 的定时信号由加法计数器完成，时间到 $t=1$，计数器清 0，重新计时下一个定时时间。

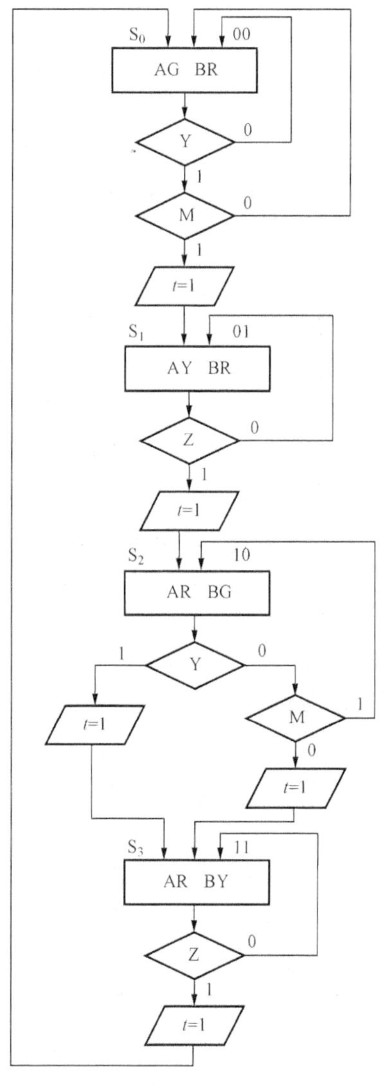

图 8.15 ［例 8.6］ASM 图

解 (1) 根据题意定义有关信号名称

输入

支干道传感器 M：支干道有车，M＝1，否则 M＝0。

定时/状态转换信号 t：定时时间到，$t=1$，否则 $t=0$。

计时信号 Y、Z：16s 计时时间到，Y＝1；5s 计时时间到，Z＝1。

输出

主干道绿灯亮：AG＝1；主干道黄灯亮：AY＝1；主干道红灯亮：AR＝1。

支干道绿灯亮：BG＝1；支干道黄灯亮：BY＝1；支干道红灯亮：BR＝1。

(2) 画出 ASM 图。根据题意，画出 ASM 图如图 8.15 所示。

(3) 控制器设计。控制器用 MUX、D 触发器和译码器方法设计。此例中 ASM 图有 4 个状态，故使用两个 D 触发器、两个 4—1MUX 和一个 2 线—4 线高电平有效的译码器。两个 D 触发器经 2 线—4 线高电平有效的译码器产生四种编码为 00、01、10、11，分别命名为状态 S_0、S_1、S_2 和 S_3。根据 ASM 图对状态的要求，列出控制器状态转移表见表 8.2。

表 8.2 [例8.6] 状态转移表

状态符号	现态 $Q_1^n\ Q_0^n$	输入 Y	输入 Z	输入 M	次态 $Q_1^{n+1}\ Q_0^{n+1}$	输出 $S_0S_1S_2S_3$
S_0	0 0	0	×	×	0 0	1 0 0 0
		×	×	0	0 0	
		1	×	1	0 1	
S_1	0 1	×	0	×	0 1	0 1 0 0
		×	1	×	1 0	
S_2	1 0	0	×	1	1 0	0 0 1 0
		0	×	0	1 1	
		1	×	×	1 1	
S_3	1 1	×	0	×	1 1	0 0 0 1
		×	1	×	0 0	

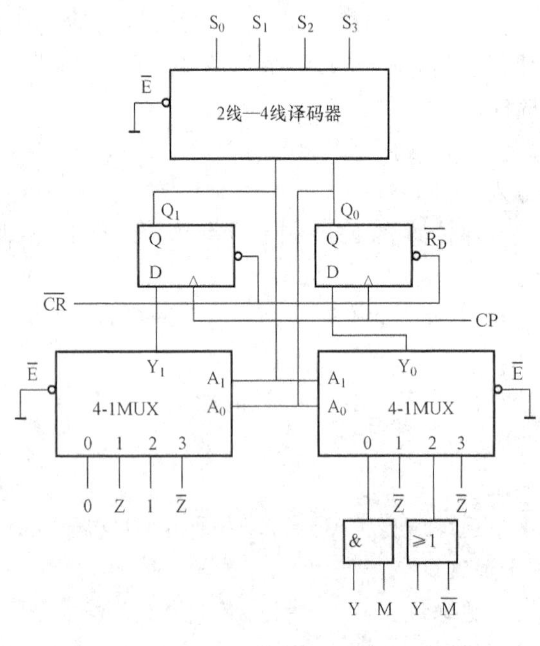

图 8.16 控制器电路图

由表 8.2 可写出 2 个触发器的状态方程：

$$Q_1^{n+1} = Z\overline{Q_1^n}Q_0^n + Q_1^n\overline{Q_0^n} + \overline{Z}Q_1^nQ_0^n$$

$$Q_0^{n+1} = YM\overline{Q_1^n}\,\overline{Q_0^n} + \overline{Z}\,\overline{Q_1^n}Q_0^n + (\overline{M}+Y)Q_1^n\overline{Q_0^n} + \overline{Z}Q_1^nQ_0^n$$

用 4-1MUX 实现上述 D 触发器的激励方程，可画出控制器如图 8.16 所示。

(4) 数据处理器设计。根据 ASM 图可知，数据处理器包括红、绿、黄指示灯驱动电路、定时信号 $t=1$ 产生电路和计时 16s 及 5s 电路三部分。

1）指示灯驱动电路的真值表见表 8.3。

可见，指示灯驱动方程为 $AG=S_0$，$AY=S_1$，$AR=S_2+S_3$，$BG=S_2$，$BY=S_3$，$BR=S_0+S_1$。根据这些表达式，画出指示灯驱动电路如图 8.17 所示。

表 8.3 [例8.6] 指示灯驱动电路真值表

状 态	AG	AY	AR	BG	BY	BR
S_0	1	0	0	0	0	1
S_1	0	1	0	0	0	1
S_2	0	0	1	1	0	0
S_3	0	0	1	0	1	0

定时信号 $t=1$ 产生电路

根据 ASM 图，$t=1$ 的条件方程为

$$t = S_0 YM + S_1 Z + S_2(Y + \overline{M}) + S_3 Z$$

根据 t 的表达式，可画出定时信号 $t=1$ 的逻辑电路如图 8.18 所示。

2）计时电路用秒脉冲加法计数器 74LS161 实现，其驱动要求如下

$$\overline{LD} = \bar{t}, \quad D_3D_2D_1D_0 = 0000$$

计数器 74LS161 输出：16s 到，$Q_3Q_2Q_1Q_0=1111$（即 CO=1）；5s 到，$Q_3Q_2Q_1Q_0=0100$（即 $Q_2=1$）。同时注意到，16s 对应 S_0 和 S_2 状态，而 5s 对应 S_1 和 S_3 状态。所以计时电路的输出要求为

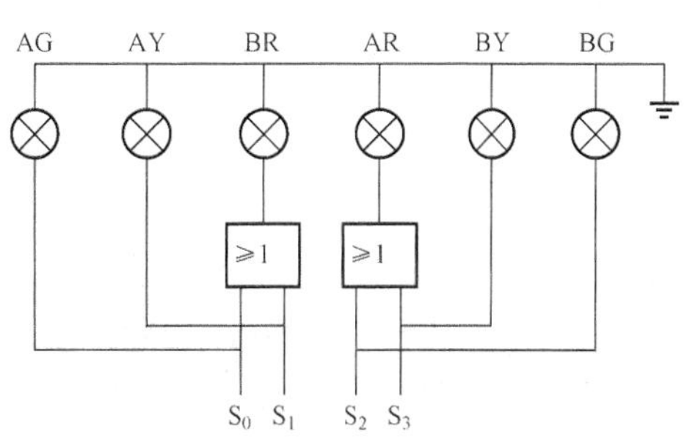

图 8.17　指示灯驱动电路

$$Y=1: Y=(S_0+S_2)CO$$
$$Z=1: Z=(S_1+S_3)Q_2$$

计时电路如图 8.19 所示。

把图 8.16～图 8.19 的异步清 0 端 $\overline{CR}$ 连在一起，各时序电路时钟脉冲 CP 端连接在一起并接入周期为 1s 的脉冲源，其他各相同端点接在一起，即为交通灯控制系统的电路图。

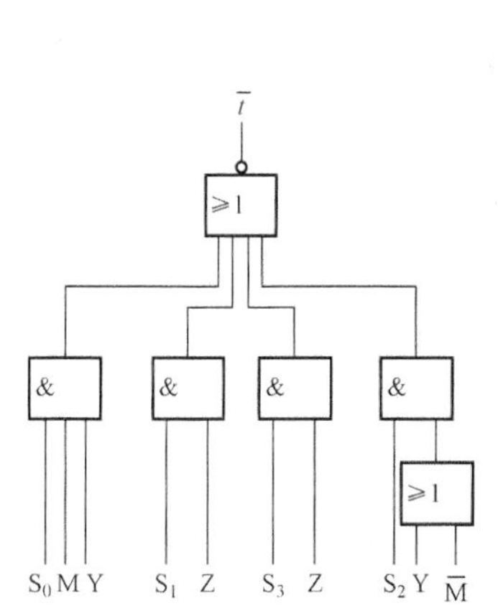

图 8.18　$t=1$ 产生电路

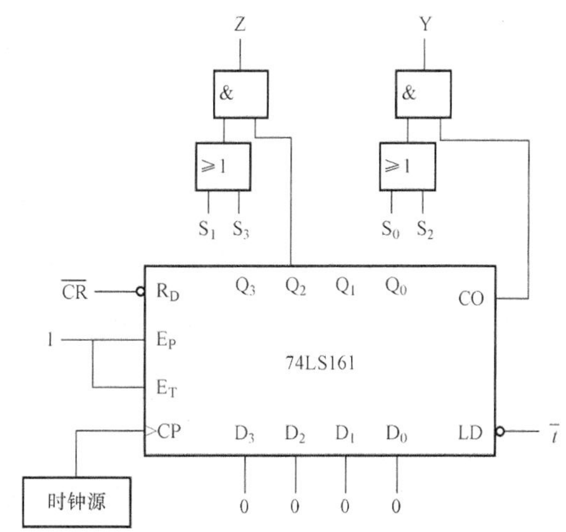

图 8.19　计时电路

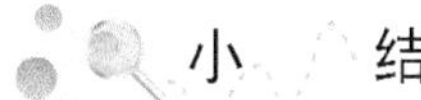

小　结

本章介绍了数字系统的基本概念、一般结构及自上而下的设计方法。

数字系统可由控制单元和数据处理单元两大部分组成。控制单元在统一的时钟控制下，严格地按照一定的时间关系输出控制信号；数据处理单元则根据控制信号完成一步一步的操作。因此控制器设计是一个数字系统设计的核心。

在数字系统的设计过程中，ASM 图的建立是整个过程中关键的一步。它直观地表示出在一系列时钟脉冲作用下时序电路状态转换的流程以及每个状态下的输入和输出。控制器的设计就是将系统的 ASM 图转换成对应的电路。

习　题

8.1　什么是数字系统？数字系统的一般结构是什么？叙述数字系统设计的一般过程。

8.2　什么是 ASM 图？它由哪些基本符号组成？如何绘制数字系统的 ASM 图？

8.3　试比较定序型控制器和计数型控制器的特点。

8.4　按图 8.20 所示 ASM 图，设计一个定序型控制器（每个状态用一个触发器）。

8.5　按图 8.20 所示 ASM 图，设计一个计数器型控制器。

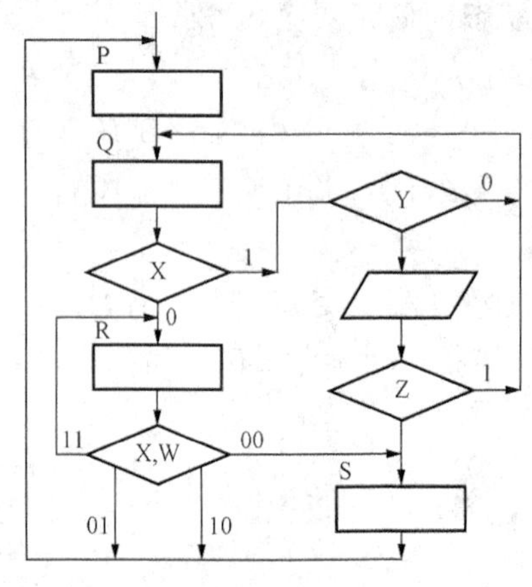

图 8.20　习题 8.4、8.5 图

8.6　有一个数字比较系统，它能对两个 8 位二进制数进行比较。其操作过程如下：先将两个 8 位二进制数存入寄存器 A 和 B，然后进行比较，最后将大数移入寄存器 A 中。要求：

(1) 画出此系统方框图，并构造 ASM 图。

(2) 设计实现其控制器。

8.7　试画出习题 6.19（第 6 章习题）自动售饮料机的 ASM 图。

8.8　8 位串行数字密码锁设计。其工作原理：串行输入 8 位二进制数码，如果接收到的数据与原设定的密码相同，表示得到的是正确的开锁信号，锁打开。画出此系统方框图，设计实现其控制器。

第 9 章　硬件描述语言 VHDL

数字系统设计分为硬件设计和软件设计，硬件描述语言 VHDL 是电子设计主流硬件描述语言，本章着重讲述它的编程技术与使用方法。

9.1　VHDL 设计描述的基本结构

VHDL（Very-High-Speed Integrated Circuit Hardware Description Language，超高速集成电路硬件描述语言）是在 EDA 中被广泛使用的一种标准语言。

VHDL 程序基本结构如图 9.1 所示。它包括实体（Entity）、结构体（Architecture）、程序包（Package）、库（Library）和配置（Configuration）5 个部分。其中，实体、结构体和库是每一个 VHDL 程序必不可少的三大部分，而配置说明和程序包则是选项，它们的取舍视具体情况而定。

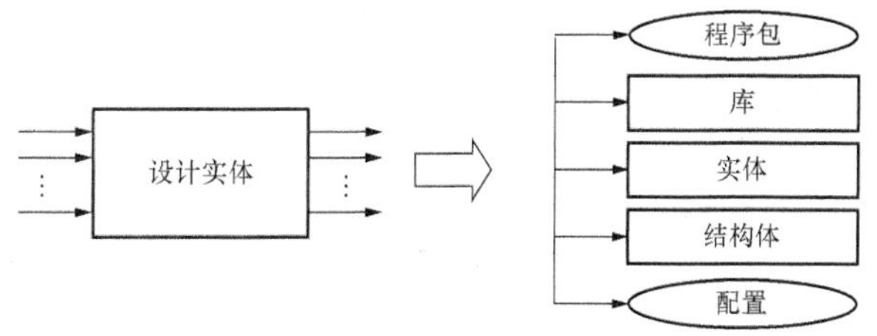

图 9.1　VHDL 程序基本结构

实体用于描述所设计电路系统的外部接口信号，系统的输入输出端口及属性都是在实体中定义的；结构体用于描述系统内部的结构和行为，建立输入与输出的关系；配置用于从库中选取所需元件安装到设计单元的实体中，或是为实体选定某个特定的结构体；程序包存放各种设计模块都能共享的数据类型、常数和子程序等；库存放已经编译的实体、结构体、程序包和配置。库可由用户生成或者是由 ASIC 芯片制造商提供，VHDL 常用的资源库是 IEEE 库。IEEE 库包含经过 IEEE 正式认可的 STD_LOGIC_1164 包集合和某些公司提供的一些包集合，如 STD_LOGIC_ARITH（算术运算库）、STD_LOGIC_UNSIGNED 等。

实体和结构体是 VHDL 设计文件中两个必不可少的组成部分。在 VHDL 语言中，一个设计单元被称作设计实体，它可以是一个简单的电路（如一个与门、一个译码器等），也可以是一个复杂的电路（如一个计数器或微处理器）。

1. 实体

实体的一般格式为

```
ENTITY  实体名  IS
    [PORT(端口说明);]
    END 实体名;
```

端口说明的一般格式为

```
PORT(端口名,{端口名}:端口模式   数据类型;
     端口名,{端口名}:端口模式   数据类型);
```

【例 9.1】 四位加法器实体说明程序。

```
ENTITY add4 IS
PORT ( a, b   : IN STD_LOGIC_VECTOR(3 downto 0);
       Ci     : IN STD_LOGIC;
       Sum    : OUT STD_LOGIC_VECTOR(3 downto 0);
       Co     : OUT STD_LOGIC);
END add4;
```

由实体说明画出四位加法器 add4 的电路符号如图 9.2 所示。

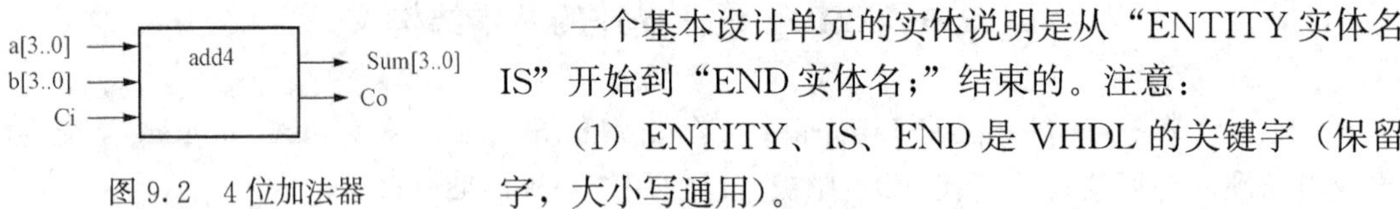

图 9.2 4 位加法器

一个基本设计单元的实体说明是从“ENTITY 实体名 IS”开始到“END 实体名；”结束的。注意：

(1) ENTITY、IS、END 是 VHDL 的关键字（保留字，大小写通用）。

(2) 实体中的每一个 I/O 信号被称为端口，其功能对应于电路图符号的一个引脚。端口说明则是对一个实体一组端口的定义，即对基本设计实体与外部接口的描述。端口模式用来说明数据传输通过该端口的方向，可以是输入（IN）、输出（OUT）、双向（INOUT）或缓冲（BUFFER），端口是设计实体和外部环境动态通信的通道。

(3) 实体名、端口名等均应为符合 VHDL 命名规则的标识符。

2. 结构体

结构体是设计实体的一个重要部分，结构体将具体实现一个实体。也就是说，它具体指明了该基本设计单元的行为、元件及内部的连接关系，定义了设计单元具体的功能。每一个实体都有一个或一个以上的结构体，每个结构体对应着实体不同结构和算法实现方案，其间各个结构体的地位是同等的，但同一结构体不能为不同的实体所拥有。结构体不能单独存在，它必须隶属于一个实体。

结构体的格式如下：

```
ARCHITECTURE 结构体名  OF  实体名  IS
        [结构体说明部分]
    BEGIN
        [并发处理语句]
    END 结构体名;
```

一个结构体从“ARCHITECTURE 结构体名 OF 实体名 IS”开始，至“END 结构体名；”结束。注意：

(1) 结构体说明是指对结构体需要使用的信号、常数、数据类型和函数进行定义和说明。

(2) 并发处理语句位于 BEGIN 和 END 之间，这些语句具体地描述了结构体的行为。并发处理语句是功能描述的核心部分，也是变化最丰富的部分。并发处理语句可以使用赋值语句、进程语句、元件例化语句、块语句以及子程序等。这些语句都是并发（同时）执行的，与排列顺序无关。

(3) 结构体的名称是对本结构体的命名，它是结构体的唯一名称。OF 后面紧跟的实体名表明该结构体所对应的是哪一个实体。

【例 9.2】 一个二输入与门的逻辑描述。

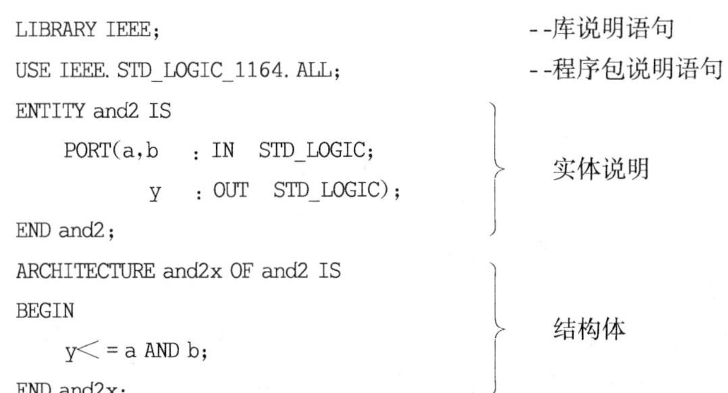

```
LIBRARY IEEE;                              --库说明语句
USE IEEE.STD_LOGIC_1164.ALL;               --程序包说明语句
ENTITY and2 IS                             )
    PORT(a,b   : IN   STD_LOGIC;           )
           y   : OUT  STD_LOGIC);          )  实体说明
END and2;                                  )
ARCHITECTURE and2x OF and2 IS              )
BEGIN                                      )
    y<=a AND b;                            )  结构体
END and2x;                                 )
```

9.2 VHDL 的语言元素

9.2.1 标识符

标识符是用来定义常数、变量、信号、端口、子程序或参数的名字。用户必须遵循VHDL语言标识符的命名规则来创建标识符。VHDL的基本标识符由字母、数字以及下划线字符组成，且具有以下特征要求：

(1) 第一个字符必须是字母。

(2) 最后一个字符不能是下划线。

(3) 不允许连续两个下划线。

(4) 在标识符中大、小写字母是等效的。

(5) VHDL中的注释文字一律为2个连续的连接线"--"，可以出现在任一语句后面，也可以出现在独立行。

(6) VHDL的保留字（关键字）见表9.1，它们不能用作用户自定义标识符。

表9.1 **VHDL 专用保留字**

ABS	ACCESS	AFTER	ALLAS	ALL
AND（与）	ARCHITECTURE	ARRAY	ASSERT	ATTRIBUTE
BEGIN	BLOCK	BODY	BUFFER	BUS
CASE	COMPONENT	CONSTANT	DOWNTO	ESLE
ELSIF	END	ENTITY	EXIT	FILE
FOR	FUNTION	GENERIC	IF	IN
INOUT	IS	LABEL	LIBRARY	LINKAGE
LOOP	MAP	NAND（与非）	NEW	NEXT
NOR（或非）	NOT（非）	NULL	OF	ON
OPEN	OR（或）	OTHERS	OUT	PACKAGE
PORT	PROCEDURE	PROCESS	RANGE	RECORD
REGISTER	REM	REPORT	RETURN	SELECT
SIGNAL	SUBTYPE	THEN	TO	TRANSPORT
TYPE	UNTIL	USE	VARIABLE	WAIT
WHEN	WHILE	WITH	XNOR（同或）	XOR（异或）

例如：如下标识符是合法的：

tx _ clk，Three _ state _ Enable，sel7D，HIT _ 1124

如下标识符是非法的：

```
_ tx _ clk：          --标识符必须起始于字母。
link _ _ bar：        --不能有连续两个下划线。
select：              --关键字（保留字）不能用于标识符。
```

9.2.2 VHDL 数据对象

在 VHDL 中，数据对象是可以赋予一个值的客体，它接受不同数据类型赋值，但在使用前必须给予说明。常用的数据对象有三种，即常量（Constant）、变量（Variable）和信号（Signal）。

1. 常量

常量是一个固定值。所谓常量说明是对某一个常量名赋予一个固定的值。通常赋值在程序开始前进行，该值的数据类型在说明语句中指明。

常量说明的格式如下：

CONSTANT 常量名 {，常量名}：数据类型：= 取值；

常量一旦被赋值就不能再改变。另外，常量所赋的值应和定义的数据类型一致。

例如：CONSTANT width： INTEGER：= 8；

2. 变量

变量是暂存数据的量。

变量说明语句的格式是：

VARIABLE 变量名 {，变量名}：数据类型 [：=初始值]；

例如：VARIABLE count： INTEGER：RANGE 0 TO 99：=0；

VARIABLE k： INTEGER：=0；

VARIABLE x，y： INTEGER；

变量只能用于进程和子程序，它是一个局部量。变量不能将信息带出对它做出定义的当前设计单元。变量的说明必须在进程或子程序的说明区域中加以说明。另外，变量赋值是直接的、非预设的，它在某一时刻仅包含一个值。变量一旦赋值立即生效，不存在延时行为。变量常用在实现某种运算的赋值语句中，而且赋值语句中的表达式必须与目标变量具有相同的数据类型。

3. 信号

信号是电子电路内部硬件实体相互连接的抽象表示。信号能够代表连线，也可内连元件，端口也是信号。信号通常在结构体、包集合和实体中说明。

信号说明语句的格式为

SIGNAL 信号名 {，信号名}：数据类型 [：=初始值]；

例如：SIGNAL count：BIT _ VECTOR（3 downto 0）；

信号包括 I/O 引脚信号以及 IC 内部缓冲信号，有硬件电路与之对应，故信号之间的传递有实际的附加延时。信号通常在结构体、包集合和实体中说明，信号不能在进程中说明（但可以在进程中使用）。信号是一个全局量，可以用它来进行进程之间的通信。

硬件中的信号总是同时工作的，即信号同时在各个模块中流动，这就是硬件电路的并发性。VHDL 体现了实际电路中信号“同时”流动的这种基本特性。

9.2.3 VHDL 的数据类型

VHDL 是一种数据类型很强的语言，数据类型的定义相当严格，要求设计实体中的常数、信号、变量、函数以及设定的各种参量都必须具有确定的数据类型。只有相同的数据类型的量才能相互传递和使用。VHDL 作为强类型语言的好处是使 VHDL 编译或综合工具很容易地找出设计中的各种常见错误。VHDL 中的数据类型可分为在程序包中可以随时获得的标准数据类型和用户自定义数据类型两个类别。标准的 VHDL 数据类型是 VHDL 最常用、最基本的数据类型，这些数据类型都已在 VHDL 的标准程序包 STANDARD 和 STD_LOGIC_1164 及其他的标准程序包中作了定义，并可在设计中随时调用。如下给出 VHDL 的标准数据类型。

• 整数（Integer）。

• 实数（Real）。

• 位（Bit）：只有两种取值，即'0'或'1'，可用于描述信号的取值。

• 位矢量（Bit_Vector）：是用双引号括起来的一组数据，每位只有两种取值：0 和 1。在其前面可加以数制标记，如 X（十六进制）、B（二进制、默认）、O（八进制）等。位矢量常用于表示总线的状态。例如，BIT_VECTOR（3 DOWNTO 0）。

• 布尔量（Boolean）：又称逻辑量。有“真”、“假”两种状态，分别用 TRUE 和 FALSE 标记。用于关系运算和逻辑运算。

• 字符（Character）：字符也是一种数据类型，是用单引号括起来的一个字母、数字、空格或一些特殊字符（如 M、@、%等）。字符区分大、小写字母。

• 字符串（String）：字符串是用双引号括起来的一个字符序列。字符串区分大、小写字母。常用于程序的提示和结果说明等。

• 时间（Time）：时间是一个物理量数据。时间由整数值、一个以上空格以及时间单位组成。在包集合 STANDARD 中给出了时间的预定义，其单位为 fs、ps、ns、ms、sec、min 和 hr。时间数据主要用于系统仿真，由它来表示信号延时和标记仿真时刻。

另外，IEEE 库 STD_LOGIC_1164 程序包中定义了两个非常重要的数据类型，即标准逻辑位 STD_LOGIC 类型和标准逻辑矢量 STD_LOGIC_VECTOR 类型。

（1）标准逻辑位 STD_LOGIC 类型。

STD_LOGIC 类型的数据定义如下：

TYPE STD_LOGIC IS ('X', 'U', '0', '1', 'Z', 'W', 'L', 'H', '—')；

各值的含义如下：

'X'：不定态；

'U'：初始值；

'0'：0；

'1'：1；

'Z'：高阻态；

'W'：弱信号不定态；

'L'：弱信号 0；

'H'：弱信号 1；

'—'：不可能情况（可忽略值）。

其中，'X'方便了系统仿真，'Z'方便了双向总线的描述。而在利用标准逻辑型对端口或者信号进行说明以前，在整个程序的最开始，必须有如下调用语句。

```
LIBRARY  IEEE;
USE IEEE.STD_LOGIC_1164.ALL;
```

否则，标准逻辑型不可用。

（2）标准逻辑矢量 STD _ LOGIC _ VECTOR 类型。

STD _ LOGIC _ VECTOR 类型定义如下：

```
TYPE  STD_LOGIC_VECTOR  IS  ARRAY (NATURAL
                        RANGE <>)  OF  STD_LOGIC;
```

可见，STD _ LOGIC _ VECTOR 是定义在 STD _ LOGIC _ 1164 程序包中的标准一维数组，数组中每一个元素的数据类型都是以上定义的标准逻辑位 STD _ LOGIC。

在使用中，向标准逻辑矢量 STD _ LOGIC _ VECTOR 数据类型的数据对象赋值的方式与普通的一维数组 ARRAY 是一样的，即必须严格考虑矢量的宽度。同位宽、同数据类型矢量间才能赋值。

9.2.4 运算符与操作符

VHDL 语言中共有 4 种运算符，可以分别进行逻辑运算（Logical）、关系运算（Relational）、算术运算（Arithmetic）和并置运算（Concatenation）。注意，运算数的类型应该和运算符所要求的类型相一致。另外，运算符是有优先级的。例如逻辑运算符 NOT，在所有操作符中优先级最高。表 9.2 列出了操作符之间的优先级。

表 9.2 VHDL 操作符优先级

运算符	优先级
**，ABS，NOT	最高优先级
*，/，MOD，REM	↑
+（正号），-（负号）	↑
+，-，&	↑
SLL，SLA，SRL，SRA，ROL，ROR	↑
=，/=，<，>，<=，>=	↑
AND，OR，NAND，NOR，XOR，XNOR	最低优先级

1. 算术运算符

在算术运算中，包括一元算术运算符和二元算术运算符。一元算术运算符包括：+（正号）、-（负号）、ABS（求绝对值）。二元算术运算符包括：+、-、*、/、MOD（求模）、REM（求余）、**（指数运算）。

在使用乘法运算符时应特别慎重，因为它可以使逻辑门的数量大幅度增加。

2. 关系运算符

关系运算符的左右两边都是运算数，不同的关系运算符对两边运算数的数据类型有不同的要求。其中，等号“=”和不等号“/=”可以适用于所有类型的数据。其他关系运算符适用于整数（INTEGER）和实数（REAL）、位（STD _ LOGIC）等枚举类型以及位矢量

（STD_LOGIC_VECTOR）等数组类型的关系运算。进行关系运算时，左右两边运算数的数据类型必须相同，但是位长度不一定相同。在利用关系运算符对位矢量数据进行比较时，比较过程是从最左边的位开始，自左至右按位进行比较。位长不同时，只能按自左至右的比较结果作为关系运算的结果。例如，“1010”和“111”进行比较，比较的结果是后者大于前者，正是因为比较的顺序是自左至右，所以只比较了前 3 位。

3. 逻辑运算符

在 VHDL 语言中的逻辑运算可以对 STD_LOGIC 和 BIT 等逻辑型数据、STD_LOGIC_VECTOR 逻辑型数组即布尔型数据进行逻辑运算。必须注意，运算符的左边和右边，以及代入信号的数据类型必须是相同的。

当一个语句中存在两个以上的逻辑表达式时，在 C 语言中运算有自左至右的优先级顺序规定，而在 VHDL 语言中，左右没有优先级差别。例如：

x<=（a AND b）OR（NOT c AND d）;

如果去掉式中的括号，那么从语法上来说是错误的。

4. 并置运算符

并置运算符 & 用于位的连接。例如，将 4 个位用并置运算符 & 连接起来就可以构成一个具有 4 位长度的位矢量。两个 4 位的位矢量用并置运算符 & 连接起来就可以构成 8 位长度的位矢量。例如：定义了如下 3 个信号：

```
SIGNAL a:  STD_LOGIC;
SIGNAL b:  STD_LOGIC_VECTOR(1 DOWNTO 0);
SIGNAL c:  STD_LOGIC_VECTOR(2 DOWNTO 0);
```

那么就可以用并置运算符将 a 和 b 连接起来表示 c，可以有如下语句：

c<=a & b;

因为 a 和 b 并置以后，数据宽度和 c 是一致的，所以可以使用代入符<=。

9.3　VHDL 的基本描述语句

顺序描述语句和并发描述语句是 VHDL 程序设计中两大基本描述语句系列。VHDL 编程就是要利用这两种语句的特点做出合理的规划和设计。顺序描述语句和其他高级编程语言相似，是自上而下按先后顺序执行各个语句；而并发描述语句则是 VHDL 的一个特色，各个语句之间没有前后关系，在实际中各个语句的执行是同时进行的。

9.3.1　顺序描述语句

顺序描述语句只能出现在进程或子程序中，用来定义进程或子程序的行为 。其特点是每一条语句的执行（指仿真执行）都是按语句排列的次序执行的。在 VHDL 中，顺序描述语句常用的有以下几种：信号代入语句、变量赋值语句、IF 语句、CASE 语句、LOOP 语句、NEXT 语句、EXIT 语句。

1. 信号代入语句

信号代入语句的书写格式：

目的信号量<=信号量表达式;

该语句表明，将右边信号量表达式的值赋予左边的目的信号量。信号量表达式可以是一个具体数值，也可以是另一个信号量。注意，左右两边信号量的类型和长度应该是一致的。

例如：a<=b；

该语句表示：将信号量 b 的当前值赋予目的信号量 a 。

需要指出的是：

(1) 代入语句的符号“<=”和关系运算的小于等于符号“<=”相同，应根据上下文的含义和说明正确判别其意义。

(2) 信号代入语句符号两边的信号量的类型和长度应该一致。

2. 变量赋值语句

变量赋值语句的书写格式：

　　目标变量：= 表达式；

该语句表明，目的变量的值将由表达式的新值所代替，但两者的类型必须相同。目的变量的类型、范围及初值事先应已给出过。右边的表达式可以是变量、信号或字符。

例如：a：=2；

　　　b：=c+d；

注 意

变量只在进程或子程序中使用，无法传递到进程之外，它类似于一般高级语言的局部变量，只在局部范围内有效。

3. IF 语句

IF 语句是一种条件语句。其语句结构有以下三种：单选择控制的 IF 语句；二选择控制的 IF 语句；多选择控制的 IF 语句。

(1) 单选择控制的 IF 语句书写格式：

```
IF 条件 THEN
        顺序处理语句；
END IF;
```

例如：

```
IF  (c = '1')  THEN
    q< = d;
END  IF;
```

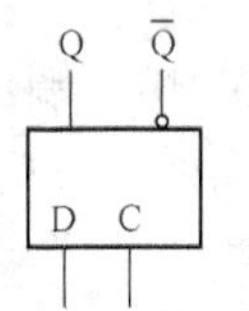

图 9.3　D 触发器

即该 IF 语句所描述的是一个门闩电路：当门闩控制信号量 c='1' 时，输入信号量 d 任何值的变化都将被赋予输出信号量 q。也就是说，此时 q 值与 d 值是永远相等的；当 c≠'1'时，q<=d 语句不被执行，q 将维持原值不变，而不管信号量 d 值发生什么变化。这种描述经逻辑综合，实际上可以生成一个电平 D 触发器或 D 锁存器，见图 9.3。

【例 9.3】 设计 D 触发器。

```
LIBRARY IEEE;
```

```
USE IEEE.STD_LOGIC_1164.ALL;
ENTITY dff IS
    PORT(clk, d   : IN   STD_LOGIC;
         q        : OUT  STD_LOGIC);
END dff;
ARCHITECTURE rtl OF dff IS
BEGIN
    PROCESS (clk)
    BEGIN
        IF (clk'event and clk = '1') THEN      --clk 时钟上升沿到来时
            q<=d;
        END IF;
    END PROCESS ;
END rtl;
```

当程序执行到 IF 语句时，就要判断 IF 语句所指定的条件是否成立。如果条件成立，则 IF 语句所包含的顺序处理语句将被执行；如果条件不成立，程序跳过 IF 语句所包含的顺序处理语句，而向下执行 IF 语句的后继语句。如上程序描述的是正边沿 D 触发器。

(2) 当 IF 语句用作二选择控制时的书写格式：

```
IF  条件 THEN
    顺序处理语句 1;
ELSE
    顺序处理语句 2;
END IF;
```

例如：

```
IF (sel = '1') THEN
    y<=a;
ELSE
    y<=b;
END IF;
```

在这种格式的 IF 语句中，当 IF 语句所指定的条件满足时，将执行 THEN 和 ELSE 之间界定的顺序处理语句；当 IF 语句所指定的条件不满足时，将执行 ELSE 和 END IF 之间所界定的顺序处理语句。也就是说，用条件来选择两条不同的程序执行路径。

(3) IF 语句的多选择控制又称 IF 语句嵌套，其书写格式：

```
IF 条件 1 THEN
    顺序处理语句 1;
ELSIF 条件 2 THEN
    顺序处理语句 2;
    … …
    顺序处理语句 n;
ELSE
```

```
    顺序处理语句 n + 1;
END IF;
```

【例 9.4】 设计 4 - 2 优先编码器。

```
LIBRARY IEEE;
USE IEEE.STD_LOGIC_1164.ALL;
ENTITY priority_coder4_2 IS
PORT(input  : IN    STD_LOGIC_VECTOR(3 DOWNTO 0);
        y   : OUT  STD_LOGIC_VECTOR(1 DOWNTO 0));
END priority_coder4_2;
ARCHITECTURE rtl OF priority_coder4_2 IS
BEGIN
    PROCESS (input)
    BEGIN
        IF (input(3) = '0') THEN
            y<= "00";
        ELSIF (input(2) = '0') THEN
            y<= "01";
        ELSIF (input(1) = '0' ) THEN
            y<= "10";
        ELSE
            y<= "11" ;
        END IF;
    END PROCESS;
END rtl;
```

这种多选择控制的 IF 语句中，设置了多个条件，当满足所设置的多个条件之一时，就执行该条件后跟的顺序处理语句。如果所有设置条件都不满足，则执行 ELSE 和 END IF 之间的顺序处理语句。

总之，IF 语句至少应有一个条件句，条件句必须由布尔表达式构成。IF 语句根据条件句产生的判断结果为 true 或 false，有条件地选择执行其后的顺序语句。在 IF 语句的条件表达式中只能使用关系运算操作（=、/=、<、>、<=、>=）及逻辑运算操作的组合表达式。

4. CASE 语句

CASE 语句用来描述总线或者编码、译码行为，从许多不同语句的序列中选择其中之一执行。IF 语句也具有类似的功能，但 CASE 语句具有比 IF 语句更强的可读性。CASE 语句的书写格式如下：

```
CASE 控制表达式 IS
    WHEN 条件表达式 1 =>顺序处理语句 1;
    WHEN 条件表达式 2 =>顺序处理语句 2;
    …
    WHEN 条件表达式 n =>顺序处理语句 n;
END CASE;
```

上述 CASE 语句中的条件表达式可以有如下 4 种不同的表达式：

(1) WHEN 值=>顺序处理语句；

(2) WHEN 值 | 值 | 值 | 值 | … | 值=>顺序处理语句；(用于多个值相或)

(3) WHEN 值 to 值=>顺序处理语句；(用于一个连续的整数范围)

(4) WHEN OTHERS=>顺序处理语句；(用于其他所有的默认值)

【例 9.5】 设计 3-8 译码器。

```
LIBRARY IEEE;
USE IEEE.STD_LOGIC_1164.ALL;
ENTITY decode3_8 IS
      PORT(a,b,c        : IN  STD_LOGIC;
          s1,s2,s3      : IN  STD_LOGIC;
          y             : OUT  STD_LOGIC_VECTOR(7 DOWNTO 0));
END decode3_8;
ARCHITECTURE rtl OF decode3_8 IS
SIGNAL ind:  STD_LOGIC_VECTOR(2 DOWNTO 0);
BEGIN
    ind<=c&b&a;
    PROCESS (ind,s1,s2,s3)
    BEGIN
        IF (s1='1' and s2='0' and s3='0') THEN
            CASE ind IS
                WHEN "000"  =>y<="00000001";
                WHEN "001"  =>y<="00000010";
                WHEN "010"  =>y<="00000100";
                WHEN "011"  =>y<="00001000";
                WHEN "100"  =>y<="00010000";
                WHEN "101"  =>y<="00100000";
                WHEN "110"  =>y<="01000000";
                WHEN "111"  =>y<="10000000";
                WHEN OTHERS=>y<="XXXXXXXX";
            END CASE;
        ELSE
            y<="00000000";
        END IF;
    END PROCESS;
END rtl;
```

该例中，当电路实际工作时出现不正确或不可能出现的输入时，y 输出值就将变成'X'(可能是'0'，也可能是'1')。在逻辑综合时就认为是不可能的输出项，从而就可以大大简化逻辑电路的设计。在仿真时如果出现了不确定的'X'值，可以检查是否出现了不正确的输入。

当 CASE 和 IS 之间控制表达式的取值满足指定条件表达式的值时，程序将执行后继的由符号"=>"所指的顺序处理语句。条件表达式的值可以是一个值，或者是多个值的

“或”关系，或者是一个取值范围，或者表示其他所有的默认值。在 CASE 语句的最后，一般都要加上“WHEN OTHERS=>顺序处理语句；”语句，即列举条件必须穷尽。

【例 9.6】 设计 4 选 1 多路器。

```
ENTITY mux4_1 IS
      PORT(d      : IN  STD_LOGIC_VECTOR(3 DOWNTO 0);
           sel    : IN  STD_LOGIC_VECTOR(1 DOWNTO 0);
           y      : OUT STD_LOGIC);
END mux4_1;
ARCHITECTURE arch OF mux4_1 IS
BEGIN
      PROCESS (d, sel)
      BEGIN
          CASE sel IS
            WHEN "00" =>y<=d(0);
            WHEN "01" =>y<=d(1);
            WHEN "10" =>y<=d(2);
            WHEN "11" =>y<=d(3);
            WHEN OTHERS =>y<='X';
          END CASE;
  END PROCESS;
END arch;
```

注意

①IF 语句嵌套，实现了一个优先级的功能，写在前面的条件语句优先级高于写在后面的条件语句；而 CASE 语句则没有此功能，CASE 语句是无序的，所有表达式的值都是并行处理的。②CASE 语句所有表达式的值都必须穷举，且不能重复，不能穷尽的值用 OTHERS 表示。③CASE 语句中至少要包含一个条件语句。④对任意项输入的条件表达式（即条件表达式的值不能含有'X'），VHDL 不支持。⑤对相同的逻辑功能，一般经综合后，CASE 语句比 IF 语句描述耗用更多的硬件资源，而且对于有的逻辑，CASE 语句无法描述，只能用 IF 语句来描述。这是因为 IF-THEN-ELSEIF 语句具有条件相与的功能和自然将逻辑值“--”（忽略）包括进去的功能，有利于逻辑化简，而 CASE 语句只有条件相或的功能。

5. LOOP 语句

LOOP 语句和其他高级语言中的循环语句一样，能使程序进行有规则的循环，循环的次数受迭代算法的控制。FOR 循环变量的 LOOP 语句书写格式如下：

```
[循环标号]:FOR 循环变量 IN 循环范围  LOOP
                顺序处理语句;
            END LOOP[标号];
```

其中，①循环变量是一个临时变量，属于局部变量。②循环变量只能作为赋值源，不能被赋值，它由 LOOP 语句自动定义。③循环变量是一个整数变量，不用事先说明。循环范围是指循环变量在循环中依次取值的范围。

【例 9.7】 设计奇偶校验电路。

```
LIBRARY IEEE;
USE IEEE.STD_LOGIC_1164.ALL;
ENTITY parity_check IS
    PORT(a   : IN   STD_LOGIC_VECTOR(7 downto 0);
         y   : OUT  STD_LOGIC);
END parity_check;
ARCHITECTURE rtl OF parity_check IS
BEGIN
    PROCESS(a)
    VARIABLE tmp : STD_LOGIC;
    BEGIN
        tmp: = '0';
        FOR i IN 0 to 7 LOOP
            tmp: = tmp XOR a(i);
        END LOOP;
        y< = tmp;
    END PROCESS;
END rtl;
```

6. NEXT 语句

在 LOOP 语句中，NEXT 语句用于跳出本次循环。

NEXT 语句的书写格式：

```
NEXT ［标号］ ［WHEN  条件］;
```

其中，①NEXT 后面的“标号”表示下一次循环的起始位置。②“WHEN 条件”是 NEXT 语句的执行条件。③NEXT 后面若既无“标号”，又无“WHEN 条件”，则程序立即无条件跳出本次循环，从 LOOP 语句的起始位置转入下一次循环。

例如：

```
L1:  WHILE i<10 LOOP
L2:      WHILE j<10  LOOP
             NEXT L1  WHEN  i = j;
         END LOOP  L2;
     END LOOP  L1;
```

即当 i=j 时，NEXT 语句被执行，程序跳出内循环，下一次从外循环开始执行。

7. EXIT 语句

在 LOOP 语句中，用 EXIT 语句跳出并结束整个循环状态（而不是仅跳出本次循环），继续执行 LOOP 语句的后继语句。

EXIT 语句的书写格式：

```
EXIT ［标号］［WHEN 条件］;
```

当“WHEN 条件”为真时，跳出 LOOP 至程序标号处。如果 EXIT 后面无“标号”和“WHEN 条件”，则程序执行到该语句时即无条件从 LOOP 语句跳出，结束循环状态，继续执行后继语句。

例如：

```
PROCESS (a)
VARIABLE int_a : INTEGER;
BEGIN
    int_a: = a;
    FOR i IN 0 to maxlim  LOOP
         IF (int_a <= 0) THEN
             EXIT;
         ELSE
             int_a := int_a + '1';
         END IF;
    END LOOP;
    y<= int_a ;
END PROCESS;
```

EXIT 语句是一条很有用的控制语句，它提供了一个处理、保护、出错和警告等状态的简便方法。

9.3.2 并发描述语句

由于 VHDL 是硬件描述语言，描述的都是实际的系统，而实际系统很多操作都是并发进行的。并发描述语句在结构体中的执行都是同时进行的，即它们的执行顺序和语句书写顺序无关。故语句没有先后之分。

VHDL 中常用的并发处理语句有进程语句、并发信号代入语句、选择信号代入语句、元件例化（COMPONENT）语句。

1. 进程语句

进程（PROCESS）语句是一种并发处理语句，在一个结构体中多个 PROCESS 语句可以同时并发运行。因此，PROCESS 语句是 VHDL 中描述硬件系统并发行为的最常用、最基本的语句。

进程语句的书写格式：

```
［进程名:］PROCESS（敏感信号表）
          进程说明语句;
          BEGIN
              顺序描述语句;
          END PROCESS ［进程名］;
```

例如：利用 PROCESS 语句设计与非门电路。

```
nandx: PROCESS (a, b)
     BEGIN
```

```
        y<=a NAND b;
    END  PROCESS  nandx;
```

在一个结构体中多个 PROCESS 可以并发进行。而在一个进程内部，语句却又是顺序执行的，这就是 PROCESS 的最大特点。进程是通过敏感信号表来启动的，进程之间可以通过信号量传递来实现通信。敏感信号表中的信号无论哪一个发生变化（如由'0'变'1'或由'1'变'0'）都将启动该 PROCESS 语句。一旦启动后，PROCESS 中的语句将从上至下逐句执行一遍。当最后一个执行完毕以后，即返回到开始的 PROCESS 语句，等待下一次启动。因此，只要 PROCESS 中指定的信号变化一次，该 PROCESS 语句就会执行一遍。

PROCESS 内部各语句之间是顺序关系。在系统仿真时，PROCESS 语句是按书写顺序一条一条向下执行的。

若结构体中有多个进程存在，各进程之间的关系是并行关系。进程之间的通信则一边通过接口传递信号，一边并行地同步执行。

2. 并发信号代入语句

并发信号代入语句可以在进程内部使用，此时它作为顺序语句执行；也可以在结构体中进程之外使用，此时它作为并发语句执行。具体分为简单信号赋值语句、选择信号赋值语句、条件信号赋值语句，且这 3 种赋值语句的赋值目标都必须是信号。

并发信号代入语句书写格式：

```
赋值目标<=表达式;
```

这和信号的特点有一定的关系。信号代入语句采用“<=”代入符，该语句即使被执行也不会使信号立即发生代入。下一条语句执行时，仍然用原来的信号值。由于信号代入语句是同时进行处理的，因此，实际代入过程和代入语句的处理是分开进行的。

3. 选择信号代入语句

选择信号代入语句类似于 CASE 语句，它对表达式进行测试，当表达式取值不同时，使不同的值代入目的信号量。可见，选择信号代入语句没有优先级，各个条件都是平等的。选择信号代入语句的书写格式如下：

```
WITH  条件表达式  SELECT
    目标信号 <= 表达式 1  WHEN  条件 1,
               表达式 2  WHEN  条件 2,
                         …
               表达式 n  WHEN  条件 n;
```

注 意

①选择信号语句与进程中的 CASE 语句相似，但不能在进程中应用。②选择信号语句具有敏感量，即 WITH 后面的选择条件表达式。每当选择表达式的值发生变化，便启动该语句对各子句的选择值（条件）进行测试对比，当发现有满足条件的子句时，就将此子句表达式的值赋予目标信号。③与 CASE 语句相类似，该语句对子句条件选择值具有同期性（非顺序性）。④不允许有条件重叠现象，也不允许存在条件涵盖不全的情况。

选择信号代入语句经过变换可以和一个 CASE 进程完全相同。

4. 元件例化（COMPONENT）语句

元件例化语句就是引入一种连接关系，将预先设计好的设计实体定义为一个元件，然后利用特定的语句将此元件与当前的设计实体中的指定端口相连接（相当于元件调用），从而为当前的设计实体引进一个新的低一级的设计层次。

元件说明语句的书写格式：

```
COMPONENT  元件名
    [GENERIC  说明;]
    PORT  说明;
```

元件端口例化语句的格式：

```
标号:元件名 PORT  MAP(信号,…)
```

端口信号的实际连接信号可以采用位置映射法，即与书写顺序位置一一对应。

例如：半加器（h _ adder . vhd）。

```
ENTITY h_adder IS
    PORT(a, b   : IN  STD_LOGIC;
         s, c   : OUT  STD_LOGIC);
END h_adder;
ARCHITECTURE rtl OF h_adder IS
BEGIN
    c<= a AND b;
    s<= a XOR b;
END rtl;
```

【例 9.8】 设计全加器（f _ adder. vhd）。

```
LIBRARY IEEE;
USE IEEE.STD_LOGIC_1164.ALL;
USE WORK.ALL;
ENTITY f_adder IS
    PORT(a, b,ci   : IN  STD_LOGIC;
        s, co      : OUT  STD_LOGIC);
END f_adder;
ARCHITECTURE arc OF f_adder IS
COMPONENT h_adder
    PORT(a, b  : IN  STD_LOGIC;
        s, c   : OUT  STD_LOGIC);
END COMPONENT;
SIGNAL s1,c1,c2:STD_LOGIC;
BEGIN
    u1:h_adder  PORT MAP(a,b,s1,c1);
    u2:h_adder  PORT MAP(s1,ci,s,c2);
    co<= c1 OR c2;
```

```
END arc;
```

用元件例化实现的全加器如图 9.4 所示。

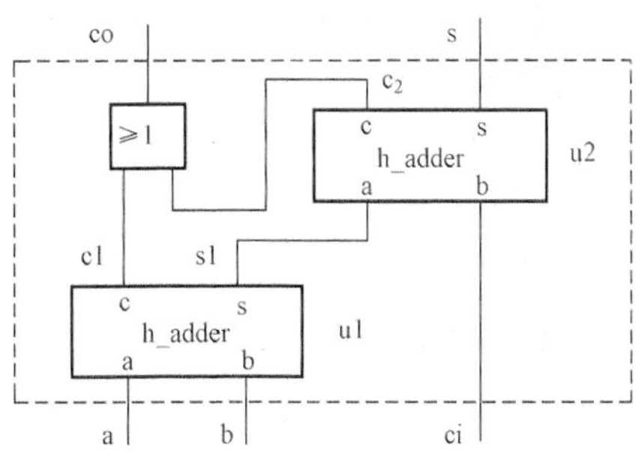

图 9.4　用元件例化实现的全加器

9.4　VHDL 结构体的三种描述方式

VHDL 描述结构体功能有 3 种方法，即数据流描述方式、结构描述方式和行为描述方式。这 3 种描述方式从不同的角度对硬件系统进行行为和功能的描述。

9.4.1　数据流描述方式

数据流描述风格，也称寄存器传输（RTL）描述方式，是一种以规定设计的各种寄存器形式为特征的描述方法。它可以采用寄存器硬件——对应的直接描述，或者采用寄存器之间的功能描述。它是建立在并行信号赋值语句描述的基础上，描述了数据流的运动路径、运动方向和运动结果，故又称为数据流描述。RTL 描述方式是真正可以进行逻辑综合的描述方式。其既可以描述时序电路，又可以描述组合电路；既含有逻辑单元的结构信息，又隐含表示某种行为。

【例 9.9】 2 选 1 多路选择器的数据流描述（RTL 描述方式）。

```
ARCHITECTURE rtl OF mux2_1 IS
SIGNAL tmp1,tmp2,tmp3 : STD_LOGIC;
BEGIN
    tmp1<=d0 AND sel;
    tmp2<=d1 AND (not sel);
    tmp3<=tmp1 OR tmp2;
    q<=tmp3;
END rtl;
```

使用 RTL 描述方式应注意问题：

'X'状态的传递：实质上是不确定信号的传递，它将使逻辑电路产生不确定的结果。“不确定状态”在 RTL 仿真时是允许出现的，但在逻辑综合后的门级电路仿真中是不允许出现的。

9.4.2　结构描述方式

结构描述方式是描述该设计单元的硬件结构，即该硬件是如何构成的。在多层次的设计中，常采用结构描述方式在高层次的设计模块中调用低层次的设计模块，或者直接用门电路设计单元构成一个复杂的逻辑电路。编写结构描述程序的直观方法，可模仿逻辑图的绘制方法，即用框图来表示当前设计单元的组成和内部联系关系，而后对照该框图编制出所需的VHDL程序。结构描述方式通常采用元件例化语句和生成语句编写程序。

【例 9.10】 设计 4 位等值比较器。

```
LIBRARY IEEE;
USE IEEE.STD_LOGIC_1164.ALL;
ENTITY comp4 IS
    PORT(a, b:  IN STD_LOGIC_VECTOR(3 downto 0);
           y:  OUT STD_LOGIC);
END comp4;
ARCHITECTURE structural OF comp4 IS
COMPONENT xnor2
    PORT(in1, in2   :IN STD_LOGIC;
              Out   : OUT STD_LOGIC);
END COMPONENT;
COMPONENT and4
    PORT(in1, in2, in3, in4    : IN STD_LOGIC;
                      Out      : OUT STD_LOGIC);
END COMPONENT;
SIGNAL s: STD_LOGIC_VECTOR(3 to 0);
BEGIN
    u0: xnor2 PORT MAP(a(0),b(0),s(0));
    u1: xnor2 PORT MAP(a(1),b(1),s(1));
    u2: xnor2 PORT MAP(a(2),b(2),s(2));
    u3: xnor2 PORT MAP(a(3),b(3),s(3));
    u4: and4 PORT MAP(s(0),s(1),s(2),s(3),y);
END structural;
```

编写结构描述程序的主要步骤：①绘制框图。先确定当前设计单元中需要用到的子模块的种类和个数。对每个子模块用一个图符（称为实例元件）来代表，只标出其编号、功能（可用图符区别或文字注记）和接口特征（端口及信号流向），而不关心其内部细节。②元件说明。每种子模块分别用一个元件声明语句来说明。③信号说明。为各实例元件之间的每条连接线都起一个单独的名字，称为信号名。利用 SIGNAL 语句对这些信号分别予以说明。④元件例化。根据实例元件的端口与模板元件的端口之间的映射原理，对每个实例元件均可写出一个元件例化语句。⑤添加必要的框架，完成整个设计文件。

9.4.3 行为描述方式

行为描述方式是指对系统数学模型的抽象描述，行为描述有时被称为高级描述。其抽象程度比寄存器传输描述方式和结构化描述方式更高。如算术运算、关系运算、惯性延时、传输延时等 VHDL 语句。

【例 9.11】 设计同步 4 位二进制计数器。

```
LIBRARY IEEE;
```

```
USE IEEE.STD_LOGIC_1164.ALL;
USE IEEE.STD_LOGIC_UNSIGNED.ALL;
ENTITY count_16  IS
    PORT(clk,clr  : in std_logic;
            en    : in std_logic;            --'1'--count    '0'---keep
            ql    : out std_logic_vector(3 downto 0);
            co    : out std_logic);
END count_16;
ARCHITECTURE rtl of count_16  IS
SIGNAL qcl :std_logic_vector(3 downto 0);
BEGIN
    PROCESS (clk)
    BEGIN
    IF  (clr='0')  THEN
        qcl<="0000";
    ELSIF (clk'event and clk='1') THEN
        IF (en='1') THEN
            IF (qcl="1111")  THEN
                qcl<="0000";co<='1';
            ELSE
                qcl<=qcl+'1';co<='0';
            END IF;
          END IF;
        END IF;
        ql<=qcl;
    END PROCESS;
END rtl;
```

其中，clk'event and clk='1'表示时钟的上升沿作为触发信号，对时钟信号特定的行为方式所产生的信息后果作了准确的定义。

9.5 有限状态机设计

9.5.1 有限状态机概述

所谓状态机，就是事物存在状态的一种综合描述，是一种用来描述或处理数字控制系统的方法。在 VHDL 中，状态机的设计是根据 MDS 图直接对状态机进行描述的。所有的状态均可表达为 CASE—WHEN 结构中的一条 CASE 语句，而状态的转移则通过 IF—THEN—ELSE 语句表达。在整个 VHDL 设计中状态机起中心控制作用，状态机通常写成一个状态机进程，这个进程可以传出信号来控制其他进程从而实现其他功能。

有限状态机的主要功能是用来实现一个数字系统设计中的控制部分，其运行模式类似于 CPU，但和 CPU 相比，状态机具有结构模式简单、层次分明、易读易懂、易排错、非法状态易控制，可靠性高的优点。

9.5.2　有限状态机设计

一个有限状态机的 VHDL 描述应包括如下内容：①至少包括一个状态信号以便指定有限状态机的状态。②状态转移指定和输出指定对应于控制单元中与每个控制步骤有关的转移条件。③时钟信号。④复位信号。

用 VHDL 语言设计状态机，结构体一般由以下几部分组成：说明部分、主控时序进程、主控组合进程、辅助进程。有限状态机结构框图如图 9.5 所示。

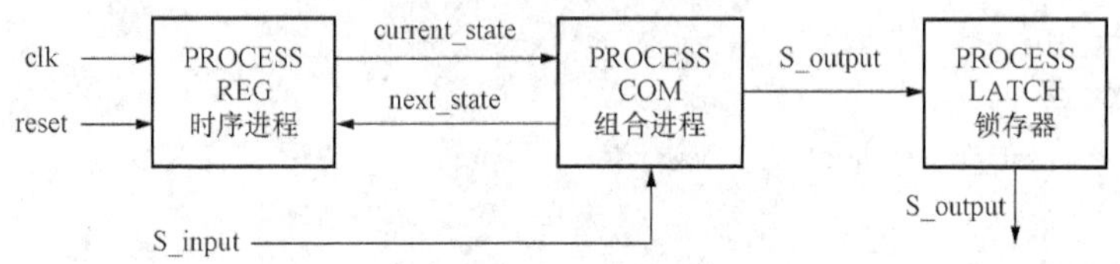

图 9.5　有限状态机结构框图

（1）说明部分。说明部分一般放在结构体的 ARCHITECTURE 和 BEGIN 之间，使用 TYPE 语句定义新的数据类型（枚举型），且其元素通常都用状态机的状态名来定义。说明部分的状态变量（如现态和次态）应定义为信号，便于信息传递，且状态变量的数据类型应定义为含有既定状态元素新定义的数据类型。例如：

```
ARCHITECTURE      ……    IS
TYPE  m_state  IS (st0, st1, st2, st3, st4, st5);        --定义新的数据类型
SIGNAL   current_state,  next_state: m_state;             --定义状态
```

（2）主控时序进程。主控时序进程，是指负责状态机运转和在时钟驱动下负责状态转换的进程。主控时序进程实际上是一个对工作时钟信号敏感的进程，可看作状态机的“驱动泵”，而时钟 clk 相当于这个“驱动泵”中的驱动功率电源。

一般情况下，当时钟有效沿到来时，主控时序进程只是将代表下一状态信号中的内容送入代表本状态的信号中，而对进入下一状态的具体状态取值不予理会。例如：

```
PROCESS (reset , clk)
BEGIN
    IF reset = '1' THEN current_state< = s0;              --异步复位
    ELSIF clk = '1' AND clk'event THEN
        current_state< = next_state;
    END IF;
END PROCESS;
```

（3）主控组合进程。主控组合进程的任务是根据外部输入（包括来自状态机外部信号和来自状态机内部其他非主控的组合或时序进程的信号）和当前状态的状态值确定下一状态（next _ state）的取向，即 next _ state 的取值内容，以及确定对外输出和对内部其他组合或时序进程输出控制信号的内容。例如：

```
PROCESS (current_state,state_Inputs)
BEGIN
    CASE current_state IS
```

```
        WHEN s0 => comb_outputs<= "10";
            IF state_inputs = "00" THEN next_state<= s0;
            ELSE next_state<= s1;
            END IF;
        WHEN s1 => comb_outputs<= "11";
            IF state_inputs = "00" THEN next_state<= s1;
            ELSE next_state<= s2;
            END IF;
        WHEN s2 => comb_outputs<= "01";
            IF state_inputs = "11" THEN next_state<= s2;
            ELSE next_state <= s3;
            END IF;
        WHEN s3 => comb_outputs<= "00";
            IF state_inputs = "11" THEN next_state<= s3;
            ELSE next_state <= s0;
            END IF;
    END case;
END PROCESS;
```

(4) 辅助进程。用于配合状态机工作的组合进程或时序进程。例如，为了完成某种算法的进程；为了稳定输出而设置的数据锁存器；或者用于配合状态机工作的其他时序进程等。图9.5中，如果希望输出信号具有寄存器锁存功能，则需要为此输出写辅助进程（PROCESS LATCH）。

由于VHDL描述的灵活性，有限状态机可以具有多种不同的描述方式。①单进程：将有限状态机的次态逻辑、状态寄存器和输出逻辑在VHDL源代码的结构体中用一个进程来进行描述。②二进程：将有限状态机的次态逻辑、状态寄存器和输出逻辑在VHDL源代码的结构体中用两个进程来进行描述。③三进程：将有限状态机的次态逻辑、状态寄存器和输出逻辑在VHDL源代码的结构体中各用三个进程来进行描述。

【例9.12】 设计三种图案彩灯控制系统的控制器。三种图案彩灯依次循环亮，其中苹果形图案灯亮18s，香蕉形图案灯亮15s，葡萄形图案灯亮12s。试设计该系统二进程有限状态机VHDL语言程序。

解 根据题意分析，该彩灯控制系统可包含控制器和计时器两部分，其结构框图如图9.6所示。

控制器设计过程如下：

(1) 定义有关信号名称。

1) 输入。计时信号：18s到，X=1；15s到，Y=1；12s到，Z=1。

2) 输出。计时器控制信号：$T_0=1$，控制18s计时；$T_1=1$，控制15s计时；$T_2=1$，控制12s计时。

苹果形图案灯亮，A=1；香蕉形图案灯亮，B=1；葡萄形图案灯亮，C=1。

(2) 画MDS图。根据题意画出MDS图如图9.7所示。

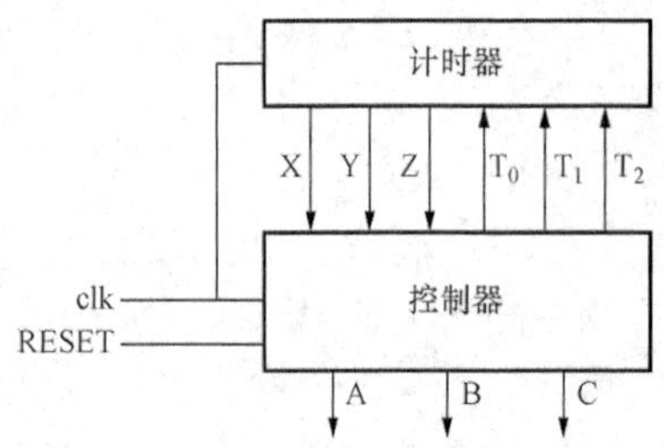

图 9.6 ［例 9.12］系统总体框图

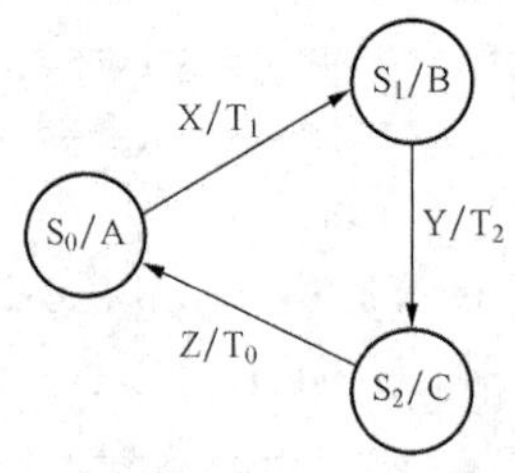

图 9.7 ［例 9.12］系统控制器 MDS 图

根据 MDS 图，它有三个状态：S_0、S_1、S_2。

S_0 状态时苹果灯亮（A=1），当 X=1，状态切换到 S_1，输出控制 15s 计时器信号 T_1；

S_1 状态时香蕉灯亮（B=1），当 Y=1，状态切换到 S_2，输出控制 12s 计时器信号 T_2；

S_2 状态时葡萄灯亮（C=1），当 Z=1，状态回到 S_0，输出控制 18s 计时器信号 T_0。

（3）控制器状态机的二进程有限状态机 VHDL 程序如下：

```
LIBRARY  IEEE;                                    --引用必要的库函数和包集合
USE IEEE.STD_LOGIC_1164.ALL;
ENTITY ctr IS                                     --控制器的设计实体部分
  PORT(clk,X,Y,Z      :in std_logic;              --时钟输入信号和来自计数器的输入信号
          RESET       :in std_logic;              --异步复位,设定初始状态
          A,B,C       :out std_logic;             --灯亮输出信号
          T0,T1,T2    :out std_logic);            --控制计时器计数的输出信号
END ctr;
ARCHITECTURE beh OF ctr IS                        --控制器的结构体部分
TYPE state is( s0,s1,s2);                         --自定义控制器的三个状态为枚举类型
SIGNAL ns,ps:state;                               --定义状态机的状态变量
SIGNAL t,led: STD_LOGIC_VECTOR(2 downto 0);       --定义中间信号
BEGIN
reg:  PEOCESS(clk)                                --主控时序进程
      BEGIN
          IF RESET = '1' THEN ns<= s0;
          ELSIF clk' event AND clk = '1' THEN
              ps<= ns;                            --时钟有效时转换至下一状态
          END IF;
      END PROCESS;
com:  PEOCESS(clk)                                --主控组合进程
    BEGIN
        CASE ps IS                                --描述状态的转换过程及对应状态下产生的
                                                    输出控制信号
            WHEN s0 => led<= "100";
                IF X = '1' THEN t<= "010"; ps<= s1;
                ELSE t<= "100"; ps<= s0;
                END IF;
```

```
            WHEN s1 =>led<="010";
                IF Y='1' THEN t<="001"; ps<=s2;
                ELSE t<="010"; ps<=s1;
                END IF;
            WHEN s2 =>led<="001";
                IF Z='1' THEN t<="100"; ps<=s0;
                ELSE t<="001"; ps<=s2;
                END IF;
            WHEN others =>led<="000";
        END CASE;
        A<= led(2); B<= led(1); C<= led(0);
        T0<= t(2); T1<= t(1); T2<= t(0);
    END PROCESS;
END beh;
```

(4) 三种彩灯控制器单进程有限状态机 VHDL 语言程序如下：

```
ARCHITECTURE beh OF ctr IS
TYPE state is( s0,s1,s2);
SIGNAL ns,ps:state;
SIGNAL t,led:STD_LOGIC_VECTOR(2 downto 0);
BEGIN
reg:  PEOCESS(clk)
      BEGIN
          IF RESET='1' THEN ns<= s0;
          ELSIF clk'event AND clk='1' THEN
              CASE ns IS
                  WHEN s0 =>led<="100";
                      IF X='1' THEN t<="010"; ns<=s1;
                      ELSE t<="100"; ns<=s0;
                      END IF;
                  WHEN s1 =>led<="010";
                      IF Y='1' THEN t<="001"; ns<=s2;
                      ELSE t<="010"; ns<=s1;
                      END IF;
                  WHEN s2 =>led<="001";
                      IF Z='1' THEN t<="100"; ns<=s0;
                      ELSE t<="001"; ns<=s2;
                      END IF;
                  WHEN others =>led<="000";
              END CASE;
          END IF;
          A<= led(2); B<= led(1); C<= led(0);
          T0<= t(2); T1<= t(1); T2<= t(0);
```

```
    END PROCESS;
END beh;
```

小 结

硬件描述语言 VHDL 作为电子设计主流硬件描述语言，具有系统硬件描述能力强、设计灵活、可读性和通用性好，与工艺无关，编程、语言标准规范等特点。它是在电子设计自动化中被广泛使用的一种标准语言。

VHDL 程序由实体、结构体、程序包、库和配置 5 个部分组成。其中，实体说明、结构体和库是每一个 VHDL 程序必不可少的三大部分，而配置说明和程序包则是选项，它们的取舍视具体情况而定。

VHDL 的端口模式有输入（IN）、输出（OUT）、双向（INOUT）或缓冲（BUFFER）4 种类型。

VHDL 语言要素主要包括 VHDL 的文字规则、数据对象、数据类型、运算操作符。

VHDL 的主要描述语句分为顺序语句和并行语句两类。前者是顺序执行的，只能出现在进程和子程序中；而后者是并发的，可以出现在结构体中的任何位置。

VHDL 的结构描述方法分为行为描述、数据流描述、结构描述等。

习 题

9.1 VHDL 的程序结构由哪几部分组成？各部分的功能是什么？

9.2 说明端口模式 OUT、INOUT、BUFFER 有何异同点。

9.3 数据对象信号 SIGNAL 和变量 VARIABLE 有何区别？

9.4 用 VHDL 设计一个 4 位加法器。

9.5 用 VHDL 设计一个 4 位双向移位寄存器。

9.6 用 VHDL 设计一个同步（或异步）清 0 的模 10 计数器。

9.7 用 VHDL 设计 8 选 1 多路器。

9.8 用 VHDL 设计 8—3 优先级编码器。

9.9 用 VHDL 设计 BCD—七段显示译码器。

9.10 用 VHDL 设计图 8.16 交通灯控制系统所示的有限状态机。